JN316978

はじめに

本書は，日本数学教育学会高専・大学部会の教材研究グループ（TAMS）が，高専や大学で学ぶ数学の自習演習書として出版を計画した「ドリルと演習シリーズ」全3冊のうちの1冊で，「基礎数学」を学んだ方が線形代数を学ぶためのドリルです。

このドリルを出版するにあたり，執筆者らは，線形代数の中で学ぶべき項目を再検討し，学習される方が無理なく学ぶことができる問題を集めました。このドリルに書かれてあることは，自然現象を理解する上でも，また，さらに進んだ数学を学んでいく上でも，必要不可欠なものばかりです。現在高専や大学で数学を学んでいる学生のみなさん，およびもう一度数学を学び直したいとお考えの社会人のみなさんが，このドリルを使って学習することで，線形代数の基礎をしっかりと身につけられることを願っています。

このドリルには次のような特徴があります。

(1) 学習内容が，到達目標ごとに細かく分かれている。

(2) 各項目とも2ページからなり，表面には基礎事項の要約と例題，裏面には問題が書いてある。

(3) 各項目の終わりに到達目標をチェックする欄を設けてある。

(4) ミシン目と綴じ穴がついていて，切り離して綴じることができる。

問題の分量と難易度については，各項目の学習を自力で20分以内に終えられるように配慮をしましたが，20分で解けなくても構いません。原則として例題と問題を対応させ，例題を読めば問題を解くことができるようにしてあります。また，すべての問題に解答をつけました。このドリルを1冊やり遂げることができれば，確かな基礎学力が身につくものと確信しています。

このドリルを使って学習される方へ

問題には解答を書き込むためのスペースをとってあります。途中の式も含め，自分の答えを書き込んで下さい。問題が解けない場合には，表面の例題を読んで下さい。問題に対応した例題があるはずです。問題を解いたあとで，解答を確認して下さい。

チェック項目の欄には，次のような印をつけこみて下さい。

(○)：問題を自力で解くことができ，到達目標がよく理解できたと感じたとき

(△)：例題の解説を見ながら問題を解くことができ，到達目標がなんとなくわかったと感じたとき

(×)：例題の解説を読んでも問題を解くことができず，到達目標が全くわからないと感じたとき

理解が不十分な項目については要点と例題を読み返し，もう一度問題を解いてみることをお勧めします。

授業や講義でこのドリルを使用される先生方へ

このドリルは切り離して綴じることができます。授業や講義で使用する場合，このまま1冊の本として使用することの他に，課題や宿題として提出させ，コメントをつけて返却し，学生に綴じて保管させる，という方法なども考えられます。利用方法についてのご意見や，実際に使用されてお気づきになったことなどがありましたら，電気書院のホームページ（https://www.denkishoin.co.jp/）のお問い合わせよりご連絡頂ければ幸いです。

2010年1月　執筆者一同

ドリルと演習シリーズ3　線形代数　目次

記号表

記号	意味	初出ページ
$\boldsymbol{a}, \boldsymbol{b}, \boldsymbol{c}, \cdots$	ベクトル $\boldsymbol{a}, \boldsymbol{b}, \boldsymbol{c}, \cdots$	1
$\overrightarrow{\mathrm{AB}}$	始点を A, 終点を B とするベクトル	1
$\boldsymbol{0}$	零ベクトル	1
$\lvert\boldsymbol{a}\rvert$	ベクトル $\boldsymbol{a}$ の大きさ（長さ）	1
$\boldsymbol{a} \cdot \boldsymbol{b}$	ベクトル $\boldsymbol{a}$ とベクトル $\boldsymbol{b}$ の内積	13
$A \iff B$	A と B とは同値（A は B の必要十分条件）	19
$\boldsymbol{a} \perp \boldsymbol{b}$	ベクトル $\boldsymbol{a}, \boldsymbol{b}$ が垂直	19
$\boldsymbol{a} \,/\!/\, \boldsymbol{b}$	ベクトル $\boldsymbol{a}, \boldsymbol{b}$ が平行	21
$\boldsymbol{i}, \boldsymbol{j}, \boldsymbol{k}$	平面, または空間における基本ベクトル	23
$\boldsymbol{a} \times \boldsymbol{b}$	ベクトル $\boldsymbol{a}$ とベクトル $\boldsymbol{b}$ の外積	67
$A = (a_{ij})$	(i, j) 成分が a_{ij} である行列 A	71
O	零行列	71
E	単位行列	73
${}^tA$	行列 A の転置行列	77
$\lvert A\rvert$	行列 A の行列式	79
A^{-1}	行列 A の逆行列	79
$g \circ f$	写像 f, g の合成写像	91
f^{-1}	写像 f の逆写像	93
ε_P	順列 P の符号	101
A_{ij}	行列 A の (i, j) 成分の余因子	109
$\widetilde{A}$	連立方程式 $A\boldsymbol{x} = \boldsymbol{b}$ の拡大係数行列 $(A \mid \boldsymbol{b})$	119
$A \sim B$	行列 A を基本変形により行列 B に変形	119
E_r	r 次の単位行列	125
$\mathrm{rank}\, A$	行列 A の階数	125
$\mathbb{R}$	実数の集合	129
$\mathbb{R}^n$	実数成分の n 次元列ベクトルの作る線形空間	129
$\{x \mid P(x)\}$	$P(x)$ という性質を持つ要素 x 全体からなる集合	129

記号	意味	初出ページ
$x \in A$	x は集合 A に含まれる（x は集合 A の要素）	129
$x \notin A$	x は集合 A に含まれない（x は集合 A の要素でない）	129
$(\boldsymbol{a}_1\boldsymbol{a}_2\cdots\boldsymbol{a}_n)$	n 個の列ベクトルを並べてできる行列	131
$\langle \boldsymbol{a}_1, \boldsymbol{a}_2, \cdots, \boldsymbol{a}_m \rangle$	ベクトル $\boldsymbol{a}_1, \boldsymbol{a}_2, \cdots, \boldsymbol{a}_m$ により生成される部分空間	133
$\dim V$	線型空間 V の次元	133
$\mathrm{Ker}\, f$	線形写像 f の核	137
$\mathrm{Im}\, f$	線形写像 f の像	137
W_λ	固有値 λ に対する固有空間	145
${}^t\boldsymbol{x}A\boldsymbol{x}$	対称行列 A で定まる 2 次形式	153
i	虚数単位（$=\sqrt{-1}$）	159
$\mathrm{Re}(z)$	複素数 z の実部	159
$\mathrm{Im}(z)$	複素数 z の虚部	159
$\overline{z}$	複素数 z の共役複素数	159
$\lvert z \rvert$	複素数 z の絶対値	159
$\arg z$	複素数 z の偏角	165

1　ベクトル

ベクトルの定義, 単位ベクトルと零ベクトル, ベクトルの相等を理解している。

ベクトルとスカラー　温度や重さのように, 1 つの実数で表すことのできる量をスカラーという。それに対して, 大きさと向きをもつ量をベクトルという。スカラーは通常の文字 k, l などで表すが, ベクトルは太文字の $\boldsymbol{a}, \boldsymbol{b}$ などで表すこととする。

有向線分　点 A から点 B への向きをもった線分を有向線分 AB といい, A をその始点, B を終点という。ベクトルは有向線分を用いて表すことができる。有向線分 AB と同じ向き, 同じ大きさ (長さ) をもつベクトルを $\overrightarrow{\mathrm{AB}}$ と書く。

単位ベクトルと零ベクトル　ベクトル $\boldsymbol{a}$ の大きさを $|\boldsymbol{a}|$ で表す。大きさが 1 であるベクトルを単位ベクトルという。また, 始点と終点が一致するベクトルを零ベクトルといい $\mathbf{0}$ と表す。$|\mathbf{0}| = 0$ である。

ベクトルの相等　2 つのベクトル $\boldsymbol{a}, \boldsymbol{b}$ が, 同じ大きさで, かつ同じ向きであるとき, これらのベクトルは等しいといい, $\boldsymbol{a} = \boldsymbol{b}$ と書く。ベクトルを有向線分で表したとき, 平行移動して向きを含めて重なるならば, これらのベクトルは等しい。

例題 1.1　次の量はベクトルといえるか。

(1)　教室の広さ　　(2)　船の速度　　(3)　垂直抗力　　(4)　今日の最高気温

<解答>　大きさと向きをもつかどうかを考える。(1), (4) は向きをもたず, 大きさだけなので, ベクトルとは言えない。(2), (3) は向きと大きさをもつので, ベクトルである。

例題 1.2　図のように 1 辺の長さが $\dfrac{1}{\sqrt{2}}$ の正方形 OABC がある。4 つの頂点 O, A, B, C を始点または終点とするベクトルについて, 次の問に答えよ。

(1)　$\overrightarrow{\mathrm{AB}}$ に等しいベクトルを求めよ。

(2)　$\overrightarrow{\mathrm{BC}}$ に等しいベクトルを求めよ。

(3)　単位ベクトルを求めよ。

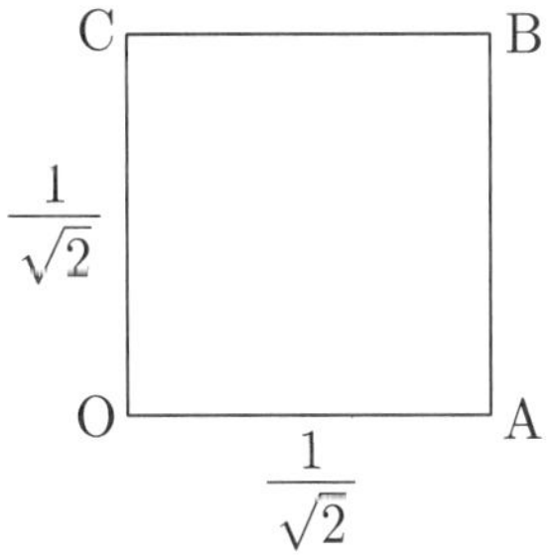

<解答>　(1) と (2) は平行移動して, 向きを含めて重なるベクトルを探す。

(1) $\overrightarrow{\mathrm{OC}}$　(2) $\overrightarrow{\mathrm{AO}}$

(3) 三平方の定理より, $\mathrm{AC}^2 = \left(\dfrac{1}{\sqrt{2}}\right)^2 + \left(\dfrac{1}{\sqrt{2}}\right)^2 = 1$ だから, 線分 AC の長さは 1 である。同様に線分 OB の長さも 1 である。したがって単位ベクトルは $\overrightarrow{\mathrm{BO}}, \overrightarrow{\mathrm{OB}}, \overrightarrow{\mathrm{AC}}, \overrightarrow{\mathrm{CA}}$ である。

ドリル no.1	class	no	name

問題 1.1　図のように1辺の長さが1の正六角形 ABCDEF がある。正六角形の3つの対角線 AD, BE, CF の交点を O とする。6つの頂点 A, B, C, D, E, F と点 O を始点または終点とするベクトルについて，次の問に答えよ。

(1) $\overrightarrow{AB}$ に等しいベクトルをすべて求めよ。

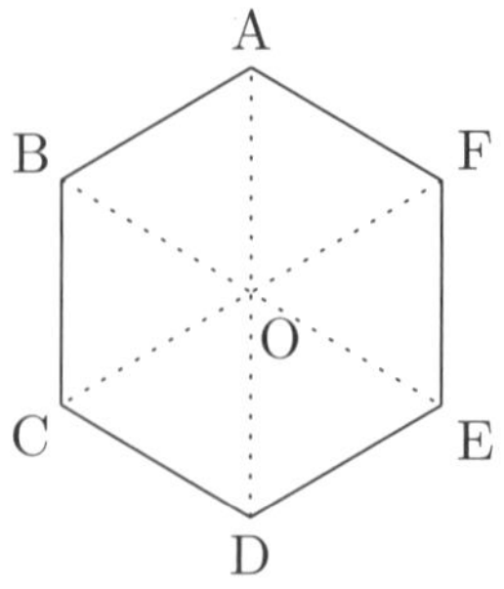

(2) $\overrightarrow{OA}$ に等しいベクトルをすべて求めよ。

(3) 大きさが $\sqrt{3}$ に等しいベクトルをすべて求めよ。

問題 1.2　平行四辺形 ABCD において，辺 AB, BC, CD, DA の中点をそれぞれ P, Q, R, S とし，対角線 AC, BD の交点を O とする。これらすべての点 A, B, C, D, P, Q, R, S, O を，始点または終点とするベクトルについて，次の問に答えよ。

(1) $\overrightarrow{OC}$ に等しいベクトルをすべて求めよ。

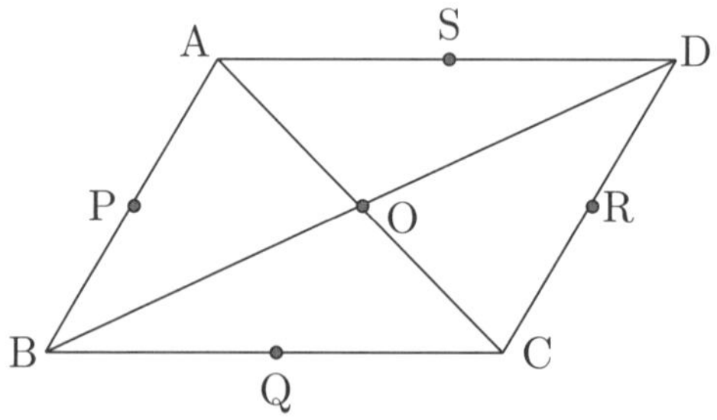

(2) $\overrightarrow{AS}$ に等しいベクトルをすべて求めよ。

(3) AB, AD の長さがともに 2 で $\angle ABC = \dfrac{\pi}{3}$ のとき，
$\overrightarrow{OA}$ と $\overrightarrow{OB}$ の大きさを求めよ。

チェック項目

	月　日	月　日
ベクトルの定義，単位ベクトルと零ベクトル，ベクトルの相等を理解している。		

2　ベクトルの和

2 つのベクトルの和を図示することができる。

ベクトルの和

$\boldsymbol{a} = \overrightarrow{\mathrm{PQ}}$, $\boldsymbol{b} = \overrightarrow{\mathrm{QR}}$ であるとき, $\overrightarrow{\mathrm{PR}}$ をベクトル $\boldsymbol{a}, \boldsymbol{b}$ の和といい, $\boldsymbol{a}+\boldsymbol{b}$ と表す。

$$\boldsymbol{a}+\boldsymbol{b} = \overrightarrow{\mathrm{PQ}} + \overrightarrow{\mathrm{QR}} = \overrightarrow{\mathrm{PR}}$$

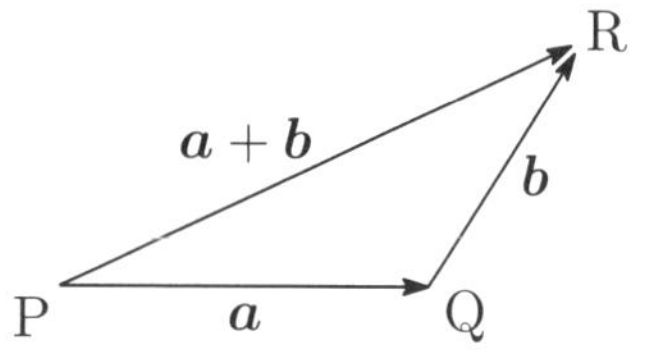

ベクトルの和に対して次が成り立つ。

[1]　$\boldsymbol{a}+\boldsymbol{b} = \boldsymbol{b}+\boldsymbol{a}$

[2]　$(\boldsymbol{a}+\boldsymbol{b})+\boldsymbol{c} = \boldsymbol{a}+(\boldsymbol{b}+\boldsymbol{c})$　　(これを単に $\boldsymbol{a}+\boldsymbol{b}+\boldsymbol{c}$ と書く)

例題 2.1　図の中にベクトル $\boldsymbol{a}+\boldsymbol{b}$ を記せ。

(1)

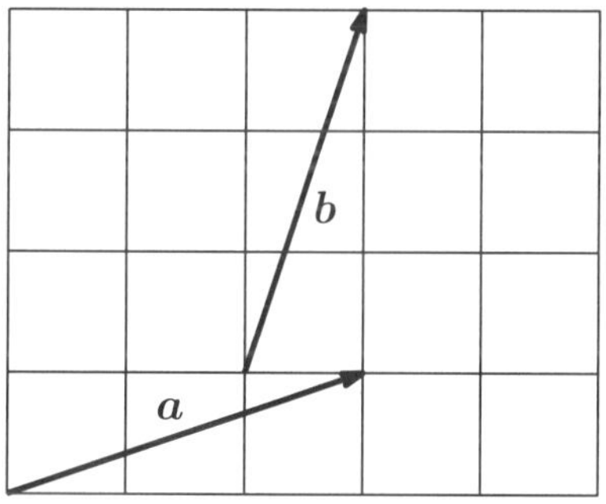

(2)

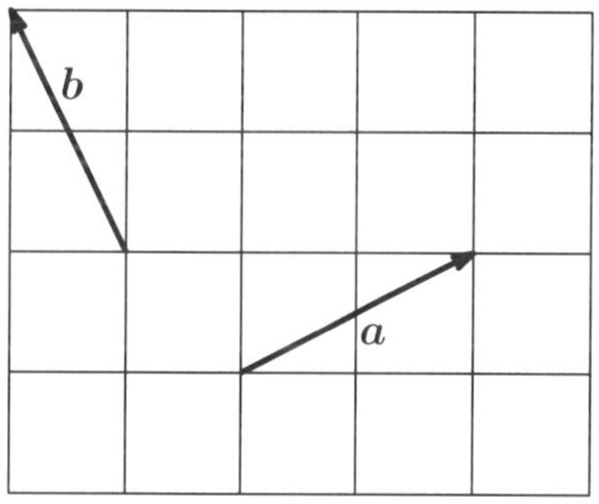

＜解答＞　ベクトルを平行移動して和を求めると次のようになる。

(1)

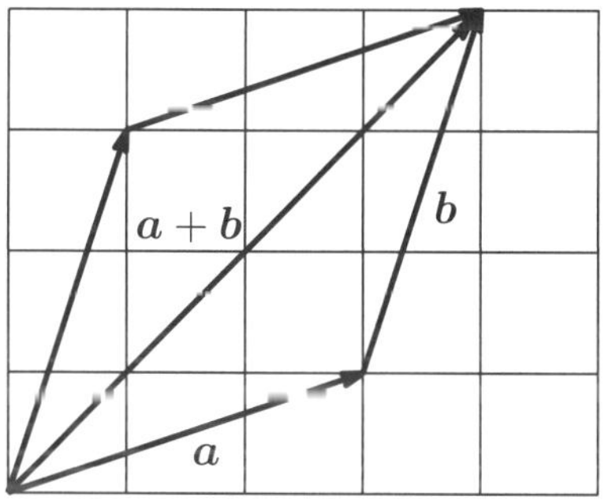

(2)

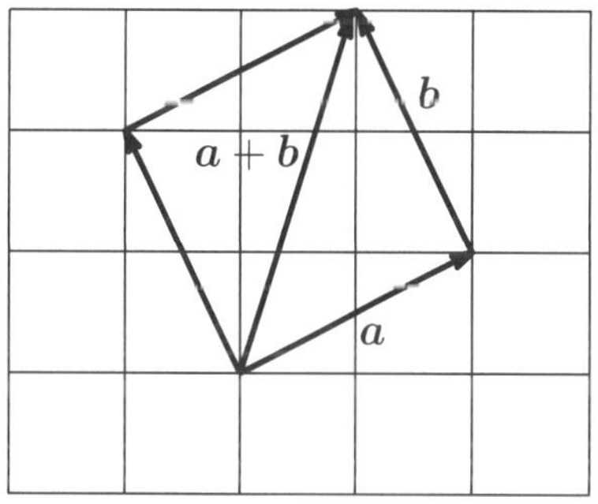

$\boldsymbol{a}+\boldsymbol{b}$ は, $\boldsymbol{a}$ の終点と $\boldsymbol{b}$ の始点をそろえたときに $\boldsymbol{a}$ の始点と $\boldsymbol{b}$ の終点を結んだベクトルであるが, $\boldsymbol{a}$ と $\boldsymbol{b}$ の始点をそろえたときにできる平行四辺形の対角線に, 2 つのベクトルの始点からの向きをつけたものでもある。

ドリル no.2	class	no	name

問題 2.1　図の中にベクトル $\boldsymbol{a}+\boldsymbol{b}$, $\boldsymbol{a}+\boldsymbol{c}$, $\boldsymbol{b}+\boldsymbol{c}$ を記入せよ。

(1)

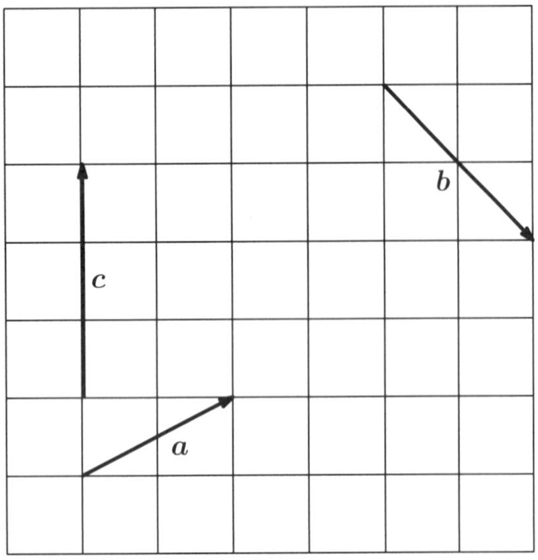

(2)

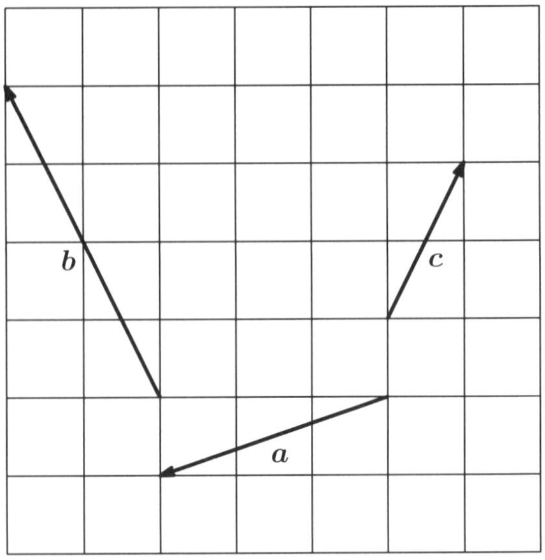

問題 2.2　図の中にベクトル $\boldsymbol{a}+\boldsymbol{b}$, $\boldsymbol{b}+\boldsymbol{c}$, $\boldsymbol{a}+\boldsymbol{b}+\boldsymbol{c}$ を記入せよ。

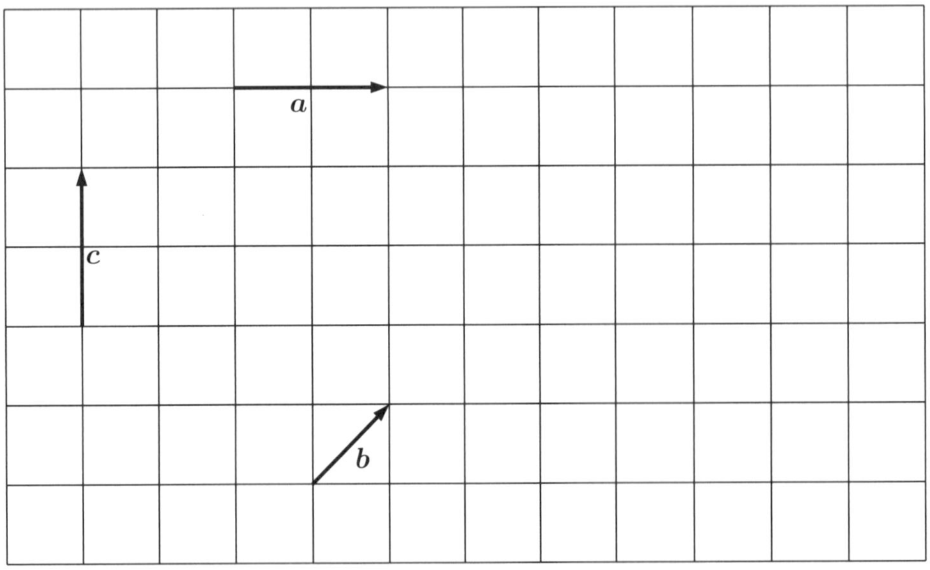

チェック項目

	月　日	月　日
2つのベクトルの和を図示することができる。		

3　逆ベクトルとベクトルの差

逆ベクトルの定義を理解している。 2 つのベクトルの差を図示することができる。

逆ベクトル　$\boldsymbol{a}=\overrightarrow{\mathrm{PQ}}$ のとき，このベクトルと同じ大きさで，向きが反対のベクトル $\overrightarrow{\mathrm{QP}}$ をベクトル $\boldsymbol{a}$ の逆ベクトルといい，$-\boldsymbol{a}$ と表す。つまり，$\overrightarrow{\mathrm{QP}}=-\overrightarrow{\mathrm{PQ}}$ と表す。$\boldsymbol{a}+(-\boldsymbol{a})=\boldsymbol{0}$ が成り立つ。

ベクトルの差　2 つのベクトル $\boldsymbol{a}, \boldsymbol{b}$ が与えられているとき，$\boldsymbol{a}+\boldsymbol{x}=\boldsymbol{b}$ となるベクトル $\boldsymbol{x}$ のことを，ベクトル $\boldsymbol{b}$ から $\boldsymbol{a}$ を引いた差といい，$\boldsymbol{b}-\boldsymbol{a}$ と表す。次の性質が成り立つ。

$$\boldsymbol{b}-\boldsymbol{a}=\boldsymbol{b}+(-\boldsymbol{a})$$

$\boldsymbol{a}=\overrightarrow{\mathrm{PQ}}, \boldsymbol{b}=\overrightarrow{\mathrm{PR}}$ のとき，$\boldsymbol{b}-\boldsymbol{a}=\overrightarrow{\mathrm{PR}}+\overrightarrow{\mathrm{QP}}=\overrightarrow{\mathrm{QR}}$ となる。

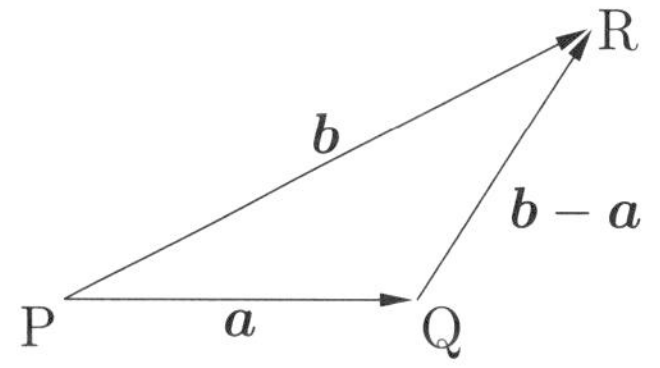

例題 **3.1**　(1) 図における各ベクトル $\boldsymbol{a}, \boldsymbol{b}$ の逆ベクトルを記入せよ。
(2) 図にベクトル $\boldsymbol{b}-\boldsymbol{a}$ を記入せよ。

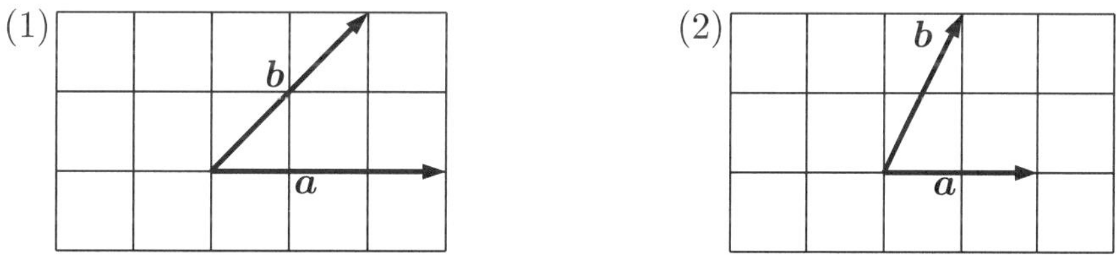

<解答>

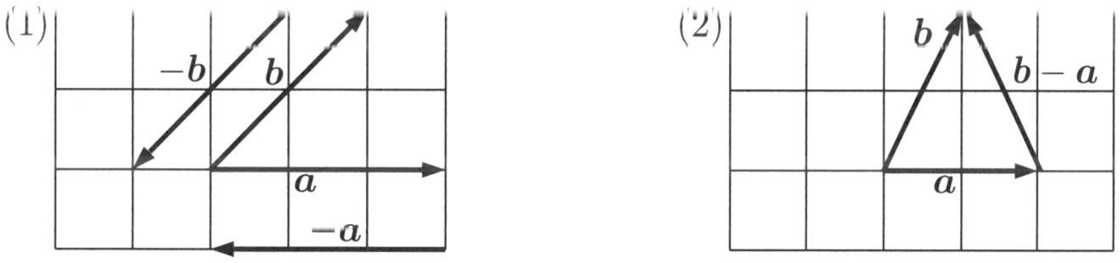

例題 **3.2**　次の図の中に $\boldsymbol{a}-\boldsymbol{b}, \boldsymbol{a}-\boldsymbol{c}$ を記せ。

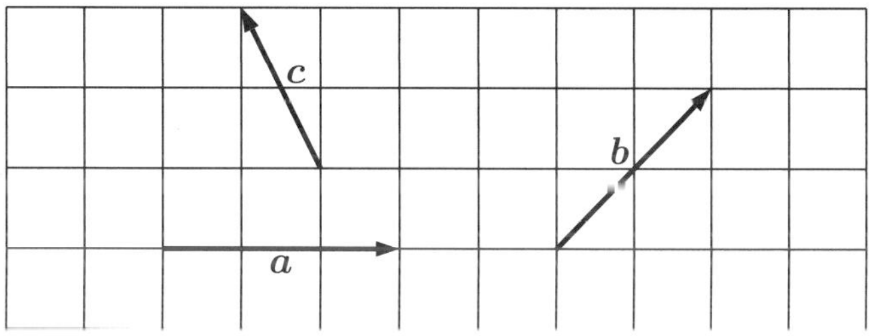

<解答>

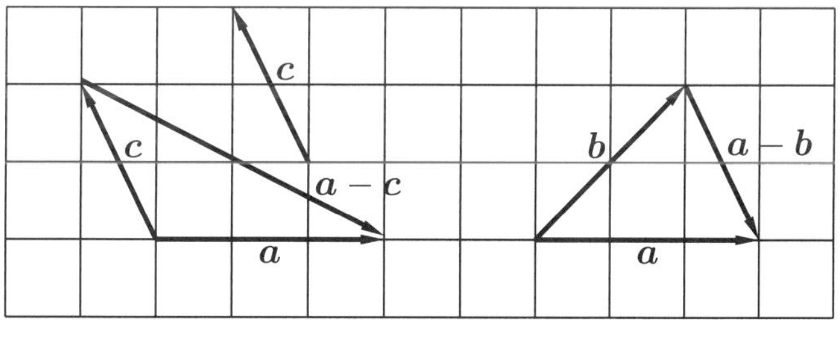

ドリル no.3　class　　no　　name

問題 3.1　図の中にベクトル $\boldsymbol{a}-\boldsymbol{b}$, $\boldsymbol{a}-\boldsymbol{c}$, $\boldsymbol{b}-\boldsymbol{c}$ を記入せよ。

(1)

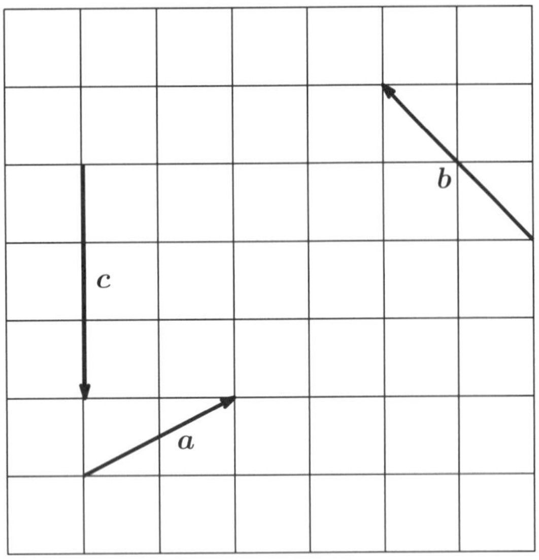

(2)

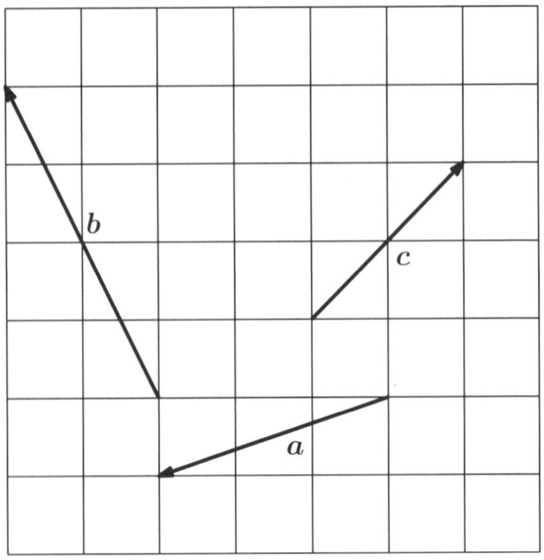

問題 3.2　図の中にベクトル $\boldsymbol{a}+\boldsymbol{b}-\boldsymbol{c}$, $\boldsymbol{a}-\boldsymbol{b}+\boldsymbol{c}$ を記入せよ。

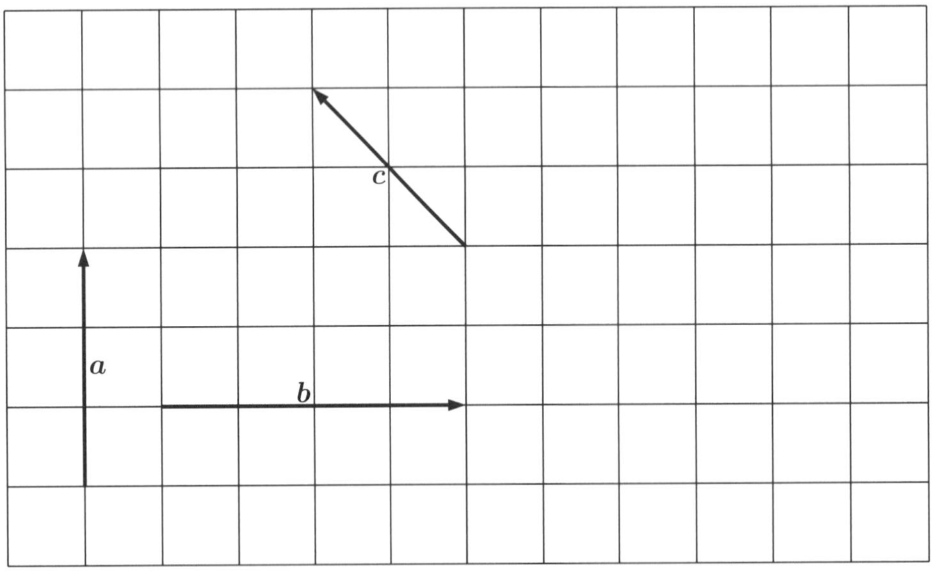

チェック項目

	月　日	月　日
逆ベクトルの定義を理解している。		
2 つのベクトルの差を図示することができる。		

4　ベクトルの実数倍

ベクトルの実数倍を図示することができる。
ベクトルの合成ができる。

ベクトルの実数倍　与えられたベクトル $\boldsymbol{a}$ に対して, $\boldsymbol{a}$ の実数倍 $k\boldsymbol{a}$ (k は実数) を次のように定める。

[1]　$k>0$ のとき, $\boldsymbol{a}$ と同じ向きで大きさが $\boldsymbol{a}$ の k 倍のベクトル

[2]　$k<0$ のとき, $\boldsymbol{a}$ と逆の向きで大きさが $\boldsymbol{a}$ の $|k|$ 倍のベクトル

[3]　$k=0$ のとき, 零ベクトル $\boldsymbol{0}$

例題 **4.1**　次のベクトル $\boldsymbol{a}$, $\boldsymbol{b}$, $\boldsymbol{c}$, $\boldsymbol{d}$ に対して, ベクトル $4\boldsymbol{a}$, $-2\boldsymbol{b}$, $\dfrac{3}{4}\boldsymbol{c}$, $-\dfrac{1}{3}\boldsymbol{d}$ を記入せよ。

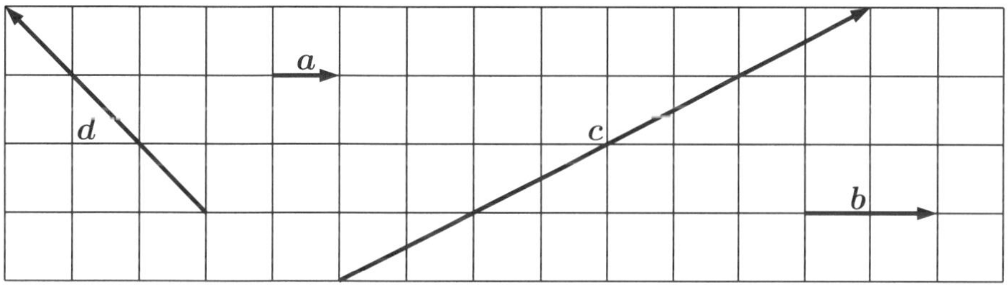

<解答>

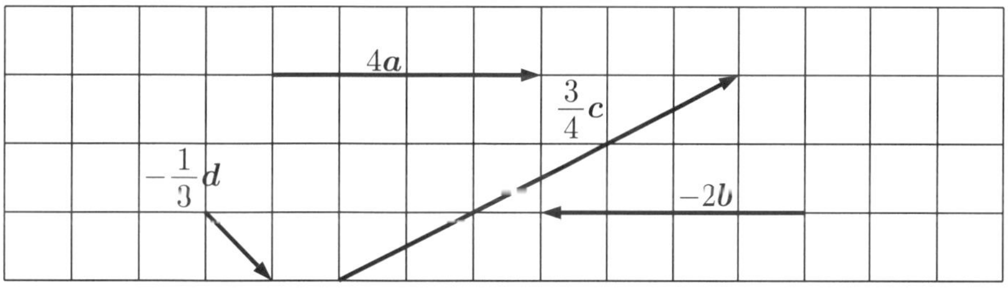

例題 **4.2**　次のベクトル $\boldsymbol{a}$, $\boldsymbol{b}$ に対して, ベクトル $\boldsymbol{x}=2\boldsymbol{a}-3\boldsymbol{b}$, $\boldsymbol{y}=-2\boldsymbol{a}+\dfrac{3}{2}\boldsymbol{b}$ を記入せよ。

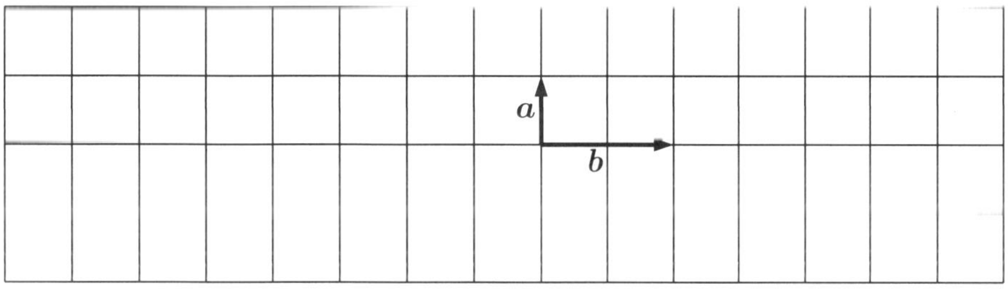

<解答>

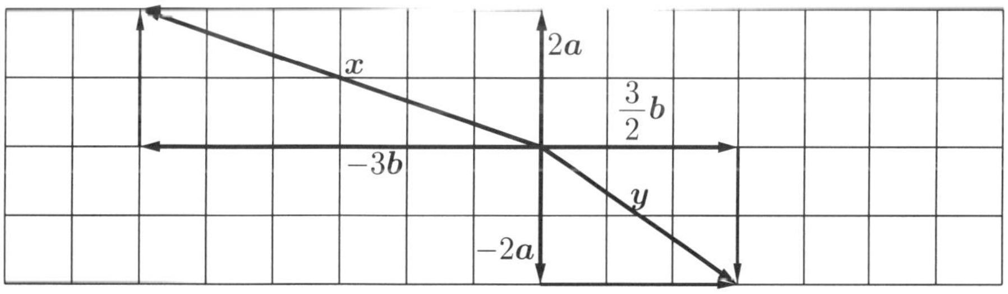

ドリル no.4	class	no	name

問題 4.1 次のベクトル $\boldsymbol{a}$, $\boldsymbol{b}$, $\boldsymbol{c}$, $\boldsymbol{d}$ に対して, ベクトル $3\boldsymbol{a}$, $-4\boldsymbol{b}$, $2\boldsymbol{c}$, $-\frac{1}{2}\boldsymbol{d}$ を記入せよ。

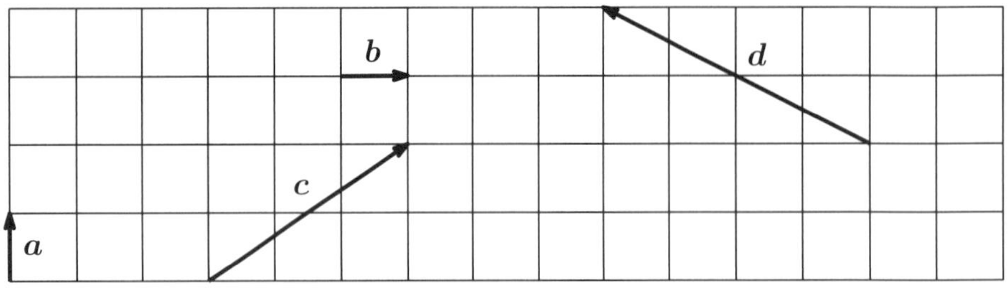

問題 4.2 次のベクトル $\boldsymbol{a}, \boldsymbol{b}$ に対して, ベクトル $\boldsymbol{x} = 3\boldsymbol{a} + 4\boldsymbol{b}$, $\boldsymbol{y} = -2\boldsymbol{a} + 2\boldsymbol{b}$ を記入せよ。

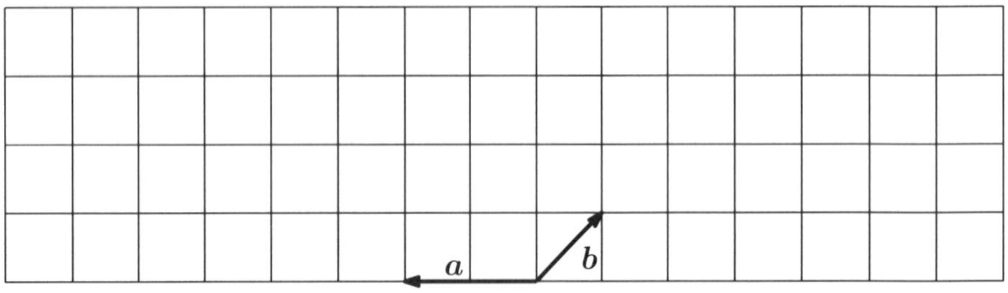

問題 4.3 次のベクトル $\boldsymbol{a}, \boldsymbol{b}$ に対して, ベクトル $\boldsymbol{x} = -\frac{1}{2}\boldsymbol{a} + 2\boldsymbol{b} - 3\boldsymbol{c}$ を記入せよ。

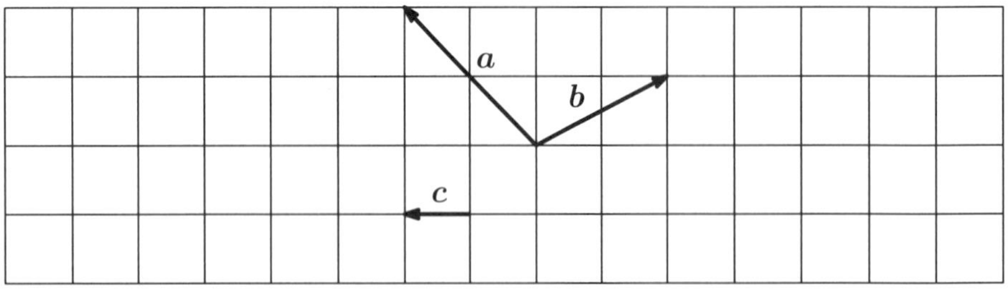

チェック項目

	月　日	月　日
ベクトルの実数倍を図示することができる。		
ベクトルの合成ができる。		

5　ベクトルの１次結合

ベクトルの１次結合 (線形結合) の意味を理解している。
指定されたベクトルを, いくつかの与えられたベクトルの１次結合で表すことができる。

ベクトルの１次結合　いくつかのベクトル $\boldsymbol{a}_1,\ \boldsymbol{a}_2,\ \cdots,\ \boldsymbol{a}_n$ が与えられたとき, それらの実数倍の和

$$k_1\boldsymbol{a}_1 + k_2\boldsymbol{a}_2 + \cdots + k_n\boldsymbol{a}_n \quad (k_1,\ k_2,\ \cdots,\ k_n \text{ は実数})$$

で表されるベクトルを $\boldsymbol{a}_1,\ \boldsymbol{a}_2,\ \cdots,\ \boldsymbol{a}_n$ の１次結合 (または線形結合) という。

例題 **5.1**　次のベクトル $\boldsymbol{x},\ \boldsymbol{y}$ をベクトル $\boldsymbol{a},\ \boldsymbol{b}$ の１次結合で表せ。

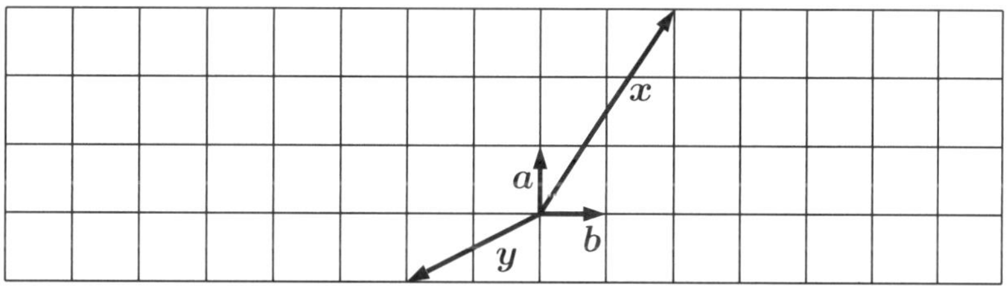

＜解答＞　下図より, $\boldsymbol{x} = 3\boldsymbol{a} + 2\boldsymbol{b}$, $\boldsymbol{y} = -\boldsymbol{a} - 2\boldsymbol{b}$ となる。

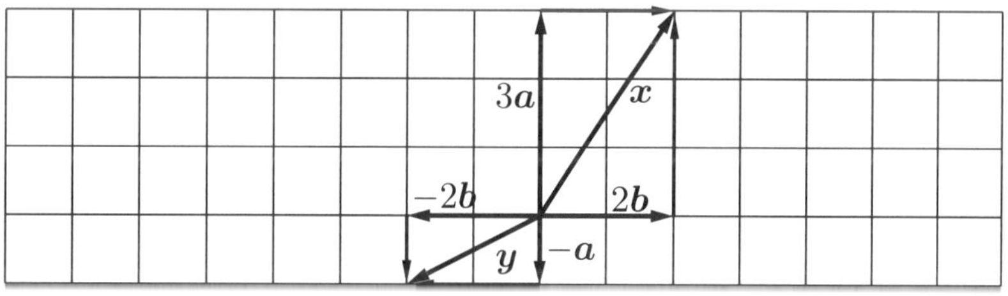

例題 **5.2**　次のベクトル $\boldsymbol{x},\ \boldsymbol{y}$ をベクトル $\boldsymbol{a},\ \boldsymbol{b}$ の１次結合で表せ。

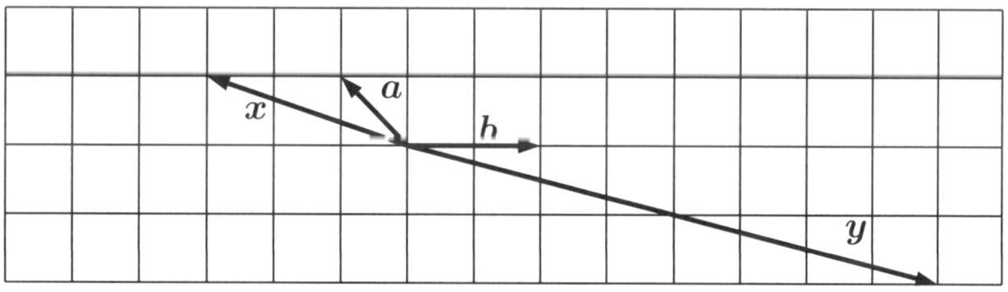

＜解答＞　下図より, $\boldsymbol{x} = \boldsymbol{a} - \boldsymbol{b},\ \boldsymbol{y} = -2\boldsymbol{a} + 3\boldsymbol{b}$ となる。

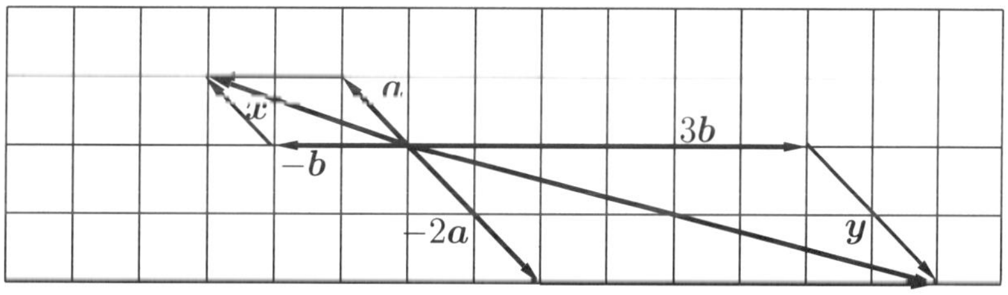

ドリル no.5　　class　　no　　name

問題 5.1　次のベクトル $\boldsymbol{x}$, $\boldsymbol{y}$ をベクトル $\boldsymbol{a}$, $\boldsymbol{b}$ の 1 次結合で表せ。

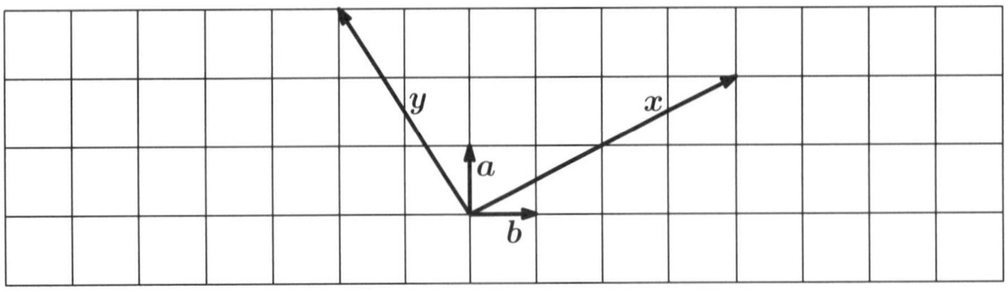

問題 5.2　次のベクトル $\boldsymbol{x}$, $\boldsymbol{y}$ をベクトル $\boldsymbol{a}$, $\boldsymbol{b}$ の 1 次結合で表せ。

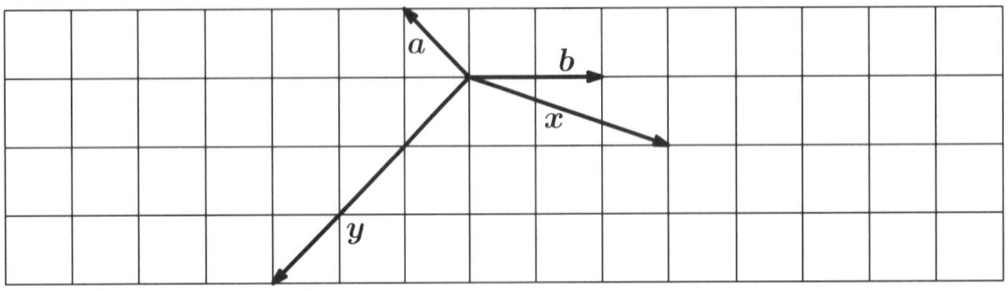

問題 5.3　次のベクトル $\boldsymbol{x}$, $\boldsymbol{y}$ をベクトル $\boldsymbol{a}$, $\boldsymbol{b}$ の 1 次結合で表せ。

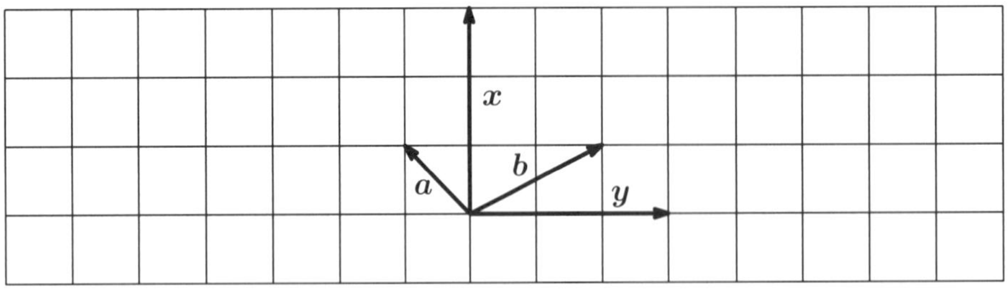

チェック項目	月　日	月　日
ベクトルの 1 次結合 (線形結合) の意味を理解している。		
指定されたベクトルを, いくつかの与えられたベクトルの 1 次結合で表すことができる。		

6　分点の位置ベクトル

内分点・外分点の位置ベクトルを求めることができる。

位置ベクトル　適当な始点 O をとるとき, $\overrightarrow{OP}$ を (点 O に関する) 点 P の位置ベクトルという。

内分点の位置ベクトル　$m>0,\ n>0$ とする。
線分 AB を $m:n$ の比に内分する点 P の位置ベクトルは,
$\overrightarrow{OP}=\dfrac{n\overrightarrow{OA}+m\overrightarrow{OB}}{m+n}$ である。

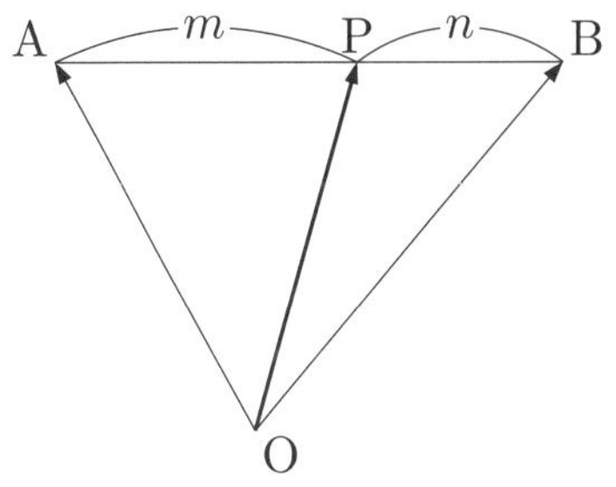

外分点の位置ベクトル　$m>0,\ n>0$ とする。
線分 AB を $m:n$ の比に外分する点 P の位置ベクトルは,
$\overrightarrow{OP}=\dfrac{-n\overrightarrow{OA}+m\overrightarrow{OB}}{m-n}$ である。

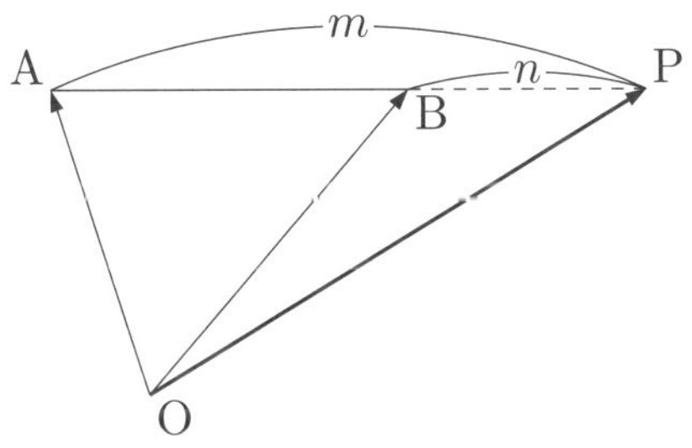

$m>n$ の場合

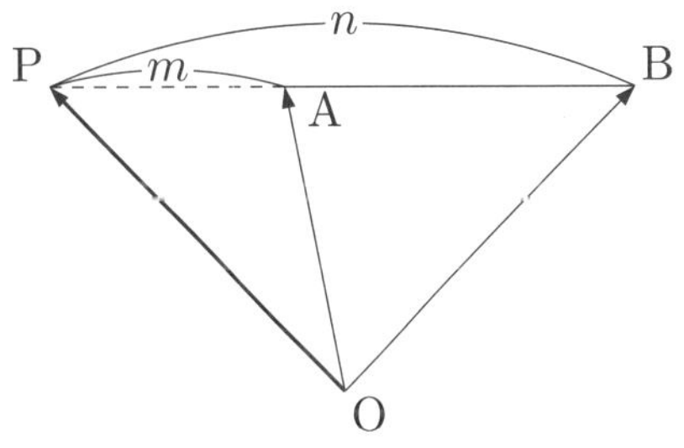

$m<n$ の場合

(注意 1) 外分点の公式は, 内分点の公式において, n の箇所を $-n$ に置き換えたものと考えることができる。

(注意 2) 線分を $1:1$ の比に内分する点を, 線分の中点という。

例題 6.1　線分 AB を次のような比に内分する点 P の位置ベクトル $\overrightarrow{OP}$ を $\overrightarrow{OA},\ \overrightarrow{OB}$ を用いて表せ。

(1)　$3:2$　　　　(2)　$1:1$

<解答>　(1) $\overrightarrow{OP}=\dfrac{2\overrightarrow{OA}+3\overrightarrow{OB}}{3+2}=\dfrac{2}{5}\overrightarrow{OA}+\dfrac{3}{5}\overrightarrow{OB}$

(2) $\overrightarrow{OP}=\dfrac{1\times\overrightarrow{OA}+1\times\overrightarrow{OB}}{1+1}=\dfrac{1}{2}\overrightarrow{OA}+\dfrac{1}{2}\overrightarrow{OB}$

例題 6.2　点 A, B の位置ベクトルを $\boldsymbol{a},\ \boldsymbol{b}$ とする。線分 AB を次のような比に外分する点 P の位置ベクトル $\boldsymbol{p}$ を, $\boldsymbol{a},\ \boldsymbol{b}$ を用いて表し, 点 P を図示せよ。

(1)　$3:5$　　　　(2)　$4:3$

<解答>

(1) $\boldsymbol{p}=\dfrac{-5\boldsymbol{a}+3\boldsymbol{b}}{3-5}=\dfrac{-5\boldsymbol{a}+3\boldsymbol{b}}{-2}=\dfrac{5}{2}\boldsymbol{a}-\dfrac{3}{2}\boldsymbol{b}$　　　(2) $\boldsymbol{p}=\dfrac{-3\boldsymbol{a}+4\boldsymbol{a}}{4-3}=-3\boldsymbol{a}+4\boldsymbol{b}$

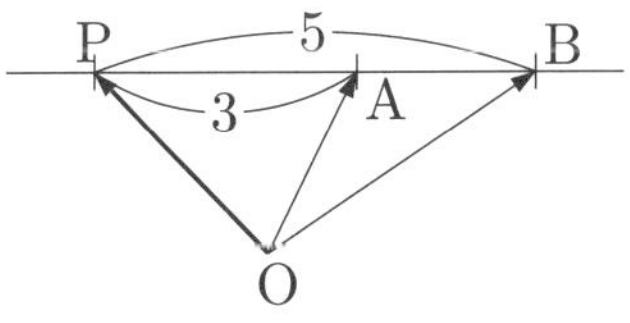

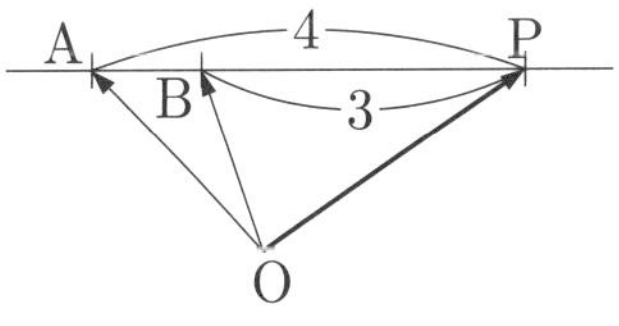

ドリル no.6　　class　　no　　name

問題 6.1　三角形 OAB について, 線分 AB を 2 : 1 の比に内分する点を L, 線分 OL を 3 : 2 の比に内分する点を P とする。次のベクトルを $\overrightarrow{\mathrm{OA}}$, $\overrightarrow{\mathrm{OB}}$ を用いて表せ。

(1) $\overrightarrow{\mathrm{OL}}$　　(2) $\overrightarrow{\mathrm{OP}}$

(3) $\overrightarrow{\mathrm{AP}}$　　(4) $\overrightarrow{\mathrm{BP}}$

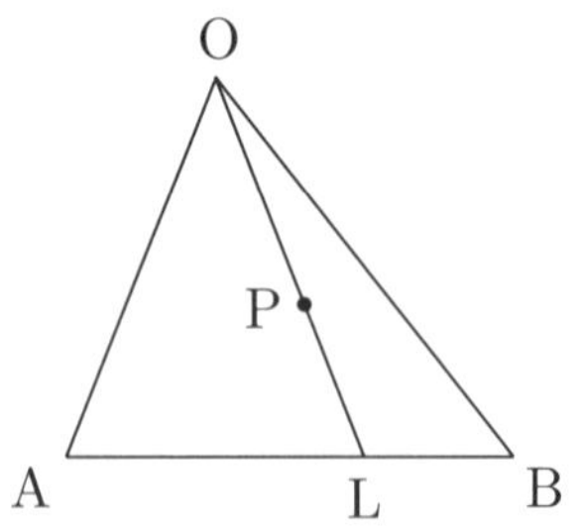

問題 6.2　点 A, B の位置ベクトルを $\boldsymbol{a}$, $\boldsymbol{b}$ とするとき, 次の問に答えよ。

(1) 線分 AB を 2 : 3 の比に外分する点 P の位置ベクトル $\boldsymbol{p}$ を, $\boldsymbol{a}$, $\boldsymbol{b}$ を用いて表し, 点 P を図示せよ。(例題 6.2 のように, 適当な位置に始点 O をとり, 点 A,B,P の位置ベクトルも図示せよ。)

(2) 線分 AB を 5 : 3 の比に外分する点 Q の位置ベクトル $\boldsymbol{q}$ を, $\boldsymbol{a}$, $\boldsymbol{b}$ を用いて表し, 点 Q を図示せよ。(例題 6.2 のように, 適当な位置に始 O をとり, 点 A,B,Q の位置ベクトルも図示せよ。)

チェック項目

	月　日	月　日
内分点・外分点の位置ベクトルを求めることができる。		

7　内積の定義

ベクトルの内積の定義と性質を理解している。

ベクトルのなす角　零ベクトルでない 2 つのベクトルの始点を合わせたときにできる角 θ $(0 \leqq \theta \leqq \pi)$ を, 2 つのベクトルのなす角という。

ベクトルの内積　2 つのベクトル $\boldsymbol{a}$, $\boldsymbol{b}$ のなす角を θ ($0 \leqq \theta \leqq \pi$) とするとき, $\boldsymbol{a}$ と $\boldsymbol{b}$ の内積 $\boldsymbol{a}\cdot\boldsymbol{b}$ を $\boldsymbol{a}\cdot\boldsymbol{b} = |\boldsymbol{a}||\boldsymbol{b}|\cos\theta$ と定義する。$\boldsymbol{a}=\boldsymbol{0}$ または $\boldsymbol{b}=\boldsymbol{0}$ のときは, $\boldsymbol{a}\cdot\boldsymbol{b}=0$ と定める。内積について次の性質が成り立つ。

[1] $\boldsymbol{a}\cdot\boldsymbol{a} = |\boldsymbol{a}|^2$　　　[2] $\boldsymbol{a}\cdot\boldsymbol{b} = \boldsymbol{b}\cdot\boldsymbol{a}$

[3] $(m\boldsymbol{a})\cdot\boldsymbol{b} = \boldsymbol{a}\cdot(m\boldsymbol{b}) = m(\boldsymbol{a}\cdot\boldsymbol{b})$　　(m は実数)

[4] $\boldsymbol{a}\cdot(\boldsymbol{b}+\boldsymbol{c}) = \boldsymbol{a}\cdot\boldsymbol{b}+\boldsymbol{a}\cdot\boldsymbol{c}$　　$(\boldsymbol{a}+\boldsymbol{b})\cdot\boldsymbol{c} = \boldsymbol{a}\cdot\boldsymbol{c}+\boldsymbol{b}\cdot\boldsymbol{c}$

例題 7.1　次のベクトルのなす角 θ を求めよ。

(1)

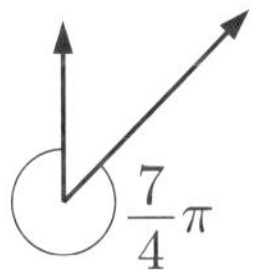

(2)

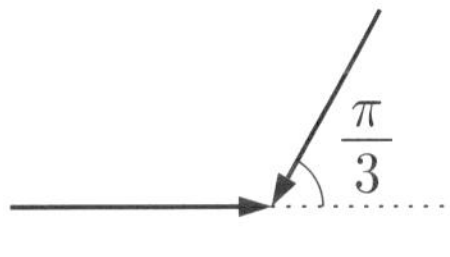

＜解答＞ (1) $0 \leq \theta \leq \pi$ なので $\theta = \dfrac{\pi}{4}$ となる。

(2) ベクトルの始点を合わせると $\theta = \dfrac{2}{3}\pi$ となる。

(1)

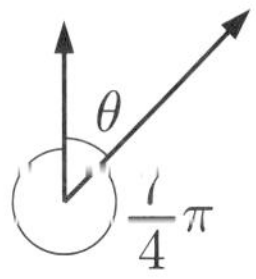

(2)

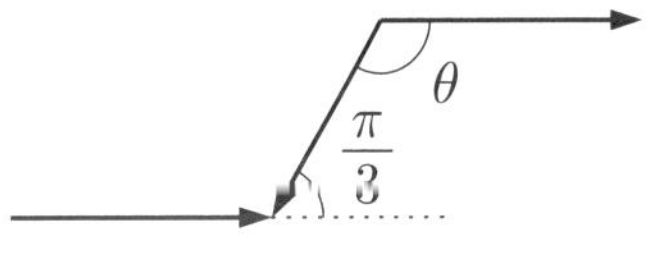

例題 7.2　ベクトル $\boldsymbol{a}$, $\boldsymbol{b}$ の大きさとそのなす角 θ が次のように与えられているとき, 内積 $\boldsymbol{a}\cdot\boldsymbol{b}$ の値を求めよ。

(1)　$|\boldsymbol{a}|=3,\ |\boldsymbol{b}|=2,\ \theta=\dfrac{\pi}{6}$　　(2)　$|\boldsymbol{a}|=5,\ |\boldsymbol{b}|=6,\ \theta=\dfrac{\pi}{2}$

(3)　$|\boldsymbol{a}|=1,\ |\boldsymbol{b}|=9,\ \theta=\dfrac{2}{3}\pi$　　(4)　$|\boldsymbol{a}|=5,\ |\boldsymbol{b}|=2,\ \theta=\pi$

＜解答＞ (1) $\boldsymbol{a}\cdot\boldsymbol{b} = 3\times 2\times\cos\dfrac{\pi}{6} = 6\times\dfrac{\sqrt{3}}{2} = 3\sqrt{3}$　(2) $\boldsymbol{a}\cdot\boldsymbol{b} = 5\times 6\times\cos\dfrac{\pi}{2} = 30\times 0 = 0$

(3) $\boldsymbol{a}\cdot\boldsymbol{b} = 1\times 9\times\cos\dfrac{2}{3}\pi = 9\times\left(-\dfrac{1}{2}\right) = -\dfrac{9}{2}$　(4) $\boldsymbol{a}\cdot\boldsymbol{b} = 5\times 2\times\cos\pi = 10\times(-1) = -10$

例題 7.3　$|\boldsymbol{a}|=3$, $|\boldsymbol{b}|=2$ とし, $\boldsymbol{a}$, $\boldsymbol{b}$ のなす角 θ が $\dfrac{\pi}{3}$ のとき, つぎの値を求めよ。

(1)　$\boldsymbol{a}\cdot\boldsymbol{b}$　　(2)　$\boldsymbol{a}\cdot(\boldsymbol{a}-3\boldsymbol{b})$　　(3)　$(\boldsymbol{a}-\boldsymbol{b})\cdot(\boldsymbol{a}+2\boldsymbol{b})$

＜解答＞ (1) $\boldsymbol{a}\cdot\boldsymbol{b} = |\boldsymbol{a}||\boldsymbol{b}|\cos\theta = 3\times 2\times\cos\dfrac{\pi}{3} = 6\times\dfrac{1}{2} = 3$

(2) $\boldsymbol{a}\cdot(\boldsymbol{a}-3\boldsymbol{b}) = \boldsymbol{a}\cdot\boldsymbol{a}-3\boldsymbol{a}\cdot\boldsymbol{b} = |\boldsymbol{a}|^2-3\boldsymbol{a}\cdot\boldsymbol{b} = 9-9 = 0$

(3) $(\boldsymbol{a}-\boldsymbol{b})\cdot(\boldsymbol{a}+2\boldsymbol{b}) = \boldsymbol{a}\cdot\boldsymbol{a}+2\boldsymbol{a}\cdot\boldsymbol{b}-\boldsymbol{b}\cdot\boldsymbol{a}-2\boldsymbol{b}\cdot\boldsymbol{b} = |\boldsymbol{a}|^2+\boldsymbol{a}\cdot\boldsymbol{b}-2|\boldsymbol{b}|^2 = 9+3-2\times 4 = 4$

ドリル no.7　　class　　no　　name

問題 7.1　次のベクトルのなす角 θ を求めよ。

(1)

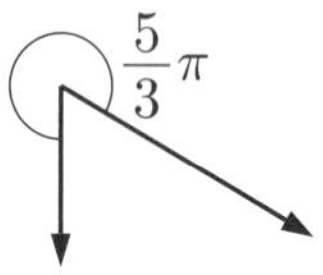

(2)

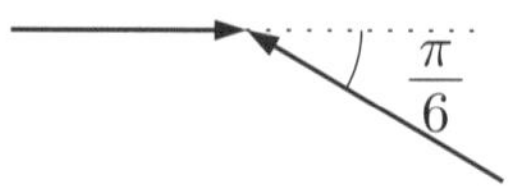

問題 7.2　ベクトル $\boldsymbol{a}$, $\boldsymbol{b}$ の大きさとそのなす角 θ が次のように与えられているとき, 内積 $\boldsymbol{a}\cdot\boldsymbol{b}$ の値を求めよ。

(1)　$|\boldsymbol{a}|=2,\ |\boldsymbol{b}|=3,\ \theta=\dfrac{\pi}{4}$

(2)　$|\boldsymbol{a}|=\sqrt{3},\ |\boldsymbol{b}|=\sqrt{2},\ \theta=\dfrac{5}{6}\pi$

問題 7.3　$|\boldsymbol{a}|=2, |\boldsymbol{b}|=1$ とし, $\boldsymbol{a}$, $\boldsymbol{b}$ のなす角 θ が $\dfrac{2}{3}\pi$ のとき, 次の値を求めよ。

(1)　$\boldsymbol{a}\cdot\boldsymbol{b}$

(2)　$\boldsymbol{a}\cdot(\boldsymbol{a}+\boldsymbol{b})$

(3)　$(\boldsymbol{a}+\boldsymbol{b})\cdot(\boldsymbol{a}-\boldsymbol{b})$

(4)　$(\boldsymbol{a}+3\boldsymbol{b})\cdot(2\boldsymbol{a}-\boldsymbol{b})$

チェック項目

	月　日	月　日
ベクトルの内積の定義と性質を理解している。		

8　内積を用いた計算

内積を用いた計算ができる。

ベクトルの大きさと内積　ベクトル $\boldsymbol{a}$ に対して $|\boldsymbol{a}|^2 = \boldsymbol{a}\cdot\boldsymbol{a}$ であることを利用して，ベクトルの大きさや内積が計算できる。

例題 8.1　$|\boldsymbol{a}| = 2$, $|\boldsymbol{b}| = 3$, $|\boldsymbol{a}+\boldsymbol{b}| = 4$ のとき，$\boldsymbol{a}\cdot\boldsymbol{b}$ の値を求めよ。

＜解答＞

$$\begin{aligned}|\boldsymbol{a}+\boldsymbol{b}|^2 &= (\boldsymbol{a}+\boldsymbol{b})\cdot(\boldsymbol{a}+\boldsymbol{b})\\ &= \boldsymbol{a}\cdot\boldsymbol{a}+\boldsymbol{a}\cdot\boldsymbol{b}+\boldsymbol{b}\cdot\boldsymbol{a}+\boldsymbol{b}\cdot\boldsymbol{b}\\ &= |\boldsymbol{a}|^2+2\boldsymbol{a}\cdot\boldsymbol{b}+|\boldsymbol{b}|^2\end{aligned}$$

が成り立つ。ここで，$|\boldsymbol{a}| = 2$, $|\boldsymbol{b}| = 3$, $|\boldsymbol{a}+\boldsymbol{b}| = 4$ を代入すると，

$$4^2 = 2^2 + 2\boldsymbol{a}\cdot\boldsymbol{b} + 3^2$$

となる。
したがって，$13 + 2\boldsymbol{a}\cdot\boldsymbol{b} = 16$ となるので，$\boldsymbol{a}\cdot\boldsymbol{b} = \dfrac{3}{2}$ となる。

例題 8.2　$|\boldsymbol{a}| = 3$, $|\boldsymbol{b}| = 2$, $\boldsymbol{a}\cdot\boldsymbol{b} = -2$ のとき，$|\boldsymbol{a}-\boldsymbol{b}|$ の値を求めよ。

＜解答＞

$$\begin{aligned}|\boldsymbol{a}-\boldsymbol{b}|^2 &= (\boldsymbol{a}-\boldsymbol{b})\cdot(\boldsymbol{a}-\boldsymbol{b})\\ &= \boldsymbol{a}\cdot\boldsymbol{a}-\boldsymbol{a}\cdot\boldsymbol{b}-\boldsymbol{b}\cdot\boldsymbol{a}+\boldsymbol{b}\cdot\boldsymbol{b}\\ &= |\boldsymbol{a}|^2-2\boldsymbol{a}\cdot\boldsymbol{b}+|\boldsymbol{b}|^2\end{aligned}$$

が成り立つ。$|\boldsymbol{a}| = 3$, $|\boldsymbol{b}| = 2$, $\boldsymbol{a}\cdot\boldsymbol{b} = -2$ を代入して，

$$|\boldsymbol{a}-\boldsymbol{b}|^2 = 3^2 - 2\times(-2) + 2^2 = 17$$

$|\boldsymbol{a}-\boldsymbol{b}| \geqq 0$ なので，$|\boldsymbol{a}-\boldsymbol{b}| = \sqrt{17}$ となる。

例題 8.3　$|\boldsymbol{a}| = 2$, $\boldsymbol{a}\cdot\boldsymbol{b} = 3$, $|\boldsymbol{a}+\boldsymbol{b}| = 4$ のとき，$|\boldsymbol{b}|$ の値を求めよ。

＜解答＞　例題 8.1 と同様に，

$$|\boldsymbol{a}+\boldsymbol{b}|^2 = |\boldsymbol{a}|^2 + 2\boldsymbol{a}\cdot\boldsymbol{b} + |\boldsymbol{b}|^2$$

が成り立つ。$|\boldsymbol{a}| = 2$, $\boldsymbol{a}\cdot\boldsymbol{b} = 3$, $|\boldsymbol{a}+\boldsymbol{b}| = 4$ を代入して，

$$16 = 4 + 6 + |\boldsymbol{b}|^2$$

したがって，$|\boldsymbol{b}|^2 = 6$ である。$|\boldsymbol{b}| \geqq 0$ なので，$|\boldsymbol{b}| = \sqrt{6}$ となる。

ドリル no.8	class	no	name

問題 8.1 $|\boldsymbol{a}| = 4$, $|\boldsymbol{b}| = 7$, $\boldsymbol{a} \cdot \boldsymbol{b} = -5$ のとき, $|\boldsymbol{a} + 2\boldsymbol{b}|$ を求めよ。

問題 8.2 $|\boldsymbol{a}| = \dfrac{1}{2}$, $|\boldsymbol{b}| = 1$, $|\boldsymbol{a} + \boldsymbol{b}| = \dfrac{1}{\sqrt{2}}$ のとき, 次の値を求めよ。

(1) $\boldsymbol{a} \cdot \boldsymbol{b}$

(2) $|\boldsymbol{a} - 2\boldsymbol{b}|$

問題 8.3 $|\boldsymbol{a}| = 3$, $\boldsymbol{a} \cdot \boldsymbol{b} = -1$, $|\boldsymbol{a} - \boldsymbol{b}| = 5$ のとき, $|\boldsymbol{b}|$ の値を求めよ。

チェック項目	月　日	月　日
内積を用いた計算ができる。		

9　ベクトルのなす角

内積を利用して, 2つのベクトルのなす角を求めることができる。

ベクトルのなす角を求める公式　零ベクトルでない2つのベクトル $\boldsymbol{a}$, $\boldsymbol{b}$ のなす角を θ $(0 \leqq \theta \leqq \pi)$ とすれば

$$\cos\theta = \frac{\boldsymbol{a}\cdot\boldsymbol{b}}{|\boldsymbol{a}||\boldsymbol{b}|}$$

が成り立つ。

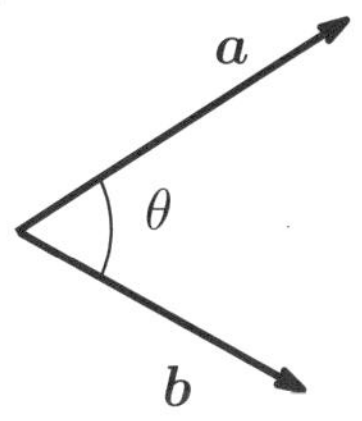

例題 9.1　$|\boldsymbol{a}| = 3\sqrt{2}$ とする。ベクトル $\boldsymbol{b}$ の大きさと内積 $\boldsymbol{a}\cdot\boldsymbol{b}$ の値が次のように与えられているとき, $\boldsymbol{a}$, $\boldsymbol{b}$ のなす角 θ $(0 \leqq \theta \leqq \pi)$ を求めよ。

(1)　$|\boldsymbol{b}| = 2,\ \boldsymbol{a}\cdot\boldsymbol{b} = 0$　　(2)　$|\boldsymbol{b}| = 2,\ \boldsymbol{a}\cdot\boldsymbol{b} = -6$　　(3)　$|\boldsymbol{b}| = \sqrt{2},\ \boldsymbol{a}\cdot\boldsymbol{b} = 3$

<解答>　(1) $\cos\theta = \dfrac{\boldsymbol{a}\cdot\boldsymbol{b}}{|\boldsymbol{a}||\boldsymbol{b}|} = \dfrac{0}{3\sqrt{2}\cdot 2} = 0$ となる。$0 \leqq \theta \leqq \pi$ より $\theta = \dfrac{\pi}{2}$ である。

(2) $\cos\theta = \dfrac{\boldsymbol{a}\cdot\boldsymbol{b}}{|\boldsymbol{a}||\boldsymbol{b}|} = \dfrac{-6}{3\sqrt{2}\cdot 2} = -\dfrac{\sqrt{2}}{2}$ となる。$0 \leqq \theta \leqq \pi$ より $\theta = \dfrac{3}{4}\pi$ である。

(3) $\cos\theta = \dfrac{\boldsymbol{a}\cdot\boldsymbol{b}}{|\boldsymbol{a}||\boldsymbol{b}|} = \dfrac{3}{3\sqrt{2}\cdot\sqrt{2}} = \dfrac{1}{2}$ となる。$0 \leqq \theta \leqq \pi$ より $\theta = \dfrac{\pi}{3}$ である。

例題 9.2　$|\boldsymbol{a}| = 4$, $|\boldsymbol{b}| = 3$, $|\boldsymbol{a}-\boldsymbol{b}| = \sqrt{13}$ のとき, $\boldsymbol{a}$, $\boldsymbol{b}$ のなす角 θ $(0 \leqq \theta \leqq \pi)$ を求めよ。

<解答>

$$\begin{aligned} |\boldsymbol{a}-\boldsymbol{b}|^2 &= (\boldsymbol{a}-\boldsymbol{b})\cdot(\boldsymbol{a}-\boldsymbol{b}) \\ &= \boldsymbol{a}\cdot\boldsymbol{a} - \boldsymbol{a}\cdot\boldsymbol{b} - \boldsymbol{b}\cdot\boldsymbol{a} + \boldsymbol{b}\cdot\boldsymbol{b} \\ &= |\boldsymbol{a}|^2 - 2\boldsymbol{a}\cdot\boldsymbol{b} + |\boldsymbol{b}|^2 \end{aligned}$$

が成り立つ。$|\boldsymbol{a}| = 4$, $|\boldsymbol{b}| = 3$, $|\boldsymbol{a}-\boldsymbol{b}| = \sqrt{13}$ を代入して,

$$13 = 16 - 2\boldsymbol{a}\cdot\boldsymbol{b} + 9$$

より,

$$\boldsymbol{a}\cdot\boldsymbol{b} = 6$$

となる。これより,

$$\cos\theta = \frac{\boldsymbol{a}\cdot\boldsymbol{b}}{|\boldsymbol{a}||\boldsymbol{b}|} = \frac{6}{4\cdot 3} = \frac{1}{2}$$

$0 \leqq \theta \leqq \pi$ より,

$$\theta = \frac{\pi}{3}$$

である。

ドリル no.9	class	no	name

問題 9.1　ベクトル $\boldsymbol{a}$, $\boldsymbol{b}$ の大きさとその内積 $\boldsymbol{a}\cdot\boldsymbol{b}$ の値が次のように与えられているとき, $\boldsymbol{a}$, $\boldsymbol{b}$ のなす角 θ $(0 \leqq \theta \leqq \pi)$ を求めよ。

(1) $|\boldsymbol{a}| = 3,\ |\boldsymbol{b}| = 5,\ \boldsymbol{a}\cdot\boldsymbol{b} = 0$

(2) $|\boldsymbol{a}| = \sqrt{6},\ |\boldsymbol{b}| = 2\sqrt{3},\ \boldsymbol{a}\cdot\boldsymbol{b} = -6\sqrt{2}$

(3) $|\boldsymbol{a}| = 2\sqrt{10},\ |\boldsymbol{b}| = \sqrt{15},\ \boldsymbol{a}\cdot\boldsymbol{b} = 15\sqrt{2}$

問題 9.2　$|\boldsymbol{a}| = 3$, $|\boldsymbol{b}| = 4$, $|\boldsymbol{a} + 2\boldsymbol{b}| = 7$ のとき, $\boldsymbol{a}$, $\boldsymbol{b}$ のなす角 θ $(0 \leqq \theta \leqq \pi)$ を求めよ。

チェック項目

	月　日	月　日
内積を利用して, 2 つのベクトルのなす角を求めることができる。		

10　内積を用いた証明

内積を用いて，図形の性質を証明することができる。

ベクトルの垂直条件　零ベクトルでない2つのベクトル $\boldsymbol{a}, \boldsymbol{b}$ のなす角が $\dfrac{\pi}{2}$ であるとき，$\boldsymbol{a}$ と $\boldsymbol{b}$ は垂直である，または直交するといい，$\boldsymbol{a} \perp \boldsymbol{b}$ と表す。$\cos\dfrac{\pi}{2} = 0$ なので，

$$\boldsymbol{a} \perp \boldsymbol{b} \iff \boldsymbol{a} \cdot \boldsymbol{b} = 0$$

が成り立つ。

例題 10.1　2つのベクトル $\boldsymbol{a}$, $\boldsymbol{b}$ について，$\boldsymbol{a}+\boldsymbol{b}$ と $\boldsymbol{a}-\boldsymbol{b}$ が直交するならば，$\boldsymbol{a}$, $\boldsymbol{b}$ の大きさが等しいことを証明せよ。

＜解答＞　$(\boldsymbol{a}+\boldsymbol{b}) \perp (\boldsymbol{a}-\boldsymbol{b})$ より，

$$\begin{aligned}
&(\boldsymbol{a}+\boldsymbol{b}) \cdot (\boldsymbol{a}-\boldsymbol{b}) = 0 \\
&\boldsymbol{a} \cdot \boldsymbol{a} - \boldsymbol{a} \cdot \boldsymbol{b} + \boldsymbol{b} \cdot \boldsymbol{a} - \boldsymbol{b} \cdot \boldsymbol{b} = 0 \\
&|\boldsymbol{a}|^2 - |\boldsymbol{b}|^2 = 0 \\
&|\boldsymbol{a}|^2 = |\boldsymbol{b}|^2
\end{aligned}$$

$|\boldsymbol{a}| \geqq 0$, $|\boldsymbol{b}| \geqq 0$ なので，$|\boldsymbol{a}| = |\boldsymbol{b}|$ となり，2つのベクトルは大きさが等しい。

例題 10.2　三角形の各頂点から対辺に下ろした3本の垂線は，1点で交わることを証明せよ。(この点を三角形の垂心という。)

＜解答＞　三角形ABCの頂点A, Bから対辺BC, CAに垂線を下ろし，交点をHとする。

$\overrightarrow{\mathrm{AH}} \perp \overrightarrow{\mathrm{BC}}$ より，$\overrightarrow{\mathrm{AH}} \cdot \overrightarrow{\mathrm{BC}} = 0$ が成り立つ。

よって　$(\overrightarrow{\mathrm{CH}} - \overrightarrow{\mathrm{CA}}) \cdot \overrightarrow{\mathrm{BC}} = 0$

すなわち

$$\overrightarrow{\mathrm{CH}} \cdot \overrightarrow{\mathrm{BC}} - \overrightarrow{\mathrm{CA}} \cdot \overrightarrow{\mathrm{BC}} = 0 \quad \cdots ①$$

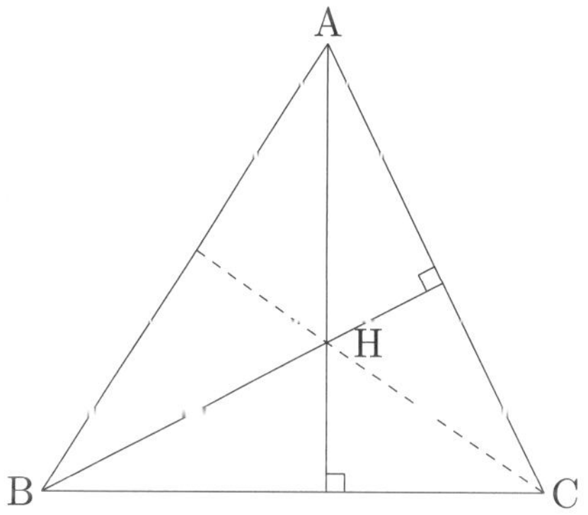

同様に，$\overrightarrow{\mathrm{BH}} \perp \overrightarrow{\mathrm{CA}}$ より，$\overrightarrow{\mathrm{BH}} \cdot \overrightarrow{\mathrm{CA}} = 0$ が成り立つ。

よって　$(\overrightarrow{\mathrm{CH}} - \overrightarrow{\mathrm{CB}}) \cdot \overrightarrow{\mathrm{CA}} = 0$

すなわち

$$\overrightarrow{\mathrm{CH}} \cdot \overrightarrow{\mathrm{CA}} - \overrightarrow{\mathrm{CB}} \cdot \overrightarrow{\mathrm{CA}} = 0 \quad \cdots ②$$

① + ② より

$$\overrightarrow{\mathrm{CH}} \cdot (\overrightarrow{\mathrm{BC}} + \overrightarrow{\mathrm{CA}}) - \overrightarrow{\mathrm{CA}} \cdot (\overrightarrow{\mathrm{BC}} + \overrightarrow{\mathrm{CB}}) = 0$$

ここで　$\overrightarrow{\mathrm{BC}} + \overrightarrow{\mathrm{CA}} = \overrightarrow{\mathrm{BA}}$,　$\overrightarrow{\mathrm{BC}} + \overrightarrow{\mathrm{CB}} = \boldsymbol{0}$ より

$$\overrightarrow{\mathrm{CH}} \cdot \overrightarrow{\mathrm{BA}} = 0$$

である。

　したがって $\overrightarrow{\mathrm{CH}} \perp \overrightarrow{\mathrm{BA}}$，すなわち点Hは頂点Cから辺ABに下ろした垂線上にある。このことは，各頂点から各対辺に下ろした垂線が，1点Hで交わることを意味している。

ドリル no.10	class	no	name

問題 10.1　2 つのベクトル $\boldsymbol{a}$, $\boldsymbol{b}$ について, $\boldsymbol{a} \perp \boldsymbol{b}$ ならば, $\boldsymbol{a}+\boldsymbol{b}$ と $\boldsymbol{a}-\boldsymbol{b}$ は大きさが等しいことを証明せよ。

問題 10.2　ひし形 ABCD の対角線 AC と BD は直交することを証明せよ。

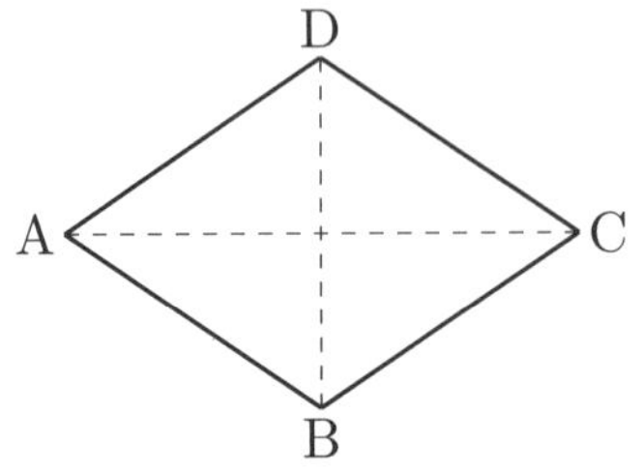

チェック項目

	月　日	月　日
内積を用いて, 図形の性質を証明することができる。		

11　ベクトルの平行条件

ベクトルの平行条件を理解している。
3 点が同一直線上にあるための条件を理解している。

ベクトルの平行　零ベクトルでない 2 つのベクトル $\boldsymbol{a}, \boldsymbol{b}$ は, 向きが同じであるか反対であるときに平行であるといい, $\boldsymbol{a} \,/\!/\, \boldsymbol{b}$ と表す。
ベクトルの平行条件　$\boldsymbol{a} \neq \boldsymbol{0}, \boldsymbol{b} \neq \boldsymbol{0}$ であるとき, 次が成り立つ。

$$\boldsymbol{a} \,/\!/\, \boldsymbol{b} \iff \boldsymbol{a} = k\boldsymbol{b} \text{ を満たす 0 でない実数 } k \text{ が存在する}$$

3 点が同一直線上にある条件　異なる 3 点 A, B, C が同一直線上にあるための必要十分条件は, $\overrightarrow{AB} \,/\!/\, \overrightarrow{AC}$ となることである。

例題 11.1　△ABC の辺 AB を 2 : 1 の比に内分する点を D, 辺 AC を 2 : 1 の比に内分する点を E とし, $\overrightarrow{AB} = \boldsymbol{a}$, $\overrightarrow{AC} = \boldsymbol{b}$ とする。このとき, 次の問に答えよ。

(1)　$\overrightarrow{BC}$, $\overrightarrow{DE}$ を $\boldsymbol{a}$, $\boldsymbol{b}$ を用いて表せ。

(2)　DE $/\!/$ BC, DE $= \dfrac{2}{3}$BC であることをベクトルを用いて示せ。

<解答>

(1)　$\overrightarrow{BC} = \overrightarrow{AC} - \overrightarrow{AB} = \boldsymbol{b} - \boldsymbol{a}$ である。
また, $\overrightarrow{AD} = \dfrac{2}{3}\overrightarrow{AB} = \dfrac{2}{3}\boldsymbol{a}$, $\overrightarrow{AE} = \dfrac{2}{3}\overrightarrow{AC} = \dfrac{2}{3}\boldsymbol{b}$ であるので,
$\overrightarrow{DE} = \overrightarrow{AE} - \overrightarrow{AD} = \dfrac{2}{3}\boldsymbol{b} - \dfrac{2}{3}\boldsymbol{a} = \dfrac{2}{3}(\boldsymbol{b} - \boldsymbol{a})$

(2)　(1) より, $\overrightarrow{DE} = \dfrac{2}{3}\overrightarrow{BC}$ である。
したがって DE $/\!/$ BC, DE $= \dfrac{2}{3}$BC である。

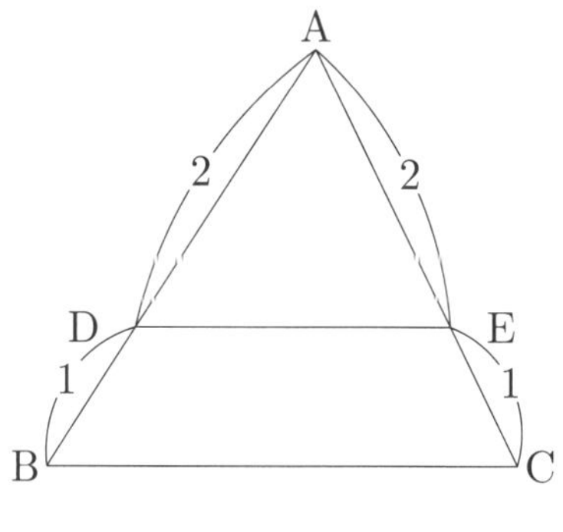

例題 11.2　異なる 4 点 O, A, B, C について, $7\overrightarrow{OB} = 4\overrightarrow{OC} + 3\overrightarrow{OA}$ が成り立っている。このとき, 次の問に答えよ。

(1)　3 点 A, B, C が同一直線上にあることを示せ。

(2)　AB と AC の長さの比を求めよ。

<解答>

(1)　条件より $\overrightarrow{OC} = \dfrac{7\overrightarrow{OB} - 3\overrightarrow{OA}}{4}$ である。したがって

$$\overrightarrow{AC} = \overrightarrow{OC} - \overrightarrow{OA} = \frac{7\overrightarrow{OB} - 3\overrightarrow{OA}}{4} - \overrightarrow{OA} = \frac{7\overrightarrow{OB} - 7\overrightarrow{OA}}{4} = \frac{7}{4}(\overrightarrow{OB} - \overrightarrow{OA}) = \frac{7}{4}\overrightarrow{AB}$$

ゆえに $\overrightarrow{AC} \,/\!/\, \overrightarrow{AB}$ であるので, 3 点 A, B, C は一直線上にある。

(2)　$\overrightarrow{AC} = \dfrac{7}{4}\overrightarrow{AB}$ より AC $= \dfrac{7}{4}$AB である。したがって AB : AC = AB : $\dfrac{7}{4}$AB = 4 : 7 である。

ドリル no.11	class	no	name

問題 11.1　図のように, 線分 AC と線分 BD は点 O で交わっており, AO : OC = 3 : 2, BO : OD = 3 : 2 である。$\overrightarrow{\mathrm{OA}} = \boldsymbol{a}$, $\overrightarrow{\mathrm{OB}} = \boldsymbol{b}$ とするとき, 次の問に答えよ。

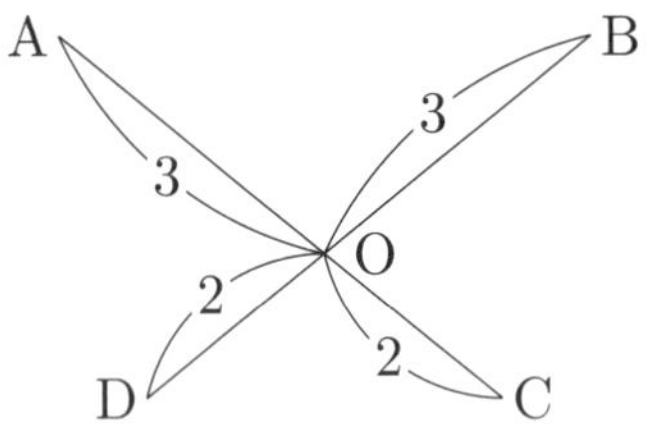

(1)　$\overrightarrow{\mathrm{AB}}$, $\overrightarrow{\mathrm{DC}}$ を $\boldsymbol{a}$, $\boldsymbol{b}$ を用いて表せ。

(2)　AB // DC を示せ。

(3)　AB と DC の長さの比を求めよ。

問題 11.2　異なる 4 点 O, A, B, C について, $4\overrightarrow{\mathrm{OB}} = 3\overrightarrow{\mathrm{OC}} + \overrightarrow{\mathrm{OA}}$ が成り立っている。このとき, 次の問に答えよ。

(1)　3 点 A, B, C が同一直線上にあることを示せ。

(2)　AB と AC の長さの比を求めよ。

チェック項目

	月　日	月　日
ベクトルの平行条件を理解している。		
3 点が同一直線上にあるための条件を理解している。		

12　ベクトルの成分

ベクトルの成分表示を理解し, 成分を用いてベクトルの和, 差, 実数倍, 大きさを計算できる。

ベクトルの成分表示　座標平面において, x 軸, y 軸の正の方向をもつ, 大きさ 1 のベクトルを平面の基本ベクトルといい, それぞれ $\boldsymbol{i}, \boldsymbol{j}$ と表す。平面上の任意のベクトル $\boldsymbol{a}$ は, 基本ベクトル $\boldsymbol{i}$, $\boldsymbol{j}$ の 1 次結合として $\boldsymbol{a} = a_1\boldsymbol{i} + a_2\boldsymbol{j}$ と表される。このとき, $\boldsymbol{a} = (a_1, a_2)$ と書き, これを $\boldsymbol{a}$ の成分表示という。特に, $\boldsymbol{i} = (1, 0)$, $\boldsymbol{j} = (0, 1)$ である。

ベクトルの成分に関する基本事項　$\boldsymbol{a} = (a_1, a_2)$, $\boldsymbol{b} = (b_1, b_2)$ とし, m を実数とするとき, 次が成り立つ。

[1]　$\boldsymbol{a} = \boldsymbol{b} \iff a_1 = b_1$ かつ $a_2 = b_2$

[2]　$\boldsymbol{a} \pm \boldsymbol{b} = (a_1, a_2) \pm (b_1, b_2) = (a_1 \pm b_1, a_2 \pm b_2)$　(複号同順)

[3]　$m\boldsymbol{a} = m\,(a_1, a_2) = (ma_1, ma_2)$

[4]　$|\boldsymbol{a}| = \sqrt{{a_1}^2 + {a_2}^2}$

例題 12.1　座標平面上に 2 点 A(2, 3), B(−1, 4) がある。点 A, B それぞれの位置ベクトルを $\boldsymbol{a}$, $\boldsymbol{b}$ とするとき, 次のベクトルの成分を求めよ。

(1)　$\boldsymbol{a} + \boldsymbol{b}$　　(2)　$2\boldsymbol{a} + 3\boldsymbol{b}$　　(3)　$2\boldsymbol{a} - 3\boldsymbol{b}$　　(4)　$\dfrac{\boldsymbol{a} + 4\boldsymbol{b}}{5}$

＜解答＞　(1) $\boldsymbol{a} + \boldsymbol{b} = (2, 3) + (-1, 4) = (1, 7)$

(2) $2\boldsymbol{a} + 3\boldsymbol{b} = 2(2, 3) + 3(-1, 4) = (4, 6) + (-3, 12) = (1, 18)$

(3) $2\boldsymbol{a} - 3\boldsymbol{b} = 2(2, 3) - 3(-1, 4) = (4, 6) - (-3, 12) = (7, -6)$

(4) $\dfrac{\boldsymbol{a} + 4\boldsymbol{b}}{5} = \dfrac{1}{5}((2, 3) + 4(-1, 4)) = \dfrac{1}{5}((2, 3) + (-4, 16)) = \dfrac{1}{5}(-2, 19) = \left(-\dfrac{2}{5}, \dfrac{19}{5}\right)$

例題 12.2　$\boldsymbol{a} = (2, -3)$, $\boldsymbol{b} = (-1, 2)$ のとき, 次の値を求めよ。

(1)　$|\boldsymbol{a}|$　　(2)　$|\boldsymbol{b}|$　　(3)　$|\boldsymbol{a} - 2\boldsymbol{b}|$

＜解答＞　(1) $|\boldsymbol{a}| = \sqrt{2^2 + (-3)^2} = \sqrt{4 + 9} = \sqrt{13}$　(2) $|\boldsymbol{b}| = \sqrt{(-1)^2 + 2^2} = \sqrt{1 + 4} = \sqrt{5}$

(3) $\boldsymbol{a} - 2\boldsymbol{b} = (2, -3) - 2(-1, 2) = (2, -3) - (-2, 4) = (4, -7)$ より,

$|\boldsymbol{a} - 2\boldsymbol{b}| = \sqrt{4^2 + (-7)^2} = \sqrt{16 + 49} = \sqrt{65}$

例題 12.3　座標平面上の 3 点 A(1, 1), B(2, 4), C(−3, −1) に対して, 次のものを求めよ。

(1)　$\overrightarrow{\mathrm{AB}}$ の大きさ　　(2)　$\overrightarrow{\mathrm{AC}}$ の大きさ

(3)　$\overrightarrow{\mathrm{AB}} = \overrightarrow{\mathrm{CD}}$ となる点 D の座標　　(4)　$\overrightarrow{\mathrm{AB}}$ と同じ方向をもつ単位ベクトルの成分

＜解答＞　(1) $\overrightarrow{\mathrm{AB}} = \overrightarrow{\mathrm{OB}} - \overrightarrow{\mathrm{OA}} = (2, 4) - (1, 1) = (1, 3)$ より, $\left|\overrightarrow{\mathrm{AB}}\right| = \sqrt{1^2 + 3^2} = \sqrt{10}$

(2) $\overrightarrow{\mathrm{AC}} = \overrightarrow{\mathrm{OC}} - \overrightarrow{\mathrm{OA}} = (-3, -1) - (1, 1) = (-4, -2)$ より, $\left|\overrightarrow{\mathrm{AC}}\right| = \sqrt{(-4)^2 + (-2)^2} = 2\sqrt{5}$

(3) D(x, y) とすると, $\overrightarrow{\mathrm{CD}} = \overrightarrow{\mathrm{OD}} - \overrightarrow{\mathrm{OC}} = (x, y) - (-3, -1) = (x + 3, y + 1)$ となる。$\overrightarrow{\mathrm{AB}} = (1, 3)$ なので, $(x + 3, y + 1) = (1, 3)$ より, $x = -2$, $y = 2$ となる。よって, D の座標は $(-2, 2)$ となる。

(4) $\overrightarrow{\mathrm{AB}}$ を自分自身の大きさ $\left|\overrightarrow{\mathrm{AB}}\right|$ で割れば良いので, $\dfrac{1}{\left|\overrightarrow{\mathrm{AB}}\right|}\overrightarrow{\mathrm{AB}} = \dfrac{1}{\sqrt{10}}(1, 3)$ となる。

ドリル no.12　class　　no　　name

問題 12.1　$\boldsymbol{a}=(3,2), \boldsymbol{b}=(-1,3)$ のとき, 次のものを求めよ。

(1)　$\boldsymbol{a}-\boldsymbol{b}$ の成分　　(2)　$3\boldsymbol{a}-2\boldsymbol{b}$ の成分　　(3)　$\dfrac{-\boldsymbol{a}+3\boldsymbol{b}}{3}$ の成分

(4)　$|\boldsymbol{a}|$　　(5)　$|2\boldsymbol{a}+\boldsymbol{b}|$

問題 12.2　座標平面上の 3 点 A$(-1,3)$, B$(4,-1)$, C$(3,4)$ に対して, 次のものを求めよ。

(1)　$\overrightarrow{\mathrm{AB}}$ の成分　　(2)　$\overrightarrow{\mathrm{AB}}$ の大きさ

(3)　$\overrightarrow{\mathrm{AC}}$ の大きさ　　(4)　$\overrightarrow{\mathrm{AB}}=\overrightarrow{\mathrm{CD}}$ となる点 D の座標

(5)　$\overrightarrow{\mathrm{AB}}$ と同じ方向をもつ単位ベクトルの成分

チェック項目

	月　日	月　日
ベクトルの成分表示を理解し, 成分を用いてベクトルの和, 差, 実数倍, 大きさを計算できる。		

13　ベクトルの成分と内積

ベクトルの成分を用いて内積を計算することができる。
2 つのベクトルのなす角を, 成分から求めることができる。

$\boldsymbol{a}=(a_1,a_2)$, $\boldsymbol{b}=(b_1,b_2)$ $(\boldsymbol{a}\neq\boldsymbol{0},\boldsymbol{b}\neq\boldsymbol{0})$ に対して, $\boldsymbol{a}$, $\boldsymbol{b}$ のなす角を θ $(0\leqq\theta\leqq\pi)$ とするとき, 次が成り立つ。

[1]　$\boldsymbol{a}\cdot\boldsymbol{b}=|\boldsymbol{a}||\boldsymbol{b}|\cos\theta=a_1b_1+a_2b_2$

[2]　$\cos\theta=\dfrac{\boldsymbol{a}\cdot\boldsymbol{b}}{|\boldsymbol{a}||\boldsymbol{b}|}=\dfrac{a_1b_1+a_2b_2}{\sqrt{{a_1}^2+{a_2}^2}\sqrt{{b_1}^2+{b_2}^2}}$

[3]　$\boldsymbol{a}\perp\boldsymbol{b}\iff\boldsymbol{a}\cdot\boldsymbol{b}=0\iff a_1b_1+a_2b_2=0$

例題 13.1　$\boldsymbol{a}=(2,3)$, $\boldsymbol{b}=(-1,4)$ とするとき, 次の計算をせよ。

(1)　$\boldsymbol{a}\cdot\boldsymbol{b}$　　(2)　$\boldsymbol{a}\cdot(2\boldsymbol{a}+3\boldsymbol{b})$　　(3)　$(2\boldsymbol{a}+3\boldsymbol{b})\cdot(2\boldsymbol{a}-3\boldsymbol{b})$

＜解答＞

(1) $\boldsymbol{a}\cdot\boldsymbol{b}=2\cdot(-1)+3\cdot4=10$

(2) $2\boldsymbol{a}+3\boldsymbol{b}=(1,18)$ より, $\boldsymbol{a}\cdot(2\boldsymbol{a}+3\boldsymbol{b})=2\cdot1+3\cdot18=56$

(3) $2\boldsymbol{a}+3\boldsymbol{b}=(1,18)$, $2\boldsymbol{a}-3\boldsymbol{b}=(7,-6)$ より, $(2\boldsymbol{a}+3\boldsymbol{b})\cdot(2\boldsymbol{a}-3\boldsymbol{b})=1\cdot7+18\cdot(-6)=-101$

例題 13.2　次の 2 つのベクトル $\boldsymbol{a}$, $\boldsymbol{b}$ のなす角 θ $(0\leqq\theta\leqq\pi)$ を求めよ。

(1)　$\boldsymbol{a}=(-2,-1)$, $\boldsymbol{b}=(-1,-3)$　　(2)　$\boldsymbol{a}=(-3,1)$, $\boldsymbol{b}=(3+\sqrt{3},3\sqrt{3}-1)$

＜解答＞

(1) $\cos\theta=\dfrac{(-2)\cdot(-1)+(-1)\cdot(-3)}{\sqrt{(-2)^2+(-1)^2}\sqrt{(-1)^2+(-3)^2}}=\dfrac{2+3}{\sqrt{5}\sqrt{10}}=\dfrac{5}{5\sqrt{2}}=\dfrac{1}{\sqrt{2}}=\dfrac{\sqrt{2}}{2}$

$0\leqq\theta\leqq\pi$ より $\theta=\dfrac{\pi}{4}$

(2) $\cos\theta=\dfrac{(-3)\cdot(3+\sqrt{3})+1\cdot(3\sqrt{3}-1)}{\sqrt{(-3)^2+1^2}\sqrt{(3+\sqrt{3})^2+(3\sqrt{3}-1)^2}}=\dfrac{-10}{\sqrt{10}\sqrt{40}}=\dfrac{10}{20}=\dfrac{1}{2}$

$0\leqq\theta\leqq\pi$ より $\theta=\dfrac{2}{3}\pi$

例題 13.3　$\boldsymbol{a}=(2,-1)$ に垂直な単位ベクトルを求めよ。

＜解答＞　求める単位ベクトルを $\boldsymbol{b}=(x,y)$ とすると $\boldsymbol{a}\perp\boldsymbol{b}$ から $\boldsymbol{a}\cdot\boldsymbol{b}=0$ となる。これを成分を用いて表すと $\boldsymbol{a}\cdot\boldsymbol{b}=(2,-1)\cdot(x,y)=2x-y=0$ が成り立つ。
一方 $|\boldsymbol{b}|=1$ より $x^2+y^2=1$ が成り立つ。よって, 連立方程式 $2x-y=0$, x^2+y^2-1 を解けばよい。これらから y を消去すると $x^2+(2x)^2=1$ となる。これを整理して $x^2=\dfrac{1}{5}$ である。
ゆえに, $x=\pm\dfrac{1}{\sqrt{5}}=\pm\dfrac{\sqrt{5}}{5}$ である。さらに $2x-y=0$ より $y=\pm\dfrac{2\sqrt{5}}{5}$ (複号同順) となる。
よって, $\boldsymbol{b}=\left(\pm\dfrac{\sqrt{5}}{5},\pm\dfrac{2\sqrt{5}}{5}\right)$　(複号同順)

ドリル no.13	class	no	name

問題 13.1 $\boldsymbol{a} = (2, -3)$, $\boldsymbol{b} = (1, 4)$ とするとき, 次の計算をせよ。

(1) $\boldsymbol{a} \cdot (2\boldsymbol{b})$ (2) $\boldsymbol{a} \cdot (\boldsymbol{a} - 3\boldsymbol{b})$ (3) $(-\boldsymbol{a} + 3\boldsymbol{b}) \cdot (2\boldsymbol{a} - \boldsymbol{b})$

問題 13.2 次の 2 つのベクトル $\boldsymbol{a}, \boldsymbol{b}$ のなす角 θ $(0 \leqq \theta \leqq \pi)$ を求めよ。

(1) $\boldsymbol{a} = (\sqrt{3}, -5)$, $\boldsymbol{b} = (\sqrt{3}, 9)$ (2) $\boldsymbol{a} = (\sqrt{5}, 2)$, $\boldsymbol{b} = (\sqrt{10} - 2\sqrt{2}, \sqrt{10} + 2\sqrt{2})$

問題 13.3 $\boldsymbol{a} = (-4, 3)$ に垂直な単位ベクトルを求めよ。

チェック項目

	月　日	月　日
ベクトルの成分を用いて内積を計算することができる。		
2 つのベクトルのなす角を, 成分から求めることができる。		

14　平行四辺形の面積

2 つのベクトルが作る平行四辺形の面積を, 成分から求めることができる。

ベクトルが作る平行四辺形　零ベクトルでなく, 平行でもない 2 つのベクトル $\boldsymbol{a}$, $\boldsymbol{b}$ を, 同じ始点をもつ有効線分で表したとき, それらを 2 辺とする平行四辺形を $\boldsymbol{a}$ と $\boldsymbol{b}$ が作る平行四辺形という。

平行四辺形の面積　$\boldsymbol{a}=\overrightarrow{\mathrm{AB}}$ と $\boldsymbol{b}=\overrightarrow{\mathrm{AD}}$ が作る平行四辺形 ABCD の面積 S は, $\boldsymbol{a}$ と $\boldsymbol{b}$ のなす角を θ とするとき

$$S=|\boldsymbol{a}||\boldsymbol{b}|\sin\theta=|\overrightarrow{\mathrm{AB}}||\overrightarrow{\mathrm{AD}}|\sin\theta$$

と表せる。

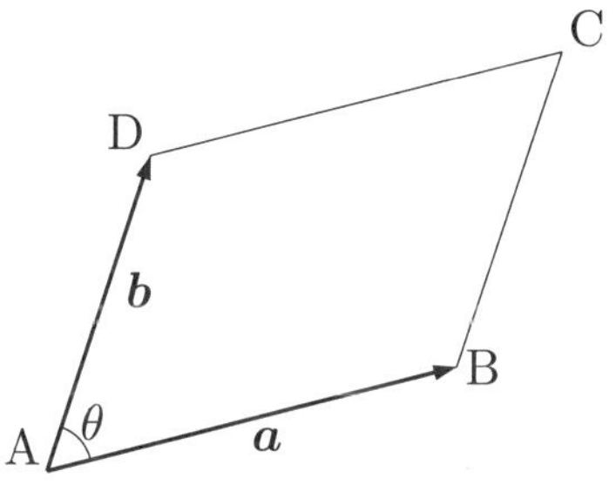

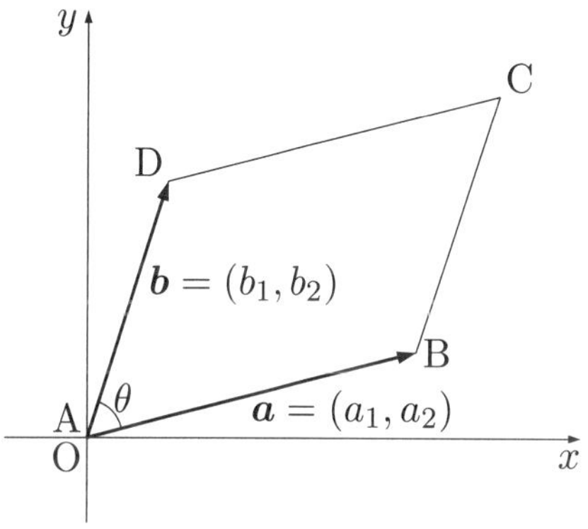

特に, $\boldsymbol{a}$, $\boldsymbol{b}$ の成分を $\boldsymbol{a}=(a_1,a_2)$, $\boldsymbol{b}=(b_1,b_2)$ とするときは, 次が成り立つ。

$$S=|\,a_1b_2-a_2b_1\,|$$

(注意) 三角形 ABD の面積は平行四辺形 ABCD の面積の $\dfrac{1}{2}$ なので

$$\text{三角形 ABD の面積}=\frac{1}{2}|\boldsymbol{a}||\boldsymbol{b}|\sin\theta=\frac{1}{2}|\overrightarrow{\mathrm{AB}}||\overrightarrow{\mathrm{AD}}|\sin\theta=\frac{1}{2}\,|\,a_1b_2-a_2b_1\,|$$

例題 14.1　平行四辺形 ABCD において, AB $=4$, AD $=5$, $\angle$ BAD $=\dfrac{2}{3}\pi$ のとき, 平行四辺形 ABCD の面積 S を求めよ。

<解答>　$S=\mathrm{AB}\cdot\mathrm{AD}\cdot\sin\angle\mathrm{BAD}=4\cdot5\cdot\sin\dfrac{2}{3}\pi=10\sqrt{3}$

例題 14.2　平行四辺形 ABCD において, $\overrightarrow{\mathrm{AB}}=(2,3)$, $\overrightarrow{\mathrm{AD}}=(-4,5)$ のとき, 平行四辺形 ABCD の面積 S を求めよ。

<解答>　$S=|2\cdot5-3\cdot(-4)|=|22|=22$

例題 14.3　3 点 A$(3,1)$, B$(2,5)$, C$(-1,-5)$ を頂点とする三角形 ABC の面積 S を求めよ。

<解答>　$\overrightarrow{\mathrm{AB}}=(-1,4)$, $\overrightarrow{\mathrm{AC}}=(-4,-6)$ より $S=\dfrac{1}{2}|(-1)\cdot(-6)-4\cdot(-4)|=11$

ドリル no.14　class　no　name

問題 14.1　三角形 ABC において, $\left|\overrightarrow{\mathrm{AB}}\right| = 6$, $\left|\overrightarrow{\mathrm{AC}}\right| = 2\sqrt{3}$, $\angle\mathrm{BAC} = \dfrac{\pi}{6}$ のとき, 三角形 ABC の面積 S を求めよ。

問題 14.2　平行四辺形 ABCD において, $\overrightarrow{\mathrm{AB}} = (-5, 2)$, $\overrightarrow{\mathrm{AD}} = (-1, -3)$ のとき, 平行四辺形 ABCD の面積 S を求めよ。

問題 14.3　4 点 A(3, 1), B(4, 3), C(2, 8), D(1, 6) を頂点とする平行四辺形 ABCD の面積 S を求めよ。

チェック項目

	月　日	月　日
2 つのベクトルが作る平行四辺形の面積を, 成分から求めることができる。		

15　ベクトルの1次独立・1次従属 (1)

ベクトルの1次独立・1次従属を理解している。

ベクトルの1次独立・1次従属　ベクトル $\boldsymbol{a}$, $\boldsymbol{b}$ が実数 k, l に対して

$$k\boldsymbol{a}+l\boldsymbol{b}=\boldsymbol{0} \iff k=l=0$$

を満たすとき, $\boldsymbol{a}$, $\boldsymbol{b}$ は1次独立であるという。また, $\boldsymbol{a}$, $\boldsymbol{b}$ は1次独立でないとき1次従属であるという。

ベクトルの1次独立の図形的意味　零ベクトルでない2つのベクトル $\boldsymbol{a}$, $\boldsymbol{b}$ が1次独立であるための必要十分条件は, $\boldsymbol{a}$ と $\boldsymbol{b}$ とが平行とはならないことである。平行な2つのベクトルは1次従属である。

ベクトルの1次結合　2つの平面ベクトル $\boldsymbol{a},\boldsymbol{b}$ が1次独立であるとき, 任意の平面ベクトルは $\boldsymbol{c}=k\boldsymbol{a}+l\boldsymbol{b}$ と $\boldsymbol{a}$, $\boldsymbol{b}$ の1次結合でただ1通りに表される。すなわち, $k\boldsymbol{a}+l\boldsymbol{b}=k'\boldsymbol{a}+l'\boldsymbol{b}$ であれば $k=k'$, $l=l'$ が成り立つ。

例題 **15.1**　次のベクトルの組は1次独立か, 1次従属かを答えよ。

(1)　$\boldsymbol{a}=(0,0)$, $\boldsymbol{b}=(2,-5)$　(2)　$\boldsymbol{a}=(-2,3)$, $\boldsymbol{b}=(4,-6)$　(3)　$\boldsymbol{a}=(1,0)$, $\boldsymbol{b}=(0,-2)$

<解答>　(1) $1\cdot\boldsymbol{a}+0\cdot\boldsymbol{b}=\boldsymbol{0}$ となるので, 1次従属である。

(2) $2\boldsymbol{a}+\boldsymbol{b}=\boldsymbol{0}$ となるので, 1次従属である。

(3) $\boldsymbol{a}\neq\boldsymbol{0}$, $\boldsymbol{b}\neq\boldsymbol{0}$ で $\boldsymbol{a}$ と $\boldsymbol{b}$ は平行ではないので1次独立である。

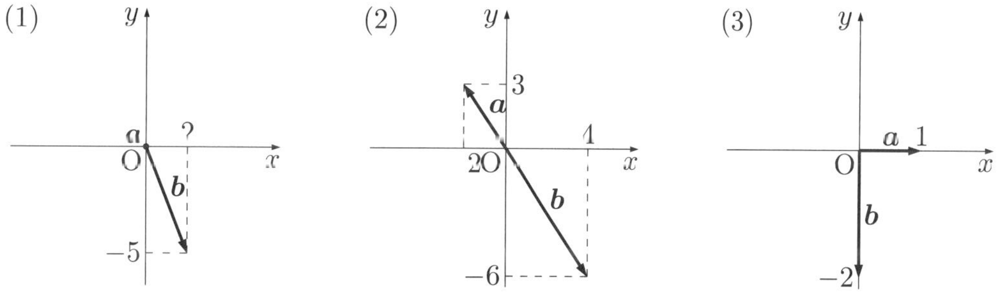

例題 **15.2**　$\boldsymbol{a}=(-3,2)$, $\boldsymbol{b}=(1,4)$ とするとき, $\boldsymbol{c}=(9,8)$ を $\boldsymbol{a}$, $\boldsymbol{b}$ の1次結合で表せ。

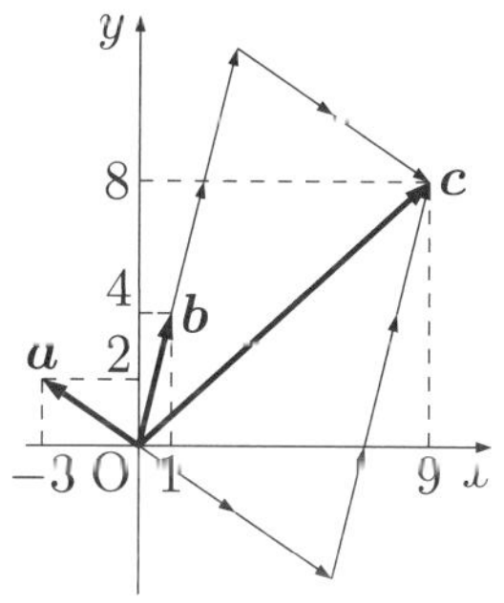

<解答>　$\boldsymbol{c}=k\boldsymbol{a}+l\boldsymbol{b}$ とすると,

$(9,8)=k(-3,2)+l(1,4)=(-3k+l,2k+4l)$ より

$$\begin{cases}-3k+l=9\\2k+4l=8\end{cases}$$ となる。

これを解くと, $k=-2$, $l=3$ なので $\boldsymbol{c}=-2\boldsymbol{a}+3\boldsymbol{b}$ となる。

例題 **15.3**　1次独立なベクトル $\boldsymbol{a},\boldsymbol{b}$ に対して, $(1-3x)\boldsymbol{a}+2x\boldsymbol{b}=y(2\boldsymbol{a}-\boldsymbol{b})+5\boldsymbol{b}$ が成り立つような実数 x, y の値を求めよ。

<解答>　両辺を整理すると, $(1-3x)\boldsymbol{a}+2x\boldsymbol{b}=2y\boldsymbol{a}+(-y+5)\boldsymbol{b}$ となる。係数を比較して

$$\begin{cases}1-3x=2y\\2x=-y+5\end{cases}$$ となる。

これを解いて, $x=9$, $y=-13$ を得る。

ドリル no.15　class　no　name

問題 15.1　次のベクトルの組は 1 次独立か, 1 次従属かを答えよ。

(1)　$\boldsymbol{a} = (-4, 3),\ \boldsymbol{b} = (0, 0)$

(2)　$\boldsymbol{a} = (5, 4),\ \boldsymbol{b} = (-2, 3)$

(3)　$\boldsymbol{a} = (6, 3),\ \boldsymbol{b} = (2, 1)$

問題 15.2　$\boldsymbol{a} = (3, -5),\ \boldsymbol{b} = (2, -3)$ とするとき, $\boldsymbol{c} = (-2, 1)$ を $\boldsymbol{a},\ \boldsymbol{b}$ の 1 次結合で表せ。

問題 15.3　1 次独立なベクトル $\boldsymbol{a}, \boldsymbol{b}$ に対して, 次の等式が成り立つような実数 x, y の値を求めよ。

(1)　$(1 - 5x)\boldsymbol{a} + 5\boldsymbol{b} = 2\boldsymbol{a} + (3y + 4)\boldsymbol{b}$

(2)　$(3 - 2x)\boldsymbol{a} + 5x\boldsymbol{b} = y(\boldsymbol{b} - 2\boldsymbol{a}) + 4\boldsymbol{a}$

チェック項目

	月　日	月　日
ベクトルの 1 次独立・1 次従属を理解している。		

16　ベクトルの三角形への応用

ベクトルが 1 次独立であることを利用して, 三角形における線分の比の値を求めることができる。

例題 16.1　三角形 OAB において, $\overrightarrow{\mathrm{OA}} = \boldsymbol{a}$, $\overrightarrow{\mathrm{OB}} = \boldsymbol{b}$ とし, 辺 OA を 1 : 2 の比に内分する点を C, 辺 OB の中点を D, 線分 AD と BC の交点を E とする。このとき, 次の問に答えよ。

(1)　$\overrightarrow{\mathrm{OE}}$ を $\boldsymbol{a}$, $\boldsymbol{b}$ の 1 次結合で表せ。

(2)　直線 OE が 辺 AB と交わる点を F とするとき, OE : OF, AF : FB を求めよ。

＜解答＞　(1) AE : ED $= s : 1 - s$, BE : EC $= t : 1 - t$ $(0 < s < 1,\ 0 < t < 1)$ とする。

$$\overrightarrow{\mathrm{OE}} = (1-s)\overrightarrow{\mathrm{OA}} + s\overrightarrow{\mathrm{OD}} = (1-s)\boldsymbol{a} + \frac{s}{2}\boldsymbol{b}$$

$$\overrightarrow{\mathrm{OE}} = (1-t)\overrightarrow{\mathrm{OB}} + t\overrightarrow{\mathrm{OC}} = (1-t)\boldsymbol{b} + \frac{t}{3}\boldsymbol{a}$$

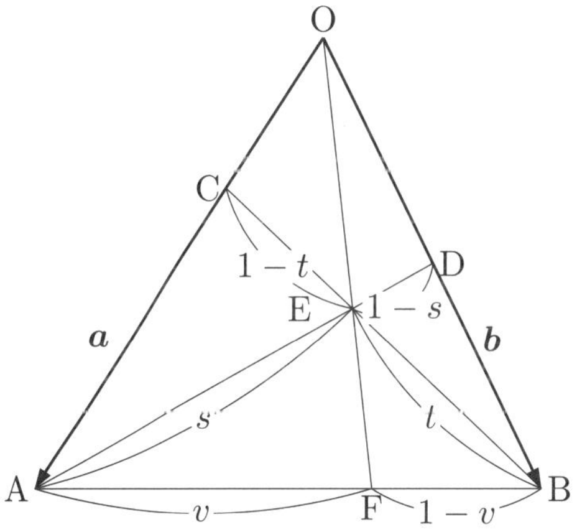

したがって,

$$(1-s)\boldsymbol{a} + \frac{s}{2}\boldsymbol{b} = \frac{t}{3}\boldsymbol{a} + (1-t)\boldsymbol{b}$$

$\boldsymbol{a}$ と $\boldsymbol{b}$ は 1 次独立なので係数を比較して,

$$1 - s = \frac{t}{3},\quad \frac{s}{2} = 1 - t$$

これを解いて, $s = \dfrac{4}{5}$, $t = \dfrac{3}{5}$ を得る。

したがって, $\overrightarrow{\mathrm{OE}} = \dfrac{1}{5}\boldsymbol{a} + \dfrac{2}{5}\boldsymbol{b}$ となる。

(2) OE : OF $= 1 : u$, AF : FB $= v : 1 - v$ $(1 < u,\ 0 < v < 1)$ とする。

$$\overrightarrow{\mathrm{OF}} = u\overrightarrow{\mathrm{OE}} = \frac{u}{5}\boldsymbol{a} + \frac{2}{5}u\boldsymbol{b},$$

$$\overrightarrow{\mathrm{OF}} = \overrightarrow{\mathrm{OA}} + v\overrightarrow{\mathrm{AB}} = \overrightarrow{\mathrm{OA}} + v(\overrightarrow{\mathrm{OB}} - \overrightarrow{\mathrm{OA}}) = (1-v)\overrightarrow{\mathrm{OA}} + v\overrightarrow{\mathrm{OB}} = (1-v)\boldsymbol{a} + v\boldsymbol{b}$$

したがって,

$$\frac{u}{5}\boldsymbol{a} + \frac{2}{5}u\boldsymbol{b} = (1-v)\boldsymbol{a} + v\boldsymbol{b}$$

このとき, $\boldsymbol{a}$ と $\boldsymbol{b}$ は 1 次独立なので係数を比較して

$$\frac{u}{5} = 1 - v,\quad \frac{2}{5}u = v$$

となる。これより $u = \dfrac{5}{3}$, $v = \dfrac{2}{3}$ なので, OE : OF $= 1 : \dfrac{5}{3} = 3 : 5$, AF : FB $= \dfrac{2}{3} : \dfrac{1}{3} = 2 : 1$

ドリル no.16 class no name

問題 16.1 三角形 OAB において, $\overrightarrow{\mathrm{OA}} = \boldsymbol{a}$, $\overrightarrow{\mathrm{OB}} = \boldsymbol{b}$ とし, 辺 OA を 3 : 2 の比に内分する点を C, 辺 OB の中点を D, 線分 AD と BC の交点を E とするとき, $\overrightarrow{\mathrm{OE}}$ を $\boldsymbol{a}$, $\boldsymbol{b}$ の 1 次結合で表せ。

問題 16.2 三角形 OAB において, $\overrightarrow{\mathrm{OA}} = \boldsymbol{a}$, $\overrightarrow{\mathrm{OB}} = \boldsymbol{b}$ とし, 辺 OA, OB の中点をそれぞれ C, D, 線分 AD と BC の交点を G とする。このとき, 次の問に答えよ。

(1) $\overrightarrow{\mathrm{OG}}$ を $\boldsymbol{a}$, $\boldsymbol{b}$ の 1 次結合で表せ。

(2) 直線 OG が 辺 AB と交わる点を E とするとき, AE : EB, OG : GE を求めよ。

チェック項目

	月　日	月　日
ベクトルの 1 次独立を利用して, 三角形における線分の比の値を求めることができる。		

17　直線のベクトル方程式

直線のベクトル方程式を理解している。

直線の方向ベクトル・法線ベクトル　直線と平行なベクトルを直線の方向ベクトルといい, 直線と垂直なベクトルを直線の法線ベクトルという。

1点と方向ベクトルで表される直線のベクトル方程式　位置ベクトルが $\boldsymbol{a}$ である点Aを通り, 方向ベクトルが $\boldsymbol{v}(\neq \boldsymbol{0})$ である直線上の任意の点Pの位置ベクトルを $\boldsymbol{p}$ とする。この直線のベクトル方程式は, t を媒介変数として $\boldsymbol{p}=\boldsymbol{a}+t\boldsymbol{v}$ で表される。

1点と法線ベクトルで表される直線のベクトル方程式　位置ベクトルが $\boldsymbol{a}$ である点Aを通り, 法線ベクトルが $\boldsymbol{n}(\neq \boldsymbol{0})$ である直線の上の任意の点Pの位置ベクトルを $\boldsymbol{p}$ とする。この直線のベクトル方程式は $\boldsymbol{n}\cdot(\boldsymbol{p}-\boldsymbol{a})=0$ で表される。

例題 17.1　一直線上にない3点O, A, Bにおいて, $\overrightarrow{\mathrm{OA}}=\boldsymbol{a}$, $\overrightarrow{\mathrm{OB}}=\boldsymbol{b}$ とする。次の直線をベクトル方程式で表せ。ただし, 直線上の任意の点Pの位置ベクトルを $\boldsymbol{p}$ とする。

(1) 点Bを通り, 方向ベクトルが $\overrightarrow{\mathrm{OA}}$ の直線

(2) 直線AB

(3) 線分OBを2:3の比に内分する点Cと点Aを通る直線

(4) 点Bを通り, $\overrightarrow{\mathrm{OA}}$ に垂直な直線

(5) 原点Oを通り, 線分ABに垂直な直線

(6) 線分ABの垂直2等分線

<解答>

(1) $\boldsymbol{p}=\boldsymbol{b}+t\boldsymbol{a}$

(2) 点Aを通り, 方向ベクトルが $\overrightarrow{\mathrm{AB}}=\boldsymbol{b}-\boldsymbol{a}$ であるから, $\boldsymbol{p}=\boldsymbol{a}+t(\boldsymbol{b}-\boldsymbol{a})$

別解　点Bを通り, 方向ベクトルが $\overrightarrow{\mathrm{BA}}=\boldsymbol{a}-\boldsymbol{b}$ であるとして, $\boldsymbol{p}=\boldsymbol{b}+t(\boldsymbol{a}-\boldsymbol{b})$ としてもよい。また, $\boldsymbol{p}=\boldsymbol{a}+t(\boldsymbol{a}-\boldsymbol{b})$, $\boldsymbol{p}=\boldsymbol{b}+t(\boldsymbol{b}-\boldsymbol{a})$ とも表せる。

(3) $\overrightarrow{\mathrm{OC}}=\dfrac{2}{5}\boldsymbol{b}$ より, 方向ベクトルが $\overrightarrow{\mathrm{AC}}=\dfrac{2}{5}\boldsymbol{b}-\boldsymbol{a}$ になるので, $\boldsymbol{p}=\boldsymbol{a}+t\left(\dfrac{2}{5}\boldsymbol{b}-\boldsymbol{a}\right)$

(4) $\boldsymbol{a}\cdot(\boldsymbol{p}-\boldsymbol{b})=0$

(5) $\overrightarrow{\mathrm{AB}}=\boldsymbol{b}-\boldsymbol{a}$ が法線ベクトルなので $(\boldsymbol{b}-\boldsymbol{a})\cdot\boldsymbol{p}=0$

(6) ABの中点Mを通り, $\overrightarrow{\mathrm{AB}}$ が法線ベクトルである直線なので $(\boldsymbol{b}-\boldsymbol{a})\cdot\left(\boldsymbol{p}-\dfrac{1}{2}(\boldsymbol{a}+\boldsymbol{b})\right)=0$

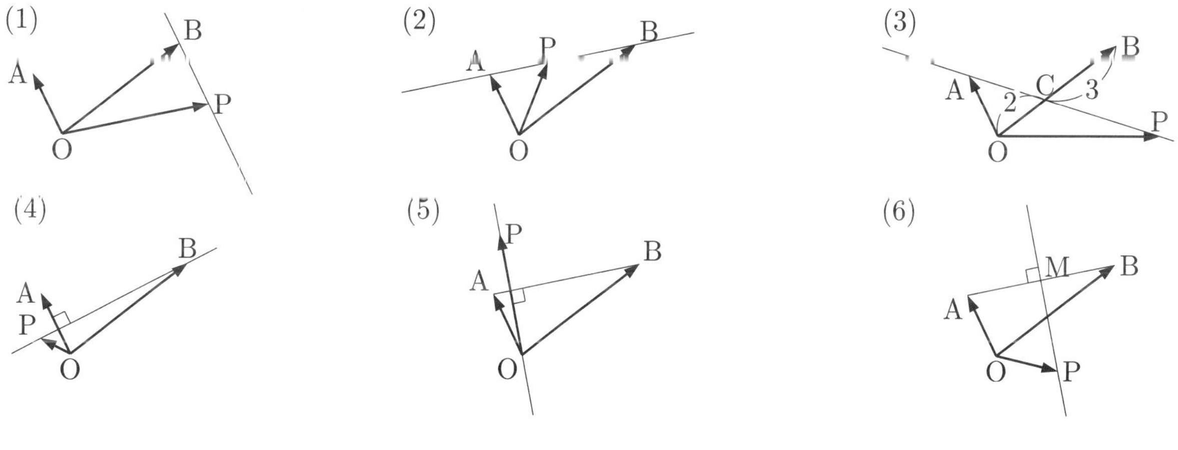

ドリル no.17　class　no　name

問題 17.1　一直線上にない 3 点 O, A, B において, $\overrightarrow{OA} = \boldsymbol{a}$, $\overrightarrow{OB} = \boldsymbol{b}$ とする。次の直線をベクトル方程式で表せ。ただし, 直線上の任意の点 P の位置ベクトルを $\boldsymbol{p}$ とする。

(1) 点 A を通り, 方向ベクトルが $\overrightarrow{OB}$ の直線

(2) 直線 OA

(3) 線分 OA の中点 M と線分 OB の中点 N を通る直線

(4) OA を 1 : 2 の比に内分する点 C と点 B を通る直線

(5) AB を 2 : 3 の比に内分する点 C と原点 O を通る直線

(6) 点 A を通り, $\overrightarrow{OB}$ に垂直な直線

(7) 点 A を通り, 線分 AB に垂直な直線

(8) 線分 OA の垂直 2 等分線

チェック項目

	月　日	月　日
直線のベクトル方程式を理解している。		

18　直線の媒介変数表示

与えられた 1 点と方向ベクトルから, 直線の媒介変数表示を求めることができる。

直線の媒介変数表示　位置ベクトルが $\boldsymbol{a}$ である点 A を通り, 方向ベクトルが $\boldsymbol{v} \neq \boldsymbol{0}$ である直線 ℓ の t を媒介変数とするベクトル方程式 $\boldsymbol{p} = \boldsymbol{a} + t\boldsymbol{v}$ に, $\boldsymbol{p} = (x, y)$, $\boldsymbol{a} = (x_0, y_0)$, $\boldsymbol{v} = (v_1, v_2)$ を代入すると

$$\begin{cases} x = x_0 + tv_1 \\ y = y_0 + tv_2 \end{cases}$$

を得る。この方程式を直線の媒介変数表示, または媒介変数方程式という。

直線の方程式　$v_1 \neq 0$, $v_2 \neq 0$ のとき, 媒介変数表示から t を消去すると直線 ℓ の方程式は

$$\frac{x - x_0}{v_1} = \frac{y - y_0}{v_2}$$

となる。

例題 18.1　次の直線の媒介変数表示, および媒介変数を用いない形の直線の方程式を求めよ。

(1)　点 A$(0, -1)$ を通り, 方向ベクトルが $\boldsymbol{v} = (1, 2)$ の直線

(2)　2 点 A$(1, 3)$, B$(-2, 2)$ を通る直線

(3)　2 点 A$(3, 2)$, B$(3, -1)$ を通る直線

＜解答＞　(1) $(x, y) = (0, -1) + t(1, 2) = (t, -1 + 2t)$ であるから直線の媒介変数表示は $\begin{cases} x = t \\ y = -1 + 2t \end{cases}$ となる。t を消去して $\dfrac{x - 0}{1} = \dfrac{y + 1}{2}$ より $y = 2x - 1$ を得る。

(2) 方向ベクトルが $\boldsymbol{v} = \overrightarrow{\mathrm{AB}} = (-3, -1)$ なので直線の媒介変数表示は $\begin{cases} x = 1 - 3t \\ y = 3 - t \end{cases}$ となる。
t を消去して $y = \dfrac{1}{3}x + \dfrac{8}{3}$ を得る。

(3) 方向ベクトルが $\boldsymbol{v} = \overrightarrow{\mathrm{AB}} = (0, -3)$ なので直線の媒介変数表示は $\begin{cases} x = 3 \\ y = 2 - 3t \end{cases}$ となる。
これより, 直線の方程式は $x = 3$ となる。

例題 18.2　点 A$(2, 3)$ を通り, 方向ベクトルが $\boldsymbol{v} = (1, 1)$ の直線を ℓ, 点 B$(5, 4)$ を通り, 方向ベクトルが $\boldsymbol{w} = (-2, -1)$ の直線を m とする。2 直線 ℓ, m の交点の座標を求めよ。

＜解答＞　直線 ℓ は媒介変数 t を用いて $(x, y) = (2, 3) + t(1, 1) = (2 + t, 3 + t)$ と表される。同様に, 直線 m は媒介変数 s を用いて $(x, y) = (5, 4) + s(-2, -1) = (5 - 2s, 4 - s)$ 表される。このとき, 交点では $(x, y) = (2 + t, 3 + t) = (5 - 2s, 4 - s)$ が成り立っているので,

$$\begin{cases} 2 + t = 5 - 2s \\ 3 + t = 4 - s \end{cases}$$

を解けばよい。これを解くと, $t = -1$, $s = 2$ となるので, $x = 1$, $y = 2$ を得る。したがって, 交点の座標は $(1, 2)$ である。

ドリル no.18	class	no	name

問題 18.1　次の直線の媒介変数表示, および媒介変数を用いない形の直線の方程式を求めよ。

(1) 点 A$(1, 4)$ を通り, 方向ベクトルが $\boldsymbol{v} = (3, 2)$ の直線

(2) 2 点 A$(3, 0)$, B$(5, 1)$ を通る直線

(3) 2 点 A$(5, 3)$, B$(-2, 3)$ を通る直線

問題 18.2　点 A$(-7, -3)$ を通り, 方向ベクトルが $\boldsymbol{v} = (3, 2)$ の直線を ℓ, 点 B$(1, 0)$ を通り, 方向ベクトルが $\boldsymbol{w} = (2, -1)$ の直線を m とする。2 直線 ℓ, m の交点の座標を求めよ。

チェック項目

	月　日	月　日
与えられた 1 点と方向ベクトルから, 直線の媒介変数表示を求めることができる。		

19　2直線の位置関係

> 直線の方程式から方向ベクトルと法線ベクトルを求めることができる。
> 2直線の位置関係を理解している。

直線の方向ベクトル・法線ベクトル　直線 $\begin{cases} x = x_0 + tv_1 \\ y = y_0 + tv_2 \end{cases}$ の方向ベクトル（の1つ）として $\boldsymbol{v} = (v_1, v_2)$ がとれ, 法線ベクトル（の1つ）として $\boldsymbol{n} = (-v_2, v_1)$ がとれる。

直線 $ax + by + c = 0$ の法線ベクトル（の1つ）として $\boldsymbol{n} = (a, b)$ がとれ, 方向ベクトル（の1つ）として $\boldsymbol{v} = (-b, a)$ がとれる。

(注意) 方向ベクトルは直線と平行であればどのように選んでもよい。また, 法線ベクトルも直線と垂直であればどのように選んでもよい。

2直線の位置関係　2直線 ℓ_1, ℓ_2 の方向ベクトルをそれぞれ $\boldsymbol{v}_1$, $\boldsymbol{v}_2$, 法線ベクトルをそれぞれ $\boldsymbol{n}_1$, $\boldsymbol{n}_2$ とするとき

$$\ell_1 /\!/ \ell_2 \iff \boldsymbol{v}_1 /\!/ \boldsymbol{v}_2 \iff \boldsymbol{n}_1 /\!/ \boldsymbol{n}_2, \qquad \ell_1 \perp \ell_2 \iff \boldsymbol{v}_1 \perp \boldsymbol{v}_2 \iff \boldsymbol{n}_1 \perp \boldsymbol{n}_2$$

例題 19.1　次の直線の方向ベクトル $\boldsymbol{v}$ および法線ベクトル $\boldsymbol{n}$ を求めよ。

(1)　$2x + 4y + 3 = 0$　　(2)　$\begin{cases} x = -2 + \sqrt{3}t \\ y = 1 + t \end{cases}$

＜解答＞　(1) $\boldsymbol{v} = (-4, 2)$, $\boldsymbol{n} = (2, 4)$　　(2) $\boldsymbol{v} = (\sqrt{3}, 1)$, $\boldsymbol{n} = (-1, \sqrt{3})$

(注意) (1) では, $\boldsymbol{v}$ と平行な $\boldsymbol{v}_1 = (-2, 1)$ や $\boldsymbol{v}_2 = (4, -2)$ なども方向ベクトルであり, $\boldsymbol{n}$ と平行な $\boldsymbol{n}_1 = (1, 2)$ や $\boldsymbol{n}_2 = (-2, -4)$ なども法線ベクトルである。(2) でも同様。

例題 19.2　(1) 点 $\mathrm{A}(3, 4)$ を通り, 直線 $\ell : 2x - y + 5 = 0$ に垂直な直線の媒介変数表示を求めよ。

(2) 点 $\mathrm{B}(-1, 2)$ を通り, 直線 $m : \begin{cases} x = 5 + 2t \\ y = 1 - 3t \end{cases}$ に平行な直線の方程式を求めよ。

＜解答＞　(1) 直線 ℓ の法線ベクトルは $\boldsymbol{n} = (2, -1)$ である。ℓ に垂直な直線は $\boldsymbol{n}$ が方向ベクトルと考えられるので, 求める直線の媒介変数表示は $\begin{cases} x = 3 + 2t \\ y = 4 - t \end{cases}$ となる。

(2) 直線 m の方向ベクトルは $\boldsymbol{v} = (2, -3)$ なので, 求める直線の方程式は $\begin{cases} x = -1 + 2t \\ y = 2 - 3t \end{cases}$ より, t を消去して, $y = -\dfrac{3}{2}x + \dfrac{1}{2}$ を得る。

例題 19.3　2直線 $\ell_1 : ax + 10y + 3 = 0$, $\ell_2 : 2x + (a + 1)y - 1 = 0$ が次の位置関係となるように定数 a の値を定めよ。

(1)　平行　　(2)　垂直

＜解答＞　ℓ_1, ℓ_2 の法線ベクトルはそれぞれ $\boldsymbol{n}_1 = (a, 10)$, $\boldsymbol{n}_2 = (2, a + 1)$ である。

(1) $\ell_1 /\!/ \ell_2 \iff \boldsymbol{n}_1 /\!/ \boldsymbol{n}_2$ なので, $\boldsymbol{n}_2 = k\boldsymbol{n}_1$ となる実数 k が存在する。これを成分で表すと $(2, a + 1) = k(a, 10) = (ak, 10k)$ となるので, $2 = ak,\ a + 1 = 10k$ である。

これを解いて $k = -\dfrac{2}{5}$, $a = -5$, または $k = \dfrac{1}{2}$, $a = 4$ を得る。したがって, $a = -5, 4$

(2) $\ell_1 \perp \ell_2 \iff \boldsymbol{n}_1 \perp \boldsymbol{n}_2$ なので, $\boldsymbol{n}_1 \cdot \boldsymbol{n}_2 = 0$ である。したがって, $2a + 10(a + 1) = 0$ となるから, $a = -\dfrac{5}{6}$ を得る。

ドリル no.19	class	no	name

問題 19.1　次の直線の方向ベクトル $\boldsymbol{v}$ および法線ベクトル $\boldsymbol{n}$ を求めよ。

(1)　$2x - 3y - 1 = 0$

(2)　$\begin{cases} x = 1 - 3t \\ y = -1 + 4t \end{cases}$

問題 19.2　点 $\mathrm{A}(1, 2)$ を通り，直線 $\ell : 2x + 3y - 1 = 0$ に平行な直線および垂直な直線の媒介変数表示を求めよ。

問題 19.3　点 $\mathrm{A}(4, -6)$ を通り，直線 $\ell : \begin{cases} x = -3 + t \\ y = 1 + 2t \end{cases}$ に平行な直線および垂直な直線の方程式を求めよ。

問題 19.4　2 直線 $\ell_1 : ax + y - 1 = 0$, $\ell_2 : 6x + (a+1)y + 2 = 0$ が次の位置関係となるように定数 a の値を定めよ。

(1)　平行

(2)　垂直

チェック項目

	月　日	月　日
直線の方程式から方向ベクトルと法線ベクトルを求めることができる。		
2 直線の位置関係を理解している。		

20　点と直線との距離

点と直線との距離を求めることができる。

点と直線との距離　直線 $\ell : ax + by + c = 0$ と点 $\mathrm{P}(x_0,\ y_0)$ との距離 h は, 次の式で与えられる。

$$h = \frac{|ax_0 + by_0 + c|}{\sqrt{a^2 + b^2}}$$

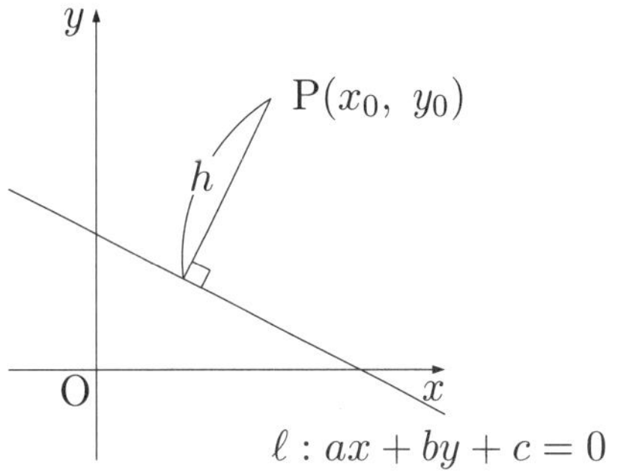

例題 20.1　次の点と直線との距離を求めよ。

(1)　点 $(2, 3)$ と直線 $x + 2y - 3 = 0$　　(2)　原点と直線 $3x - 2y + 5 = 0$

＜解答＞　求める距離を h とする。

(1)　$h = \dfrac{|1 \cdot 2 + 2 \cdot 3 - 3|}{\sqrt{1^2 + 2^2}} = \dfrac{5}{\sqrt{5}} = \sqrt{5}$　　(2)　$h = \dfrac{|3 \cdot 0 - 2 \cdot 0 + 5|}{\sqrt{3^2 + (-2)^2}} = \dfrac{5}{\sqrt{13}} = \dfrac{5\sqrt{13}}{13}$

例題 20.2　点 $(3, 2)$ を中心として, 直線 $y = 3x + 3$ に接する円の半径を求めよ。

＜解答＞　直線の方程式は, $3x - y + 3 = 0$ となる。求める円の半径を r $(r > 0)$ とすると, r は円の中心からこの直線までの距離であるから (下図左参照),

$$r = \frac{|3 \cdot 3 - 1 \cdot 2 + 3|}{\sqrt{3^2 + (-1)^2}} = \frac{10}{\sqrt{10}} = \sqrt{10}$$

よって, 求める円の半径は $\sqrt{10}$ となる。

例題 20.3　2 点 $\mathrm{A}(-1, -1)$, $\mathrm{B}(3, 2)$ と, 直線 AB 上にない点 $\mathrm{C}(1, 3)$ の 3 点でできる三角形 ABC の面積を求めよ。

＜解答＞　直線 AB の方程式は $3x - 4y - 1 = 0$ となる。AB$= \sqrt{4^2 + 3^2} = 5$ であり, 高さは点 C と直線 AB との距離であるから (下図右参照), $\dfrac{|3 \cdot 1 - 4 \cdot 3 - 1|}{\sqrt{3^2 + (-4)^2}} = \dfrac{10}{5} = 2$ となる。

したがって, 三角形 ABC の面積は $\dfrac{1}{2} \cdot 5 \cdot 2 = 5$ である。

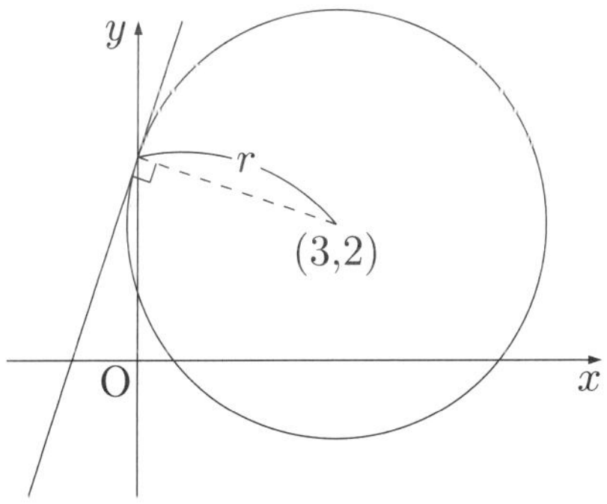

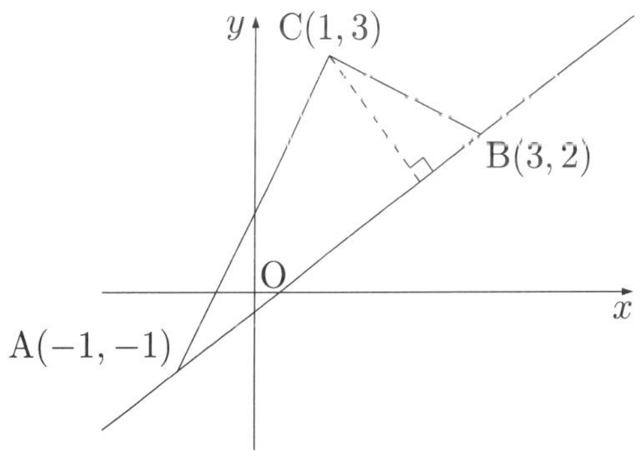

ドリル no.20	class	no	name

問題 20.1　次の点と直線との距離を求めよ。

(1) 点 $(3,-1)$ と直線 $4x-3y+3=0$

(2) 原点と直線 $x-3y+2=0$

問題 20.2　点 $(-1,2)$ を中心として, 直線 $y=-3x+4$ に接する円の半径を求めよ。

問題 20.3　直線 $5x-4y+3=0$ 上の 2 点 $\mathrm{A}(1,2)$, $\mathrm{B}(5,7)$ と直線上にない点 $\mathrm{C}(-2,3)$ の 3 点でできる三角形 ABC の面積を求めよ。

チェック項目

	月　日	月　日
点と直線との距離を求めることができる。		

21　円のベクトル方程式

円のベクトル方程式を理解している。
円の方程式から, 中心と半径を求めることができる。

円のベクトル方程式　点 $\mathrm{C}(a,b)$ を中心とする半径 r $(r>0)$ の円上の任意の点を $\mathrm{P}(x,y)$ とする。原点を O とし, $\overrightarrow{\mathrm{OC}}=\boldsymbol{c}$, $\overrightarrow{\mathrm{OP}}=\boldsymbol{p}$ とすれば, $|\overrightarrow{\mathrm{CP}}|=r$ より,

$$|\boldsymbol{p}-\boldsymbol{c}|=r$$

が成り立つ。これを円のベクトル方程式という。両辺を 2 乗し, $|\boldsymbol{p}-\boldsymbol{c}|^2=r^2$ を成分で表せば, 円の方程式 $(x-a)^2+(y-b)^2=r^2$ が得られる。
また, 2 点 $\mathrm{A}(x_1,y_1)$, $\mathrm{B}(x_2,y_2)$ を直径の両端とする円上の任意の点 $\mathrm{P}(x,y)$ に対して, $\overrightarrow{\mathrm{OA}}=\boldsymbol{a}$, $\overrightarrow{\mathrm{OB}}=\boldsymbol{b}$, $\overrightarrow{\mathrm{OP}}=\boldsymbol{p}$ とすれば, AP と BP が直交するので, $\overrightarrow{\mathrm{AP}}\perp\overrightarrow{\mathrm{BP}}$ より,

$$(\boldsymbol{p}-\boldsymbol{a})\cdot(\boldsymbol{p}-\boldsymbol{b})=0$$

が成り立つ。これを成分で表せば, $(x-x_1)(x-x_2)+(y-y_1)(y-y_2)=0$ が得られる。

例題 21.1　ベクトル方程式を利用して, 次の円の方程式を求めよ。

(1)　点 $(1,3)$ を中心とする半径 5 の円

(2)　2 点 $(-3,-2)$, $(1,4)$ を直径の両端とする円

＜解答＞　(1)　$\boldsymbol{p}=(x,y)$, $\boldsymbol{c}=(1,3)$, $r=5$ として, $|\boldsymbol{p}-\boldsymbol{c}|=r$ より $|\boldsymbol{p}-\boldsymbol{c}|^2=r^2$
よって, $(x-1)^2+(y-3)^2=25$
(2)　$\boldsymbol{p}=(x,y)$, $\boldsymbol{a}=(-3,-2)$, $\boldsymbol{b}=(1,4)$ として, $\boldsymbol{p}-\boldsymbol{a}=(x+3,y+2)$, $\boldsymbol{p}-\boldsymbol{b}=(x-1,y-4)$
よって, $(\boldsymbol{p}-\boldsymbol{a})\cdot(\boldsymbol{p}-\boldsymbol{b})=0$ より $(x+3)(x-1)+(y+2)(y-4)=0$ となる。
これを展開して整理すると $x^2+y^2+2x-2y-11=0$ となり, 平方完成を行って円の方程式 $(x+1)^2+(y-1)^2=13$ を得る。
(注意) 2 点 $(-3,-2)$, $(1,4)$ の中点 $\left(\dfrac{-3+1}{2}, \dfrac{-2+4}{2}\right)=(-1,1)$ が中心である。また, 求めた中心と点 $(-3,-2)$ との距離を求めて, $\sqrt{(-1-(-3))^2+(1-(-2))^2}=\sqrt{4+9}=\sqrt{13}$ が半径となる。

例題 21.2　点 A と点 P の位置ベクトルを $\overrightarrow{\mathrm{OA}}=\boldsymbol{a}$, $\overrightarrow{\mathrm{OP}}=\boldsymbol{p}$ とする。このとき, ベクトル方程式

$$\boldsymbol{p}\cdot(\boldsymbol{p}-\boldsymbol{a})=0$$

を満たす点 P が描く図形はどのようなものか。ただし, 点 O は原点を表す。
＜解答＞　$\boldsymbol{p}\cdot(\boldsymbol{p}-\boldsymbol{a})=(\boldsymbol{p}-\boldsymbol{0})\cdot(\boldsymbol{p}-\boldsymbol{a})=\overrightarrow{\mathrm{OP}}\cdot\overrightarrow{\mathrm{AP}}=0$ より, OP と AP が常に直交するので, 式をみたす点 P は原点 O と点 A を直径の両端とする円を描く。

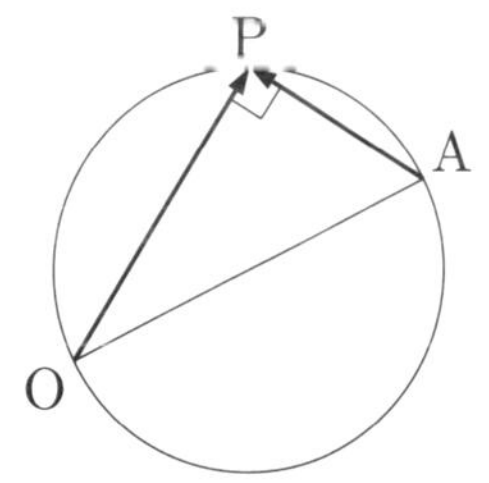

ドリル no.21	class	no	name

問題 21.1 ベクトル方程式を利用して, 次の円の方程式を求めよ。

(1) 点 $(3, -4)$ を中心とする半径 7 の円

(2) 原点と点 $(-5, 2)$ を直径の両端とする円

問題 21.2 方程式 $x^2 - 2x + y^2 + 8y + 9 = 0$ で表される円の中心の座標と半径を求めよ。

問題 21.3 点 A と点 P の位置ベクトルを $\overrightarrow{\mathrm{OA}} = \boldsymbol{a}$, $\overrightarrow{\mathrm{OP}} = \boldsymbol{p}$ とする。ベクトル方程式

$$\boldsymbol{p} \cdot (\boldsymbol{p} - 2\boldsymbol{a}) = 0$$

を満たす点 P が描く図形はどのようなものか。ただし, 点 O は原点を表す。

チェック項目

	月　日	月　日
円のベクトル方程式を理解している。		
円の方程式から, 中心と半径を求めることができる。		

22　空間ベクトル

空間ベクトルの和, 差, 実数倍を理解している。

空間ベクトル　空間ベクトルも平面のベクトルと同様に, 和, 差, 実数倍を定義することができる。同一平面上になく, 零ベクトルでもない 3 つのベクトルを $\boldsymbol{a}, \boldsymbol{b}, \boldsymbol{c}$ とすると, 任意の空間ベクトル $\boldsymbol{x}$ はこれら $\boldsymbol{a}, \boldsymbol{b}, \boldsymbol{c}$ の 1 次結合で表すことができる。

$$\boldsymbol{x} = x_1\boldsymbol{a} + x_2\boldsymbol{b} + x_3\boldsymbol{c} \qquad (x_1, x_2, x_3 \text{ は実数})$$

例題 **22.1**　立方体 OABC-DEFG において, $\overrightarrow{\mathrm{OA}} = \boldsymbol{a}, \overrightarrow{\mathrm{OB}} = \boldsymbol{b}, \overrightarrow{\mathrm{OD}} = \boldsymbol{c}$ とするとき, 次のベクトルを $\boldsymbol{a}, \boldsymbol{b}, \boldsymbol{c}$ の 1 次結合で表せ。ただし, 辺 AB の中点を M , 線分 BG の中点を N, 線分 CE を 3 : 1 に内分する点を L とする。

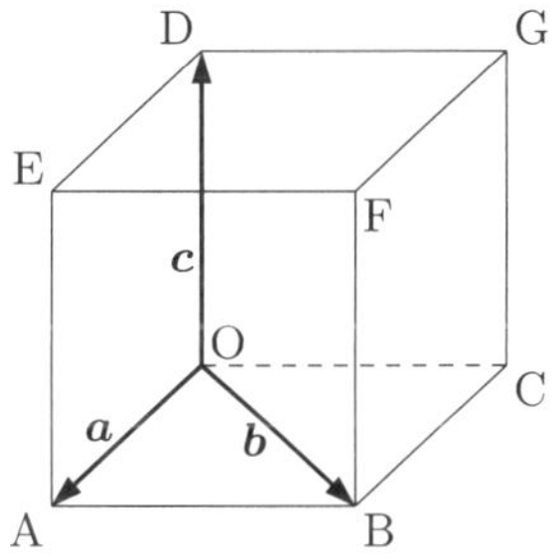

(1) $\overrightarrow{\mathrm{OE}}$　(2) $\overrightarrow{\mathrm{OC}}$　(3) $\overrightarrow{\mathrm{OF}}$

(4) $\overrightarrow{\mathrm{OG}}$　(5) $\overrightarrow{\mathrm{OM}}$　(6) $\overrightarrow{\mathrm{ON}}$

(7) $\overrightarrow{\mathrm{MF}}$　(8) $\overrightarrow{\mathrm{MN}}$　(9) $\overrightarrow{\mathrm{OL}}$

<解答>

(1) $\overrightarrow{\mathrm{OE}} = \overrightarrow{\mathrm{OA}} + \overrightarrow{\mathrm{OD}} = \boldsymbol{a} + \boldsymbol{c}$

(2) $\overrightarrow{\mathrm{OC}} = \overrightarrow{\mathrm{AB}} = \overrightarrow{\mathrm{OB}} - \overrightarrow{\mathrm{OA}} = -\boldsymbol{a} + \boldsymbol{b}$

(3) $\overrightarrow{\mathrm{OF}} = \overrightarrow{\mathrm{OB}} + \overrightarrow{\mathrm{OD}} = \boldsymbol{b} + \boldsymbol{c}$

(4) $\overrightarrow{\mathrm{OG}} = \overrightarrow{\mathrm{OC}} + \overrightarrow{\mathrm{OD}} = -\boldsymbol{a} + \boldsymbol{b} + \boldsymbol{c}$

(5) $\overrightarrow{\mathrm{OM}} = \dfrac{1}{2}\boldsymbol{a} + \dfrac{1}{2}\boldsymbol{b}$

(6) $\overrightarrow{\mathrm{ON}} = \dfrac{\overrightarrow{\mathrm{OB}} + \overrightarrow{\mathrm{OG}}}{2} = \dfrac{\boldsymbol{b} + (-\boldsymbol{a} + \boldsymbol{b} + \boldsymbol{c})}{2} = -\dfrac{1}{2}\boldsymbol{a} + \boldsymbol{b} + \dfrac{1}{2}\boldsymbol{c}$

(7) $\overrightarrow{\mathrm{MF}} = \overrightarrow{\mathrm{OF}} - \overrightarrow{\mathrm{OM}} = (\boldsymbol{b} + \boldsymbol{c}) - \left(\dfrac{1}{2}\boldsymbol{a} + \dfrac{1}{2}\boldsymbol{b}\right) = -\dfrac{1}{2}\boldsymbol{a} + \dfrac{1}{2}\boldsymbol{b} + \boldsymbol{c}$

(8) $\overrightarrow{\mathrm{MN}} = \overrightarrow{\mathrm{ON}} - \overrightarrow{\mathrm{OM}} = \left(-\dfrac{1}{2}\boldsymbol{a} + \boldsymbol{b} + \dfrac{1}{2}\boldsymbol{c}\right) - \left(\dfrac{1}{2}\boldsymbol{a} + \dfrac{1}{2}\boldsymbol{b}\right) = -\boldsymbol{a} + \dfrac{1}{2}\boldsymbol{b} + \dfrac{1}{2}\boldsymbol{c}$

(9) $\overrightarrow{\mathrm{OL}} = \dfrac{\overrightarrow{\mathrm{OC}} + 3\overrightarrow{\mathrm{OE}}}{3+1} = \dfrac{1}{4}\overrightarrow{\mathrm{OC}} + \dfrac{3}{4}\overrightarrow{\mathrm{OE}} = \dfrac{1}{4}(-\boldsymbol{a} + \boldsymbol{b}) + \dfrac{3}{4}(\boldsymbol{a} + \boldsymbol{c}) = \dfrac{1}{2}\boldsymbol{a} + \dfrac{1}{4}\boldsymbol{b} + \dfrac{3}{4}\boldsymbol{c}$

ドリル no.22 class no name

問題 22.1 平行六面体 OABC-DEFG において, $\overrightarrow{\mathrm{OA}} = \boldsymbol{a}, \overrightarrow{\mathrm{OC}} = \boldsymbol{b}, \overrightarrow{\mathrm{OE}} = \boldsymbol{c}$ とするとき, 次のベクトルを $\boldsymbol{a}, \boldsymbol{b}, \boldsymbol{c}$ の 1 次結合で表せ。ただし, 辺 BC の中点を M , 線分 BE の中点を N, 線分 AG を 5 : 2 に内分する点を L とする。

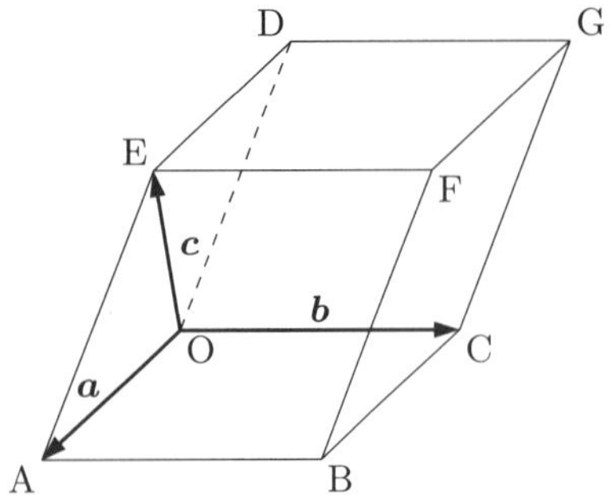

(1) $\overrightarrow{\mathrm{OB}}$　(2) $\overrightarrow{\mathrm{OD}}$　(3) $\overrightarrow{\mathrm{OF}}$

(4) $\overrightarrow{\mathrm{OG}}$　(5) $\overrightarrow{\mathrm{OM}}$　(6) $\overrightarrow{\mathrm{ON}}$

(7) $\overrightarrow{\mathrm{MF}}$　(8) $\overrightarrow{\mathrm{MN}}$　(9) $\overrightarrow{\mathrm{OL}}$

チェック項目

	月　日	月　日
空間ベクトルの和, 差, 実数倍を理解している。		

23　空間ベクトルの成分

空間ベクトルの和, 差, 実数倍を成分を用いて計算することができる。

空間ベクトルの成分　空間座標において, x 軸, y 軸, z 軸の正の方向をもつ, 大きさ 1 のベクトルを空間の基本ベクトルといい, それぞれ $\boldsymbol{i}, \boldsymbol{j}, \boldsymbol{k}$ と表す。任意の空間ベクトル $\boldsymbol{a}$ は基本ベクトル $\boldsymbol{i}, \boldsymbol{j}, \boldsymbol{k}$ の 1 次結合として $\boldsymbol{a} = a_1\boldsymbol{i} + a_2\boldsymbol{j} + a_3\boldsymbol{k}$ と表される。このとき, $\boldsymbol{a} = (a_1, a_2, a_3)$ と書き, これを $\boldsymbol{a}$ の成分表示という。特に, $\boldsymbol{i} = (1, 0, 0)$, $\boldsymbol{j} = (0, 1, 0)$, $\boldsymbol{k} = (0, 0, 1)$ である。
ベクトルの成分に関する基本事項　$\boldsymbol{a} = (a_1, a_2, a_3)$, $\boldsymbol{b} = (b_1, b_2, b_3)$ とし, m を実数とするとき, 次が成り立つ。

[1]　$\boldsymbol{a} = \boldsymbol{b} \iff a_1 = b_1$ かつ $a_2 = b_2$ かつ $a_3 = b_3$

[2]　$\boldsymbol{a} \pm \boldsymbol{b} = (a_1 \pm b_1, a_2 \pm b_2, a_3 \pm b_3)$　(複号同順)

[3]　$m\boldsymbol{a} = (ma_1, ma_2, ma_3)$

[4]　$|\boldsymbol{a}| = \sqrt{{a_1}^2 + {a_2}^2 + {a_3}^2}$

例題 23.1　$\boldsymbol{a} = (-2, 1, 0)$, $\boldsymbol{b} = (1, 3, -1)$ に対して, 次のものを求めよ。

(1)　$\boldsymbol{a} + \boldsymbol{b}$ の成分　(2)　$2\boldsymbol{a} - 3\boldsymbol{b}$ の成分　(3)　$|\boldsymbol{b}|$　(4)　$|\boldsymbol{a} - \boldsymbol{b}|$

<解答>

(1) $\boldsymbol{a} + \boldsymbol{b} = (-2, 1, 0) + (1, 3, -1) = (-2 + 1, 1 + 3, 0 + (-1)) = (-1, 4, -1)$

(2) $2\boldsymbol{a} - 3\boldsymbol{b} = 2(-2, 1, 0) - 3(1, 3, -1) = (-4 - 3, 2 - 9, 0 - (-3)) = (-7, -7, 3)$

(3) $|\boldsymbol{b}| = \sqrt{1^2 + 3^2 + (-1)^2} = \sqrt{11}$

(4) $\boldsymbol{a} - \boldsymbol{b} = (-2, 1, 0) - (1, 3, -1) = (-2 - 1, 1 - 3, 0 - (-1)) = (-3, -2, 1)$
$|\boldsymbol{a} - \boldsymbol{b}| = \sqrt{(-3)^2 + (-2)^2 + 1^2} = \sqrt{14}$

例題 23.2　点 A$(0, 1, 2)$, 点 B$(-2, 3, 1)$ に対して, 次のものを求めよ。

(1) $\overrightarrow{\mathrm{AB}}$ の成分

(2) $|\overrightarrow{\mathrm{AB}}|$

(3) $\overrightarrow{\mathrm{OA}} = \boldsymbol{a}$, $\overrightarrow{\mathrm{OB}} = \boldsymbol{b}$ とするとき, $3\boldsymbol{x} + 2\boldsymbol{a} = 2(\boldsymbol{x} - 3\boldsymbol{b})$ を満たすベクトル $\boldsymbol{x}$ の成分

<解答>

(1) $\overrightarrow{\mathrm{AB}} = \overrightarrow{\mathrm{OB}} - \overrightarrow{\mathrm{OA}} = (-2, 3, 1) - (0, 1, 2) = (-2, 2, -1)$

(2) $|\overrightarrow{\mathrm{AB}}| = \sqrt{(-2)^2 + 2^2 + (-1)^2} = 3$

(3) $3\boldsymbol{x} + 2\boldsymbol{a} = 2(\boldsymbol{x} - 3\boldsymbol{b})$ より $\boldsymbol{x} = -2\boldsymbol{a} - 6\boldsymbol{b}$ となる。$\boldsymbol{a}, \boldsymbol{b}$ の成分を代入して,
$\boldsymbol{x} = -2(0, 1, 2) - 6(-2, 3, 1) = (12, -20, -10)$

ドリル no.23 　class 　no 　name

問題 23.1 　$\boldsymbol{a} = (1, 2, 3)$, $\boldsymbol{b} = (-2, 0, 1)$ に対して, 次のものを求めよ。

(1) 　$2\boldsymbol{a} + \boldsymbol{b}$ の成分

(2) 　$3(\boldsymbol{a} - 2\boldsymbol{b})$ の成分

(3) 　$|\boldsymbol{b}|$

(4) 　$|2\boldsymbol{a} + \boldsymbol{b}|$

問題 23.2 　点 $\mathrm{A}(3, -1, 2)$, 点 $\mathrm{B}(1, 0, -3)$ に対して, 次のものを求めよ。

(1) $\overrightarrow{\mathrm{BA}}$ の成分

(2) $\left|\overrightarrow{\mathrm{BA}}\right|$

(3) $\overrightarrow{\mathrm{OA}} = \boldsymbol{a}$, $\overrightarrow{\mathrm{OB}} = \boldsymbol{b}$ とするとき, $2\boldsymbol{x} - \boldsymbol{a} = 3(\boldsymbol{x} + 2\boldsymbol{b})$ を満たすベクトル $\boldsymbol{x}$ の成分

チェック項目

チェック項目	月　日	月　日
空間ベクトルの和, 差, 実数倍を成分を用いて計算することができる。		

24　空間ベクトルの成分と内積

空間ベクトルの内積を, 成分を用いて計算することができる。

空間ベクトルの内積　空間における零ベクトルでない 2 つのベクトル $\boldsymbol{a}$, $\boldsymbol{b}$ に対して, そのなす角を θ $(0 \leqq \theta \leqq \pi)$ とするとき, $\boldsymbol{a}$ と $\boldsymbol{b}$ の内積 $\boldsymbol{a}\cdot\boldsymbol{b}$ を

$$\boldsymbol{a}\cdot\boldsymbol{b} = |\boldsymbol{a}||\boldsymbol{b}|\cos\theta$$

と定義する。また, $\boldsymbol{a}=\boldsymbol{0}$ または $\boldsymbol{b}=\boldsymbol{0}$ のとき $\boldsymbol{a}\cdot\boldsymbol{b}=0$ と定める。

$\boldsymbol{a}$, $\boldsymbol{b}$ が零ベクトルでないとき,

$$\boldsymbol{a}\perp\boldsymbol{b} \quad\Longleftrightarrow\quad \boldsymbol{a}\cdot\boldsymbol{b}=0$$

となる。

平面ベクトルの場合と同様に, $\boldsymbol{a}=(a_1,a_2,a_3)$, $\boldsymbol{b}=(b_1,b_2,b_3)$ に対し, その内積について

$$\boldsymbol{a}\cdot\boldsymbol{b} = a_1b_1+a_2b_2+a_3b_3$$

となる。

例題 24.1　$\boldsymbol{a}=(1,2,-1), \boldsymbol{b}=(0,1,3), \boldsymbol{c}=(2,1,0)$ について, 次の内積の値を求めよ。

(1) $\boldsymbol{a}\cdot\boldsymbol{b}$　　(2) $\boldsymbol{a}\cdot\boldsymbol{a}$　　(3) $\boldsymbol{a}\cdot(\boldsymbol{b}+\boldsymbol{c})$　　(4) $(2\boldsymbol{a}+\boldsymbol{b})\cdot(\boldsymbol{a}-2\boldsymbol{c})$

＜解答＞

(1) $\boldsymbol{a}\cdot\boldsymbol{b} = 1\cdot 0+2\cdot 1+(-1)\cdot 3=-1$

(2) $\boldsymbol{a}\cdot\boldsymbol{a} = 1\cdot 1+2\cdot 2+(-1)\cdot(-1)=6$

(3) $\boldsymbol{b}+\boldsymbol{c}=(2,2,3)$ より, $\boldsymbol{a}\cdot(\boldsymbol{b}+\boldsymbol{c})=(1,2,-1)\cdot(2,2,3)=1\cdot 2+2\cdot 2+(-1)\cdot 3=3$

(4) $2\boldsymbol{a}+\boldsymbol{b}=(2,5,1)$, $\boldsymbol{a}-2\boldsymbol{c}=(-3,0,-1)$ より, $(2\boldsymbol{a}+\boldsymbol{b})\cdot(\boldsymbol{a}-2\boldsymbol{c})=(2,5,1)\cdot(-3,0,-1)=-7$

例題 24.2　3 点 $\mathrm{A}(2,1,-1)$, $\mathrm{B}(0,1,3)$, $\mathrm{C}(x,x+1,-x)$ について, ベクトル $\overrightarrow{\mathrm{AB}}$ と $\overrightarrow{\mathrm{BC}}$ が垂直であるように x の値を定めよ。

＜解答＞　$\overrightarrow{\mathrm{AB}}=(-2,0,4)$, $\overrightarrow{\mathrm{BC}}=(x,x,-x-3)$ である。$\overrightarrow{\mathrm{AB}}\perp\overrightarrow{\mathrm{BC}}$ であるには $\overrightarrow{\mathrm{AB}}\cdot\overrightarrow{\mathrm{BC}}=0$ を満たせばよいので, $\overrightarrow{\mathrm{AB}}\cdot\overrightarrow{\mathrm{BC}}=(-2)\cdot x+0\cdot x+4\cdot(-x-3)=-6x-12=0$ が成り立つ。したがって $x=-2$ となる。

例題 24.3　2 点 $\mathrm{A}(-6,3,-1)$, $\mathrm{B}(-2,-1,-3)$ について, $\overrightarrow{\mathrm{AP}}\perp\overrightarrow{\mathrm{BP}}$ を満たす点 P はどのような図形を描くか, その図形を表す方程式を求めよ。

＜解答＞　$\mathrm{P}(x,y,z)$ とすれば $\overrightarrow{\mathrm{AP}}=(x+6,y-3,z+1)$, $\overrightarrow{\mathrm{BP}}=(x+2,y+1,z+3)$ となる。条件から $\overrightarrow{\mathrm{AP}}\cdot\overrightarrow{\mathrm{BP}}=0$ を満たせばよいので,

$$\begin{aligned}\overrightarrow{\mathrm{AP}}\cdot\overrightarrow{\mathrm{BP}} &= (x+6)(x+2)+(y-3)(y+1)+(z+1)(z+3)\\ &= x^2+8x+12+y^2-2y-3+z^2+4z+3\\ &= (x+4)^2-4+(y-1)^2-4+(z+2)^2-1\end{aligned}$$

より $(x+4)^2-4+(y-1)^2-4+(z+2)^2-1=0$ が成り立つ。

よって, 求める図形の方程式は $(x+4)^2+(y-1)^2+(z+2)^2=3^2$ となる。

(注意) この方程式は中心 $(-4,1,-2)$, 半径 3 の球面を表す (項目 31, 32 参照)。また, 2 点 A, B はこの球面の直径の両端である。

ドリル no.24　class　no　name

問題 24.1　$\boldsymbol{a}=(0,1,1)$, $\boldsymbol{b}=(-2,1,3)$, $\boldsymbol{c}=(1,1,1)$ について, 次の内積の値を求めよ。

(1)　$\boldsymbol{a}\cdot\boldsymbol{b}$

(2)　$(\boldsymbol{a}+\boldsymbol{b})\cdot\boldsymbol{c}$

(3)　$\boldsymbol{b}\cdot(\boldsymbol{a}-\boldsymbol{c})$

(4)　$(\boldsymbol{a}+\boldsymbol{b})\cdot(2\boldsymbol{b}-\boldsymbol{c})$

問題 24.2　3 点 $\mathrm{A}(x-1,x,-x)$, $\mathrm{B}(1,3,-1)$, $\mathrm{C}(0,1,3)$ について, ベクトル $\overrightarrow{\mathrm{AB}}$ と $\overrightarrow{\mathrm{BC}}$ が垂直であるように x の値を定めよ。

問題 24.3　2 点 $\mathrm{A}(3,1,2)$, $\mathrm{B}(1,-3,6)$ について, $\overrightarrow{\mathrm{AP}}\perp\overrightarrow{\mathrm{BP}}$ をみたす点 P はどのような図形を描くか, その図形を表す方程式を求めよ。

チェック項目

	月　日	月　日
空間ベクトルの内積を, 成分を用いて計算することができる。		

25　空間における直線の方程式

空間における直線の方程式, および媒介変数表示を理解している。

空間における直線のベクトル方程式　位置ベクトルが $\boldsymbol{a}$ である点 A を通り, 方向ベクトルが $\boldsymbol{v}(\neq \boldsymbol{0})$ である直線上の任意の点 P の位置ベクトルを $\boldsymbol{p}$ とする。この直線のベクトル方程式は, 平面の場合と同様に, t を媒介変数として $\boldsymbol{p} = \boldsymbol{a} + t\boldsymbol{v}$ で表される。

直線の媒介変数表示　$\boldsymbol{p} = (x, y, z)$, $\boldsymbol{a} = (x_0, y_0, z_0)$, $\boldsymbol{v} = (v_1, v_2, v_3)$ とすると, ベクトル方程式から直線 ℓ の媒介変数表示は

$$\begin{cases} x = x_0 + tv_1 \\ y = y_0 + tv_2 \\ z = z_0 + tv_3 \end{cases}$$

となる。

空間における直線の方程式　$v_1 \neq 0$, $v_2 \neq 0$, $v_3 \neq 0$ のとき, 媒介変数表示から媒介変数 t を消去すると, 空間における直線 ℓ の方程式は

$$\frac{x - x_0}{v_1} = \frac{y - y_0}{v_2} = \frac{z - z_0}{v_3}$$

となる。

例題 25.1　点 $A(1, -2, 3)$ を通り, 方向ベクトルが $\boldsymbol{v} = (1, 3, -4)$ である直線のベクトル方程式, 直線の媒介変数表示, および媒介変数を用いない形の直線の方程式を求めよ。

(1)　$\boldsymbol{v} = (1, 3, -4)$　　(2)　$\boldsymbol{v} = (2, 3, 0)$　　(3)　$\boldsymbol{v} = (2, 0, 0)$

＜解答＞　(1) ベクトル方程式は $(x, y, z) = (1, -2, 3) + t(1, 3, -4)$ である。この式から, 次の直線の媒介変数表示が得られ, 媒介変数 t を消去することで媒介変数を用いない形の直線の方程式が得られる。

$$\begin{cases} x = 1 + t \\ y = -2 + 3t \\ z = 3 - 4t \end{cases}, \qquad x - 1 = \frac{y + 2}{3} = \frac{z - 3}{-4}$$

(2) ベクトル方程式は $(x, y, z) = (1, -2, 3) + t(2, 3, 0)$ である。(1) と同様にして,

$$\begin{cases} x = 1 + 2t \\ y = -2 + 3t \\ z = 3 \end{cases}, \qquad \frac{x - 1}{1} = \frac{y + 2}{3}, \ z = 3$$

(3) ベクトル方程式は $(x, y, z) = (1, -2, 3) + t(2, 0, 0)$ である。(1) と同様にして,

$$\begin{cases} x = 1 + 2t \\ y = -2 \\ z = 3 \end{cases}, \qquad y = -2, \ z = 3$$

例題 25.2　2 点 $A(1, 0, 2)$, $B(3, 1, 5)$ を通る直線の媒介変数表示, および媒介変数を用いない形の直線の方程式を求めよ。

＜解答＞　点 A を通り, 方向ベクトルが $\boldsymbol{v} = \overrightarrow{AB}$ の直線と考えればよい。
$\boldsymbol{a} = \overrightarrow{OA} = (1, 0, 2)$, $\boldsymbol{v} = \overrightarrow{AB} = (3 - 1, 1 - 0, 5 - 2) = (2, 1, 3)$ より

$$\begin{cases} x = 1 + 2t \\ y = t \\ z = 2 + 3t \end{cases}, \qquad \frac{x - 1}{2} = y = \frac{z - 2}{3}$$

ドリル no.25　class　no　name

問題 25.1　点 $(-3, 1, 5)$ を通り, 以下のベクトルが方向ベクトルとなるような直線のベクトル方程式, 直線の媒介変数表示, および媒介変数を用いない形の直線の方程式を求めよ。

(1)　$\boldsymbol{v} = (2, 5, -2)$

(2)　$\boldsymbol{v} = (0, -3, 5)$

問題 25.2　次の 2 点 A, B を通る直線の媒介変数表示, および媒介変数を用いない形の直線の方程式を求めよ。

(1)　$\mathrm{A}(-2, 1, 5)$, $\mathrm{B}(1, 3, 2)$

(2)　$\mathrm{A}(3, 1, -1)$, $\mathrm{B}(-2, -5, 3)$

チェック項目

	月　日	月　日
空間における直線の方程式, および媒介変数表示を理解している。		

26　空間における2直線の位置関係

> 空間における2直線の位置関係 (平行, 垂直, 交点をもつ場合) を理解している。
> 2直線のなす角を求めることができる。

空間における2直線の平行・垂直　2直線 ℓ, m の方向ベクトルをそれぞれ $\boldsymbol{u}=(u_1,u_2,u_3)$, $\boldsymbol{v}=(v_1,v_2,v_3)$ とする。

[1]　$\ell \parallel m \iff \boldsymbol{u}=k\boldsymbol{v}$ (k は0でない実数) $\iff u_1=kv_1, u_2=kv_2, u_3=kv_3$

[2]　$\ell \perp m \iff \boldsymbol{u}\cdot\boldsymbol{v}=0 \iff u_1v_1+u_2v_2+u_3v_3=0$

2直線のなす角　2直線 ℓ, m の方向ベクトルのなす角を θ_1 $(0 \leqq \theta_1 \leqq \pi)$ とするとき, 2直線 ℓ, m のなす角 θ $\left(0 \leqq \theta \leqq \dfrac{\pi}{2}\right)$ を次のように定める。

$$\theta = \begin{cases} \theta_1 & \left(0 \leqq \theta_1 \leqq \dfrac{\pi}{2}\right) \\ \pi-\theta_1 & \left(\dfrac{\pi}{2} < \theta_1 \leqq \pi\right) \end{cases}$$

例題 **26.1**　点 A$(3,2,1)$ を通り, 直線 ℓ : $\dfrac{x-1}{2}=y+2=-z-3$ に平行な直線 m の方程式を求めよ。

<解答>　直線 ℓ の方向ベクトルは, $\dfrac{x-1}{2}=\dfrac{y+2}{1}=\dfrac{z+3}{-1}$ より, $\boldsymbol{v}=(2,1,-1)$ である。直線 m は直線 ℓ と平行だから, 直線 m の方向ベクトルも $\boldsymbol{v}$ である。
よって, 直線 m の方程式は点 A を通るので, $\dfrac{x-3}{2}=y-2=\dfrac{z-1}{-1}$ となる。

例題 **26.2**　s, t の媒介変数で表されている次の2直線が, 垂直となるように k の値を求めよ。

$$\ell : \begin{cases} x=1-2t \\ y=-3+4t \\ z=2+kt \end{cases},\quad m : \begin{cases} x=7-4s \\ y=2s \\ z=3+3s \end{cases}$$

<解答>　ℓ と m の方向ベクトルはそれぞれ $\boldsymbol{u}=(-2,4,k), \boldsymbol{v}=(-4,2,3)$ である。$\ell \perp m$ のとき $\boldsymbol{u}\cdot\boldsymbol{v}=0$ となるから, $\boldsymbol{u}\cdot\boldsymbol{v}=(-2)\cdot(-4)+4\cdot 2+k\cdot 3=0$ である。よって, $k=-\dfrac{16}{3}$ となる。

例題 **26.3**　2直線 ℓ : $x-2=\dfrac{y+1}{-2}=\dfrac{z-4}{-3}$, m : $\dfrac{x-3}{2}=\dfrac{y-4}{3}=z-8$ が交わることを確認し, 交点の座標を求めよ。また, 2直線のなす角 θ $\left(0 \leqq \theta \leqq \dfrac{\pi}{2}\right)$ を求めよ。

<解答>　ℓ : $x-2=\dfrac{y+1}{-2}=\dfrac{z-4}{-3}=s$, m : $\dfrac{x-3}{2}=\dfrac{y-4}{3}=z-8=t$ として, それぞれの方程式を媒介変数 s, t を用いて表すと, 直線 ℓ は $x=2+s$, $y=-1-2s$, $z=4-3s$, また, 直線 m は $x=3+2t$, $y=4+3t$, $z=8+t$ である。

よって, 2直線が交わる条件は
$$\begin{cases} 2+s = 3+2t & \cdots ① \\ -1-2s = 4+3t & \cdots ② \\ 4-3s = 8+t & \cdots ③ \end{cases}$$
を同時に満たす実数 s, t が存在することである。①, ② を解くと, $s=-1, t=-1$ となり, これは ③ を満たすので, 2直線 ℓ, m は交わる。交点の座標は, $s=-1$ を代入して $(1,1,7)$ となる。
次に, 2直線の方向ベクトルはそれぞれ $\boldsymbol{u}=(1,-2,-3), \boldsymbol{v}=(2,3,1)$ だから, $\boldsymbol{u}, \boldsymbol{v}$ のなす角を θ_1 とすると, $\cos\theta_1=\dfrac{\boldsymbol{u}\cdot\boldsymbol{v}}{|\boldsymbol{u}||\boldsymbol{v}|}=\dfrac{1\cdot 2+(-2)\cdot 3+(-3)\cdot 1}{\sqrt{1^2+(-2)^2+(-3)^2}\sqrt{2^2+3^2+1^2}}=\dfrac{-7}{14}=-\dfrac{1}{2}$ となり, $\theta_1=\dfrac{2}{3}\pi$ である。ここで, $\dfrac{\pi}{2}<\theta_1 \leqq \pi$ なので, 2直線のなす角 θ は, $\theta=\pi-\theta_1=\dfrac{\pi}{3}$ となる。

ドリル no.26　　class　　no　　name

問題 26.1　点 A$(-1, 2, 3)$ を通り, 直線 ℓ : $\dfrac{x-1}{2} = -y = \dfrac{z+1}{-2}$ に平行な直線 m の方程式を求めよ。

問題 26.2　2 直線 ℓ: $\dfrac{x}{2} = \dfrac{y-1}{k} = z+9$, m : $x-3 = \dfrac{y-2}{5} = \dfrac{z+1}{2}$ が, 垂直となるように k の値を求めよ。

問題 26.3　s, t の媒介変数で表されている次の 2 直線が交わることを確認し, 交点の座標を求めよ。また, 2 直線のなす角 θ $\left(0 \leqq \theta \leqq \dfrac{\pi}{2}\right)$ を求めよ。

$$\ell : \begin{cases} x = 5 - 2t \\ y = 2 - 2t \\ z = -3 + t \end{cases}, \quad m : \begin{cases} x = -3 + 4s \\ y = -7 + 5s \\ z = -4 + 3s \end{cases}$$

チェック項目

	月　日	月　日
空間における 2 直線の位置関係 (平行, 垂直, 交点をもつ場合) を理解している。		
2 直線のなす角を求めることができる。		

27　平面の方程式 (1)

与えられた1点と法線ベクトルから平面の方程式を求めることができる。

ベクトルに垂直な平面の方程式　平面に垂直なベクトル $\boldsymbol{n}$ ($\boldsymbol{n} \neq \boldsymbol{0}$) を，その平面の法線ベクトルという。点 $\mathrm{P}(x, y, z)$ を平面上の任意の点とする。点 $\mathrm{A}(x_0, y_0, z_0)$ を通り，ベクトル $\boldsymbol{n} = (a, b, c)$ に垂直な平面のベクトル方程式は，点 A, P の位置ベクトルをそれぞれ $\boldsymbol{a}$, $\boldsymbol{p}$ とおくと，$\boldsymbol{n} \perp \overrightarrow{\mathrm{AP}}$ より，$\boldsymbol{n} \cdot (\boldsymbol{p} - \boldsymbol{a}) = 0$ である。これを成分を用いて表すと，

$$a(x - x_0) + b(y - y_0) + c(z - z_0) = 0$$

である。この式を展開すると，$ax + by + cz = ax_0 + by_0 + cz_0$ となるので，$d = ax_0 + by_0 + cz_0$ とおくと，x, y, z についての1次方程式 $ax + by + cz = d$ の形になる。

一般の平面の方程式　一般に，x, y, z についての1次方程式 $ax + by + cz = d$ は平面を表し，$\boldsymbol{n} = (a, b, c)$ はこの平面の法線ベクトルである。

例題 27.1　点 $\mathrm{A}(2, -3, 1)$ を通る次のような平面の方程式を求めよ。

(1)　法線ベクトルが $\boldsymbol{n} = (-5, 1, 4)$　　(2)　平面 $4x + 2y - 5z = 7$ に平行

(3)　直線 $\dfrac{x+2}{2} = \dfrac{y-3}{-5} = \dfrac{z-1}{-3}$ に垂直　　(4)　z 軸に垂直

(5)　2直線 $\begin{cases} x = 3 + 5t \\ y = 1 - 2t \\ z = -2 + 3t \end{cases}$，$\begin{cases} x = 3 + 3s \\ y = 1 + s \\ z = -2 + s \end{cases}$ に平行

＜解答＞

(1)　$-5(x - 2) + 1(y + 3) + 4(z - 1) = 0$ より，$5x - y - 4z = 9$ となる。

(2)　平面 $4x + 2y - 5z = 7$ の法線ベクトルは $\boldsymbol{n} = (4, 2, -5)$ である。これに平行なので，求める平面の法線ベクトルも $\boldsymbol{n} = (4, 2, -5)$ としてよい。
よって $4(x - 2) + 2(y + 3) - 5(z - 1) = 0$ より，$4x + 2y - 5z = -3$ となる。

(3)　直線の方向ベクトルは $\boldsymbol{n} = (2, -5, -3)$ である。求める平面の法線ベクトルは，直線の方向ベクトルと平行になるので，平面の法線ベクトルを $\boldsymbol{n} = (2, -5, -3)$ としてよい。
よって $2(x - 2) - 5(y + 3) - 3(z - 1) = 0$ より，$2x - 5y - 3z = 16$ となる。

(4)　z 軸の方向ベクトルは $(0, 0, 1)$ より，これを求める平面の法線ベクトルとしてよい。
よって $0(x - 2) + 0(y + 3) + 1(z - 1) = 0$ より，$z = 1$ となる。

(5)　2直線の方向ベクトルはそれぞれ $\boldsymbol{u} = (5, -2, 3)$, $\boldsymbol{v} = (3, 1, 1)$ である。求める平面の法線ベクトルを $\boldsymbol{n} = (a, b, c) (\neq \boldsymbol{0})$ とする。$\boldsymbol{u} \perp \boldsymbol{n}$, $\boldsymbol{v} \perp \boldsymbol{n}$ より，

$$\begin{cases} 5a - 2b + 3c = 0 \cdots ① \\ 3a + b + c = 0 \cdots ② \end{cases}$$

①, ② を a, b の連立方程式として解くと，$a = -\dfrac{5}{11}c$, $b = \dfrac{4}{11}c$ となる。
これを $a(x - 2) + b(y + 3) + c(z - 1) = 0$ に代入すると，

$$-\frac{5}{11}c(x - 2) + \frac{4}{11}c(y + 3) + c(z - 1) = 0 \cdots ③$$

となる。もしも $c = 0$ だとすると $a = b = 0$ となり，$\boldsymbol{n} \neq \boldsymbol{0}$ に反する。よって $c \neq 0$ だから，③ の両辺を c で割って整理すると，$5x - 4y - 11z = 11$ となる。

ドリル no.27　class　　no　　name

問題 27.1　次の条件を満たす平面の方程式を求めよ。

(1)　原点 O を通り，ベクトル $\boldsymbol{n} = (1, 4, -3)$ に垂直な平面

(2)　点 $\mathrm{A}(-2, 2, 1)$ を通り，平面 $x - 2y - z = 3$ に平行な平面

(3)　点 $\mathrm{A}(1, -2, 3)$ を通り，直線 $\dfrac{x-3}{5} = \dfrac{y+3}{4} = \dfrac{z-2}{-2}$ に垂直な平面

(4)　点 $\mathrm{A}(1, 2, 3)$ を通り，y 軸に垂直な平面

(5)　点 $\mathrm{A}(0, 1, 3)$ を通り，2 直線 $\begin{cases} x = -1 - 2t \\ y = 3 + 3t \\ z = 1 + t \end{cases}$, $\begin{cases} x = -1 + s \\ y = 3 - s \\ z = 1 + 2s \end{cases}$ に平行な平面

チェック項目

	月　日	月　日
与えられた 1 点と法線ベクトルから平面の方程式を求めることができる。		

28　平面の方程式 (2)

与えられた条件から法線ベクトルを得ることで, 平面の方程式を求めることができる。

例題 28.1　3 点 A(1, 2, 1), B(2, −3, −1), C(−1, 1, −2) を通る平面の方程式を求めよ。

<解答>　求める平面の方程式を $ax+by+cz=d$ とおくと, 法線ベクトルは $\boldsymbol{n}=(a,b,c)\neq\boldsymbol{0}$ である。このとき, 3 点 A, B, C を通ることから,

$$\begin{cases} a+2b+c=d & \cdots ① \\ 2a-3b-c=d & \cdots ② \\ -a+b-2c=d & \cdots ③ \end{cases}$$

これを a,b,c の連立方程式として解く。まず, ① + ②, ② × 2 − ③ より c を消去すると,

$$\begin{cases} 3a-b=2d & \cdots ④ \\ 5a-7b=d & \cdots ⑤ \end{cases}$$

さらに ④ × 7 − ⑤ を計算すると, $a=\dfrac{13}{16}d, b=\dfrac{7}{16}d$ となるので, $a+2b+c=d$ に代入すると $c=-\dfrac{11}{16}d$ となる。$ax+by+cz=d$ に代入すると,

$$\frac{13}{16}dx+\frac{7}{16}dy-\frac{11}{16}dz=d$$

ここで $d=0$ とすると $a=b=c=0$ となり, $\boldsymbol{n}\neq\boldsymbol{0}$ に反する。よって $d\neq 0$ だから, 両辺に $\dfrac{16}{d}$ をかけて, $13x+7y-11z=16$ となる。

例題 28.2　点 A (1, 3, −4) と直線 ℓ: $\dfrac{x-3}{3}=\dfrac{y+5}{2}=-z+2$ を含む平面の方程式を求めよ。

<解答>　求める平面の法線ベクトルを $\boldsymbol{n}=(a,b,c)$ とすると, 点 A を通ることより平面の方程式は,

$$a(x-1)+b(y-3)+c(z+4)=0 \quad \cdots ①$$

である。この平面は直線 ℓ 上の点 (3, −5, 2) を通るので, ① に代入して,

$$2a-8b+6c=0 \quad \cdots ②$$

が成り立つ。また $\boldsymbol{n}=(a,b,c)$ は, 直線 ℓ の方向ベクトル $\boldsymbol{v}=(3,2,-1)$ と垂直なので $\boldsymbol{n}\cdot\boldsymbol{v}=0$ より,

$$3a+2b-c=0 \quad \cdots ③$$

となる。②, ③ を a,b の連立方程式として解くと, $a=-\dfrac{1}{7}c, b=\dfrac{5}{7}c$ となるので, これらを ① に代入すると, $-\dfrac{1}{7}c(x-1)+\dfrac{5}{7}c(y-3)+c(z+4)=0$ となる。$\boldsymbol{n}\neq\boldsymbol{0}$ より $c\neq 0$ だから, 両辺に $\dfrac{7}{c}$ をかけて整理すると, $x-5y-7z=14$ となる。

例題 28.3　2 点 A(3, −2, 4), B(−1, 6, 0) から等距離にある点の軌跡である平面の方程式を求めよ。

<解答>　求める平面は, 線分 AB の中点 C を通り, $\overrightarrow{\mathrm{AB}}$ に垂直である。中点 C の座標は (1, 2, 2) だから, $\overrightarrow{\mathrm{AB}}=(-4,8,-4)$ を法線ベクトルとして, $-4(x-1)+8(y-2)-4(z-2)=0$ となる。これを整理すると, $x-2y+z=-1$ となる。

ドリル no.28	class	no	name

問題 28.1　3 点 A$(1,1,3)$, B$(2,3,-2)$, C$(-1,1,-3)$ を通る平面の方程式を求めよ。

問題 28.2　点 A$(2,-1,1)$ と直線 $\dfrac{x-4}{-2}=\dfrac{y-1}{3}=z+1$ を含む平面の方程式を求めよ。

問題 28.3　2 点 A$(-2,3,9)$, B$(3,6,-5)$ から等距離にある点の軌跡である平面の方程式を求めよ。

チェック項目

	月　日	月　日
与えられた条件から法線ベクトルを得ることで, 平面の方程式を求めることができる。		

29　2平面の位置関係

> 平面の法線ベクトルを利用して, 2平面の位置関係を調べることができる。

2平面の平行・垂直　2つの平面 α, β の法線ベクトルをそれぞれ $\boldsymbol{n_1} = (a_1, b_1, c_1)$, $\boldsymbol{n_2} = (a_2, b_2, c_2)$ とする。

[1]　$\alpha \parallel \beta \iff \boldsymbol{n_1} = k\boldsymbol{n_2}$ (k は0でない実数) $\iff a_1 = ka_2, b_1 = kb_2, c_1 = kc_2$

[2]　$\alpha \perp \beta \iff \boldsymbol{n_1} \cdot \boldsymbol{n_2} = 0 \iff a_1a_2 + b_1b_2 + c_1c_2 = 0$

2平面のなす角　2平面 α, β の法線ベクトルのなす角を θ_1 $(0 \leqq \theta_1 \leqq \pi)$ とするとき, 2平面 α, β のなす角 θ $\left(0 \leqq \theta \leqq \frac{\pi}{2}\right)$ を次のように定める。

$$\theta = \begin{cases} \theta_1 & \left(0 \leqq \theta_1 \leqq \frac{\pi}{2}\right) \\ \pi - \theta_1 & \left(\frac{\pi}{2} < \theta_1 \leqq \pi\right) \end{cases}$$

例題 29.1　次の3つの平面のうち, 平行であるもの, 垂直であるものはどれとどれか。

$\alpha_1 : 3x - 2y + z = 1$　　$\alpha_2 : x + 3y + 3z = 0$　　$\alpha_3 : -6x + 4y - 2z = 5$

＜解答＞　それぞれの平面の法線ベクトルは, $\boldsymbol{n_1} = (3, -2, 1)$, $\boldsymbol{n_2} = (1, 3, 3)$, $\boldsymbol{n_3} = (-6, 4, -2)$ である。$\boldsymbol{n_1}$ と $\boldsymbol{n_3}$ については, $\boldsymbol{n_3} = -2\boldsymbol{n_1}$ が成り立つので, α_1 と α_3 は平行である。
$\boldsymbol{n_1}$ と $\boldsymbol{n_2}$ については,

$$\boldsymbol{n_1} \cdot \boldsymbol{n_2} = 3 \cdot 1 + (-2) \cdot 3 + 1 \cdot 3 = 3 - 6 + 3 = 0$$

が成り立つので, α_1 と α_2 は垂直である。また, $\boldsymbol{n_1} \parallel \boldsymbol{n_3}$ かつ $\boldsymbol{n_1} \perp \boldsymbol{n_2}$ より $\boldsymbol{n_2} \perp \boldsymbol{n_3}$ である。よって, α_2 と α_3 も垂直である。

例題 29.2　直線 $\ell : x - 1 = \dfrac{y+1}{2} = \dfrac{z-2}{-1}$ を含み, 平面 $\alpha : 2x - 4y + z = 3$ に垂直な平面 β の方程式を求めよ。

＜解答＞　直線 ℓ の方向ベクトルは $\boldsymbol{v} = (1, 2, -1)$, 平面 α の法線ベクトルは $\boldsymbol{n_1} = (2, -4, 1)$ である。求める平面 β の法線ベクトルを $\boldsymbol{n_2} = (a, b, c)$ とし, その方程式を $ax + by + cz = d$ とおく。
平面 α と平面 β は垂直だから, $\boldsymbol{n_1} \cdot \boldsymbol{n_2} = 2a - 4b + c = 0 \cdots$①
直線 ℓ の方向ベクトルと平面 β の法線ベクトルは垂直になるから, $\boldsymbol{v} \cdot \boldsymbol{n_2} = a + 2b - c = 0 \cdots$②
平面 β は直線 ℓ 上の点 $(1, -1, 2)$ を通るので, $a - b + 2c = d \cdots$③
① + ② より, $3a - 2b = 0 \cdots$④　　また ② × 2 + ③ より, $3a + 3b = d \cdots$⑤
④ − ⑤ より, $b = \frac{1}{5}d$ となるので, ④, ② に代入して, $a = \frac{2}{15}d$, $c = \frac{8}{15}d$ を得る。
これを $ax + by + cz = d$ に代入して, $\frac{2}{15}dx + \frac{1}{5}dy + \frac{8}{15}dz = d$ となる。$\boldsymbol{n_2} \neq \boldsymbol{0}$ なので $d \neq 0$ だから, 両辺を d で割って整理すると, 求める β の方程式は $2x + 3y + 8z = 15$ となる。

例題 29.3　2平面 $2x - y + z = 3$, $x - 2y - z = -4$ のなす角 θ $\left(0 \leqq \theta \leqq \frac{\pi}{2}\right)$ を求めよ。

＜解答＞　2平面の法線ベクトルはそれぞれ $\boldsymbol{n_1} = (2, -1, 1)$, $\boldsymbol{n_2} = (1, -2, -1)$ であるから, $\boldsymbol{n_1}, \boldsymbol{n_2}$ のなす角を θ_1 $(0 \leqq \theta \leqq \pi)$ とすると,

$$\cos\theta_1 = \frac{\boldsymbol{n_1} \cdot \boldsymbol{n_2}}{|\boldsymbol{n_1}||\boldsymbol{n_2}|} = \frac{2 \cdot 1 + (-1) \cdot (-2) + 1 \cdot (-1)}{\sqrt{2^2 + (-1)^2 + 1^2}\sqrt{1^2 + (-2)^2 + (-1)^2}} = \frac{3}{\sqrt{6}\sqrt{6}} = \frac{1}{2}$$

より $\theta_1 = \frac{\pi}{3}$ である。$0 \leqq \theta_1 \leqq \frac{\pi}{2}$ なので, 2平面のなす角 θ は, $\theta = \theta_1 = \frac{\pi}{3}$ となる。

ドリル no.29	class	no	name

問題 29.1 次の 3 つの平面のうち, 平行であるもの, 垂直であるものはどれとどれか。

$\alpha_1:\ 3x+y-z=4$ $\qquad$ $\alpha_2:\ 2x-y+5z=3$ $\qquad$ $\alpha_3:\ -6x+3y-15z=-1$

問題 29.2 直線 $\ell: x+2=\dfrac{y-3}{2}=\dfrac{z-2}{-3}$ を含み, 平面 $\alpha: 2x+6y-5z=10$ に垂直な平面 β の方程式を求めよ。

問題 29.3 2 平面 $2x+2y+4z=3,\ x-2y-z=0$ のなす角 θ $\left(0 \leqq \theta \leqq \dfrac{\pi}{2}\right)$ を求めよ。

チェック項目	月　日	月　日
平面の法線ベクトルを利用して, 2 平面の位置関係を調べることができる。		

30　平面と直線との交点

平面と直線との交点の座標を求めることができる。

平面と直線との交点の座標の求め方　平面 α と直線 ℓ の方程式が

$$\alpha : ax + by + cz = d, \quad \ell : \frac{x-p}{l} = \frac{y-q}{m} = \frac{z-r}{n}$$

のように与えられたとき, その交点の座標は次のようにして求める。

[1]　直線の方程式を媒介変数 t を使って表す。

[2]　その式を平面の方程式に代入する。

[3]　得られた t の方程式を解き, [1] に代入する。

例題 30.1　平面 $4x + 2y + z = 9$ と直線 $\dfrac{x-7}{3} = y - 4 = \dfrac{z-9}{4}$ との交点の座標を求めよ。

<解答>　直線の方程式を媒介変数 t を使って表すと, $\dfrac{x-7}{3} = y - 4 = \dfrac{z-9}{4} = t$ より,

$$\begin{cases} x = 7 + 3t \\ y = 4 + t \\ z = 9 + 4t \end{cases}$$

これを平面の方程式に代入すると,

$$4(7 + 3t) + 2(4 + t) + (9 + 4t) = 9$$

となり, これを解くと $t = -2$ が得られる。これを直線の媒介変数表示の式に代入すると,

$$\begin{cases} x = 7 - 6 = 1 \\ y = 4 - 2 = 2 \\ z = 9 - 8 = 1 \end{cases}$$

となるので, 求める交点の座標は $(1, 2, 1)$ である。

例題 30.2　平面 $8x + y + 5z = 2$ と直線 $x = -1$, $\dfrac{y+4}{2} = \dfrac{z+8}{5}$ との交点の座標を求めよ。

<解答>　直線の方程式を媒介変数 t を使って表すと, $\dfrac{y+4}{2} = \dfrac{z+8}{5} = t$ より,

$$\begin{cases} x = -1 \\ y = -4 + 2t \\ z = -8 + 5t \end{cases}$$

これを平面の方程式に代入すると,

$$-8 + (-4 + 2t) + 5(-8 + 5t) = 2$$

となり, これを解くと $t = 2$ が得られる。これを直線の媒介変数表示の式に代入すると,

$$\begin{cases} x = -1 \\ y = -4 + 4 = 0 \\ z = -8 + 10 = 2 \end{cases}$$

となるので, 求める交点の座標は $(-1, 0, 2)$ である。

ドリル no.30	class	no	name

問題 30.1　平面 $x-7y+4z+8=0$ と直線 $\dfrac{x}{3}=\dfrac{y-4}{-3}=\dfrac{z+3}{2}$ との交点の座標を求めよ。

問題 30.2　平面 $2x+\sqrt{3}y-\sqrt{6}z-\sqrt{3}=0$ と直線 $\dfrac{x+2\sqrt{3}}{\sqrt{3}}=\dfrac{y+5}{2}=\dfrac{z-4\sqrt{2}}{-\sqrt{2}}$ との交点の座標を求めよ。

問題 30.3　平面 $5x-y-7z=0$ と直線 $y=-3,\ \dfrac{x+3}{4}=\dfrac{z-10}{-3}$ との交点の座標を求めよ。

チェック項目

	月　日	月　日
平面と直線との交点の座標を求めることができる。		

31　球面の方程式 (1)

与えられた中心と半径をもつ球面の方程式を求めることができる。
与えられた球面の方程式から, 球の中心と半径を求めることができる。

球のベクトル方程式　点 $\mathrm{C}(a, b, c)$ を中心とする半径 $r\ (r > 0)$ の球面上の任意の点を $\mathrm{P}(x, y, z)$ とする。原点を O とし, $\overrightarrow{\mathrm{OC}} = \boldsymbol{c}$, $\overrightarrow{\mathrm{OP}} = \boldsymbol{p}$ とすれば, $|\overrightarrow{\mathrm{CP}}| = r$ より,

$$|\boldsymbol{p} - \boldsymbol{c}| = r$$

が成り立つ。これを球のベクトル方程式という。

球面の方程式　球のベクトル方程式を成分で表せば,

$$(x-a)^2 + (y-b)^2 + (z-c)^2 = r^2 \qquad \cdots ①$$

が得られる。これを球面の方程式という。左辺を展開して整理すると

$$x^2 + y^2 + z^2 + Ax + By + Cz + D = 0 \quad (A, B, C, D \text{ は定数}) \qquad \cdots ②$$

の形の式になる。

逆に, ② の形の方程式が与えられたとき, x, y, z について平方完成を行い ① 式の形に書き直すことができる場合, この方程式は球面を表していることになる。

例題 31.1　点 $(3, 4, 1)$ を中心とし, 半径が 2 の球面の方程式を求めよ。

＜解答＞　中心の座標が $(3, 4, 1)$, 半径 $r = 2$ なので

$$(x-3)^2 + (y-4)^2 + (z-1)^2 = 4$$

が求める球面の方程式になる。

例題 31.2　次の方程式で与えられた球の中心の座標と半径を求めよ。

$$2x^2 + 2y^2 + 2z^2 + 2x - 6y - 4z + 5 = 0$$

＜解答＞　式の両辺を 2 で割ると, $x^2 + y^2 + z^2 + x - 3y - 2z + \dfrac{5}{2} = 0$ となる。この式の左辺を x, y, z について平方完成すると

$$\begin{aligned}
x^2 + y^2 + z^2 + x - 3y - 2z + \frac{5}{2} &= (x^2 + x) + (y^2 - 3y) + (z^2 - 2z) + \frac{5}{2} \\
&= \left(x + \frac{1}{2}\right)^2 - \left(\frac{1}{2}\right)^2 + \left(y - \frac{3}{2}\right)^2 - \left(\frac{3}{2}\right)^2 + (z-1)^2 - 1^2 + \frac{5}{2} \\
&= \left(x + \frac{1}{2}\right)^2 + \left(y - \frac{3}{2}\right)^2 + (z-1)^2 + \left(-\frac{1}{4} - \frac{9}{4} - 1 + \frac{5}{2}\right) \\
&= \left(x + \frac{1}{2}\right)^2 + \left(y - \frac{3}{2}\right)^2 + (z-1)^2 - 1
\end{aligned}$$

よって, 与えられた方程式は

$$\left(x + \frac{1}{2}\right)^2 + \left(y - \frac{3}{2}\right)^2 + (z-1)^2 = 1$$

となる。したがって, 球の中心の座標は $\left(-\dfrac{1}{2}, \dfrac{3}{2}, 1\right)$, 半径は 1 である。

ドリル no.31	class	no	name

問題 31.1　次の球面の方程式を求めよ。

(1) 点 $(2, -3, -3)$ を中心とし, 半径 $\sqrt{5}$ の球面

(2) 点 $(3, 1, -4)$ を中心とし, 直径 6 の球面

問題 31.2　方程式 $x^2 + y^2 + z^2 + 6x - 4y + 2z - 2 = 0$ で与えられた球の中心の座標と半径を求めよ。

問題 31.3　方程式 $2x^2 + 2y^2 + 2z^2 = 28z - 20y - 130$ で与えられた球の中心の座標と半径を求めよ。

チェック項目

チェック項目	月　日	月　日
与えられた中心と半径をもつ球面の方程式を求めることができる。		
与えられた球面の方程式から, 球の中心と半径を求めることができる。		

32　球面の方程式 (2)

与えられた条件から, 球面の方程式を求めることができる。

例題 32.1　次の球面の方程式を求めよ。

(1) 点 $(3,1,-2)$ を中心とし, 点 $(4,6,1)$ を通る球面

(2) 2 点 $\mathrm{A}(8,-3,-1)$, $\mathrm{B}(2,-1,3)$ を直径の両端とする球面

(3) 点 $(3,5,7)$ を中心とし, xy 平面に接する球面

(4) 4 点 $(0,0,0)$, $(1,0,0)$, $(0,2,0)$, $(0,0,-3)$ を通る球面

＜解答＞ (1) 求める球面の方程式は, 中心の座標が $(3,1,-2)$ であるので

$$(x-3)^2+(y-1)^2+(z+2)^2=r^2$$

とおける。点 $(4,6,1)$ を通るので

$$(4-3)^2+(6-1)^2+(1+2)^2=r^2$$

より $r^2=35$ となる。
よって求める方程式は,

$$(x-3)^2+(y-1)^2+(z+2)^2=35$$

(2) 求める球の中心 C は線分 AB の中点であり, 半径 r は線分 AC の長さに等しい。
よって中心 C の座標は,

$$\left(\frac{8+2}{2},\frac{-3+(-1)}{2},\frac{-1+3}{2}\right)=(5,-2,1)$$

また半径 r は, $r=\sqrt{(8-5)^2+(-3-(-2))^2+(-1-1)^2}=\sqrt{9+1+4}=\sqrt{14}$
となる。これより求める球面の方程式は,

$$(x-5)^2+(y+2)^2+(z-1)^2=14$$

(3) 中心と xy 平面との距離が半径となるので, 半径は中心の z 座標より 7 となる。
よって, 求める方程式は

$$(x-3)^2+(y-5)^2+(z-7)^2=49$$

(4) 求める球面の方程式を A,B,C,D を定数として,

$$x^2+y^2+z^2+Ax+By+Cz+D=0$$

とおく。4 点を通ることから座標をこの式に代入して,

$$\begin{cases} D &= 0 \\ 1+A+D &= 0 \\ 4+2B+D &= 0 \\ 9-3C+D &= 0 \end{cases}$$

を得る。この連立方程式を解いて $A=-1$, $B=-2$, $C=3$, $D=0$
したがって求める球面の方程式は, $x^2+y^2+z^2-x-2y+3z=0$
平方完成すると

$$\left(x-\frac{1}{2}\right)^2+(y-1)^2+\left(z+\frac{3}{2}\right)^2=\frac{7}{2}$$

ドリル no.32	class	no	name

問題 32.1　次の球面の方程式を求めよ。

(1) 点 $(-2, 4, 2)$ を中心とし, 点 $\mathrm{P}(0, 4, 5)$ を通る球面

(2) 2 点 $\mathrm{A}(2, -1, \sqrt{3})$, $\mathrm{B}(-2, 1, -\sqrt{3})$ を直径の両端とする球面

(3) 点 $(-5, 2, 2)$ を中心とし, yz 平面と接する球面

(4) 4 点 $(0, 0, 0)$, $(2, 0, 0)$, $(0, -3, 0)$, $(0, 0, 5)$ を通る球面

チェック項目

	月　日	月　日
与えられた条件から, 球面の方程式を求めることができる。		

33　点と平面との距離

点と平面との距離の公式を利用して問題を解くことができる。

点と平面との距離の公式　平面 $\alpha:\ ax+by+cz=d$ と α 上にない点 $\mathrm{P}(x_0,y_0,z_0)$ との距離 h は次の式で与えられる。

$$h=\frac{|ax_0+by_0+cz_0-d|}{\sqrt{a^2+b^2+c^2}}$$

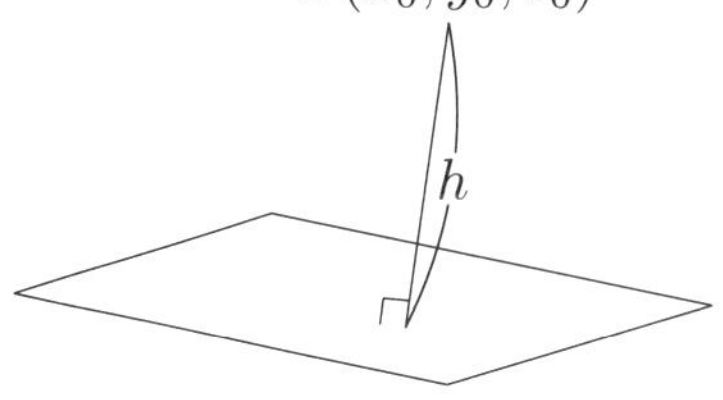

例題 **33.1**　次の各点と平面 $3x-2y+z=3$ との距離 h を求めよ。

(1)　点 $(2,0,0)$　　　　(2)　点 $(1,2,-2)$

＜解答＞

(1) $h=\dfrac{|3\cdot2-2\cdot0+1\cdot0-3|}{\sqrt{3^2+(-2)^2+1^2}}=\dfrac{|3|}{\sqrt{14}}=\dfrac{3}{\sqrt{14}}=\dfrac{3\sqrt{14}}{14}$

(2) $h=\dfrac{|3\cdot1-2\cdot2+1\cdot(-2)-3|}{\sqrt{3^2+(-2)^2+1^2}}=\dfrac{|-6|}{\sqrt{14}}=\dfrac{6}{\sqrt{14}}=\dfrac{6\sqrt{14}}{14}=\dfrac{3\sqrt{14}}{7}$

例題 **33.2**　平行な 2 平面 $2x-3y+2z=1$ と $2x-3y+2z=5$ との距離 h を求めよ。

＜解答＞　平面 $2x-3y+2z=1$ 上の 1 点をとり, その点と平面 $2x-3y+2z=5$ との距離を求めれば, それが平行な 2 平面の距離 h である。そこで平面 $2x-3y+2z=1$ 上の点として $(2,1,0)$ をとる。このとき,

$$h=\frac{|2\cdot2-3\cdot1+2\cdot0-5|}{\sqrt{2^2+(-3)^2+2^2}}=\frac{4}{\sqrt{17}}=\frac{4\sqrt{17}}{17}$$

例題 **33.3**　平面 $x-2y+2z=1$ と 球面 $(x-2)^2+(y+1)^2+z^2=9$ が交わって作られる円の半径 r を求めよ。

＜解答＞　球の中心の座標は $(2,-1,0)$ であり,
中心から平面 $x-2y+2z=1$ までの距離 h は,

$$h=\frac{|1\cdot2-2\cdot(-1)+2\cdot0-1|}{\sqrt{1^2+(-2)^2+2^2}}=1$$

球の半径 R は 3 なので,
三平方の定理より, $r^2+1^2=3^2$
よって, $r>0$ より

$$r=\sqrt{3^2-1^2}=\sqrt{8}=2\sqrt{2}$$

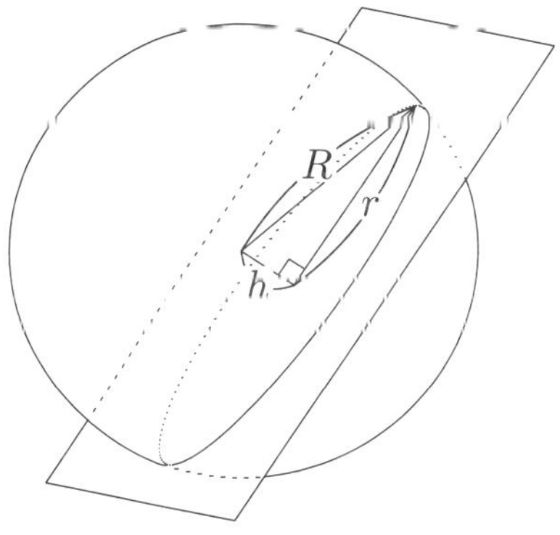

ドリル no.33	class	no	name

問題 33.1　次の点と平面との距離 h を求めよ。

(1) 点 $(2, 1, -2)$ と平面 $2x + 3y - 5z = 2$

(2) 点 $(-3, 2, -2)$ と平面 $x - 2y + 2z = -4$

問題 33.2　次の平行な 2 平面の距離 h を求めよ。

(1) $3x + 3y - 4z = 2$ と $3x + 3y - 4z = 5$

(2) $5x + 2y - 2z = 3$ と $5x + 2y - 2z = -10$

問題 33.3　次の平面と球面が交わって作られる円の半径 r を求めよ。

(1) 平面 $3x - \sqrt{7}y + 3z = 2$ と 球面 $(x + 3)^2 + y^2 + (z - 1)^2 = 4$

(2) 平面 $x + 2y + 2z = 6$ と 球面 $(x + 1)^2 + (y - 1)^2 + (z + 2)^2 = 10$

チェック項目

	月　日	月　日
点と平面との距離の公式を利用して問題を解くことができる。		

34　空間ベクトルの外積

空間ベクトルの外積の計算ができる。

ベクトルの外積　空間ベクトル $\boldsymbol{a}$, $\boldsymbol{b}$ に対し, 次の [1], [2] を満たすように定義されたベクトルを $\boldsymbol{a}$, $\boldsymbol{b}$ の外積といい, $\boldsymbol{a}\times\boldsymbol{b}$ で表す。

[1]　$\boldsymbol{a}$, $\boldsymbol{b}$ の少なくとも一方が $\boldsymbol{0}$ であるか, または $\boldsymbol{a}\,/\!/\,\boldsymbol{b}$ のとき, $\boldsymbol{a}\times\boldsymbol{b}=\boldsymbol{0}$ と定義する。

[2]　[1] でないとき, $\boldsymbol{a}\times\boldsymbol{b}$ の大きさは, $\boldsymbol{a}$ と $\boldsymbol{b}$ とで作る平行四辺形の面積であるとする。すなわち, $\boldsymbol{a},\boldsymbol{b}$ のなす角を θ とすれば, $|\boldsymbol{a}\times\boldsymbol{b}|=|\boldsymbol{a}||\boldsymbol{b}|\sin\theta$ となる。
$\boldsymbol{a}\times\boldsymbol{b}$ の向きは, $\boldsymbol{a}$ を θ だけ回転させて $\boldsymbol{b}$ に重なるように回したときに右ねじが進む向きであるとする。

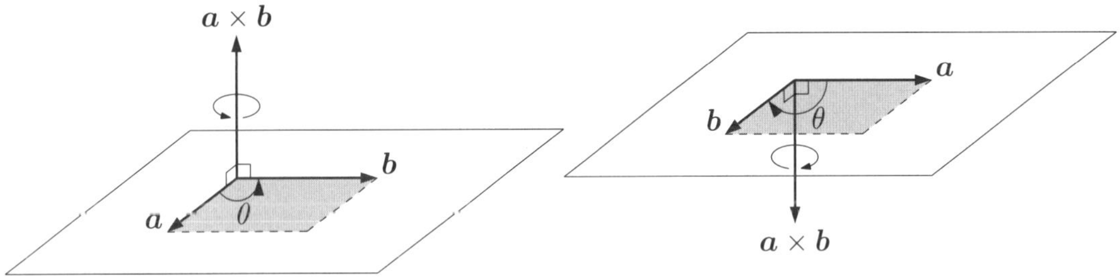

図のように, $\boldsymbol{a}\times\boldsymbol{b}$ は $\boldsymbol{a}$ と $\boldsymbol{b}$ の両方に垂直である。

外積の成分　$\boldsymbol{a}=(a_x,a_y,a_z)$, $\boldsymbol{b}=(b_x,b_y,b_z)$ とするとき, $\boldsymbol{a}\times\boldsymbol{b}$ の成分は

$$\boldsymbol{a}\times\boldsymbol{b}=(a_yb_z-a_zb_y,\ a_zb_x-a_xb_z,\ a_xb_y-a_yb_x)$$

となる。

例題 34.1　2 点 A$(1,3,-2)$, B$(-2,1,3)$ について, $\overrightarrow{\mathrm{OA}}=\boldsymbol{a}$, $\overrightarrow{\mathrm{OB}}=\boldsymbol{b}$ とする。次の問に答えよ。

(1)　$\boldsymbol{a}\times\boldsymbol{b}$ の成分を求めよ。

(2)　$\boldsymbol{a}$ と $\boldsymbol{b}$ とで作る平行四辺形の面積を求めよ。

(3)　$\boldsymbol{a}$ と $\boldsymbol{b}$ の両方に垂直な単位ベクトル $\boldsymbol{n}$ を求めよ。

<解答>

(1)　$\boldsymbol{a}=(1,3,-2)$, $\boldsymbol{b}=(-2,1,3)$ より

$$\boldsymbol{a}\times\boldsymbol{b}=(3\cdot3-(-2)\cdot1,\ (-2)\cdot(-2)-1\cdot3,\ 1\cdot1-3\cdot(-2))=(11,1,7)$$

(2)　$\boldsymbol{a}$ と $\boldsymbol{b}$ とで作る平行四辺形の面積は, $\boldsymbol{a}\times\boldsymbol{b}$ の大きさに等しいので

$$|\boldsymbol{a}\times\boldsymbol{b}|=\sqrt{11^2+1^2+7^2}=\sqrt{171}=3\sqrt{19}$$

(3)　$\boldsymbol{a}\times\boldsymbol{b}$ は $\boldsymbol{a}$ と $\boldsymbol{b}$ の両方のベクトルに垂直なので, 求める単位ベクトル $\boldsymbol{n}$ は
$\boldsymbol{n}=\pm\dfrac{1}{|\boldsymbol{a}\times\boldsymbol{b}|}(\boldsymbol{a}\times\boldsymbol{b})$ である。よって, $\boldsymbol{n}=\pm\dfrac{1}{3\sqrt{19}}(11,1,7)$ である。

ドリル no.34	class	no	name

問題 34.1　次のベクトル $\boldsymbol{a}$, $\boldsymbol{b}$ に対して $\boldsymbol{a} \times \boldsymbol{b}$ を求めよ。

(1)　$\boldsymbol{a} = (3, -4, 5)$, $\boldsymbol{b} = (2, 1, 1)$　　(2)　$\boldsymbol{a} = (1, 0, 0)$, $\boldsymbol{b} = (0, 1, 0)$

問題 34.2　3 点 A$(-3, 4, 7)$, B$(2, 6, 5)$, C$(-1, 4, 8)$ について, $\overrightarrow{\mathrm{CA}} = \boldsymbol{a}$, $\overrightarrow{\mathrm{CB}} = \boldsymbol{b}$ とおく。このとき, 次の問に答えよ。

(1)　$\boldsymbol{a} \times \boldsymbol{b}$ を求めよ。

(2)　三角形 ABC の面積を求めよ。

(3)　$\boldsymbol{a}$ と $\boldsymbol{b}$ の両方に垂直な単位ベクトル $\boldsymbol{n}$ を求めよ。

チェック項目

	月　日	月　日
空間ベクトルの外積の計算ができる。		

35　空間図形の総合問題

空間の直線, 平面や球面に関する応用問題を解くことができる。

2 平面の交線　2 平面が交わってできる直線を, 2 平面の交線という。2 平面の交線上の点は, それぞれの平面の方程式を満たすので, 交線の方程式はこれらの連立方程式を解くことで求めることができる。

直線と平面との交点・2 直線の交点　直線と平面との交点, および 2 直線の交点は, それぞれの方程式を連立させて求めることができる。このとき, 直線の方程式は媒介変数表示を用いるとよい。

例題 35.1　2 平面 $2x+3y+z=0$, $2x-y-z=2$ の交線の方程式を求めよ。

＜解答＞　$2x+3y+z=0\quad\cdots①$,　$2x-y-z=2\quad\cdots②$ とする。
① + ② より z を消去して, $4x+2y=2$ となる。これを x について解くと $x=\dfrac{y-1}{-2}$ となる。
また ① + ② × 3 より y を消去して, $8x-2z=6$ となる。これを x について解くと $x=\dfrac{z+3}{4}$
ゆえに交線の方程式は $x=\dfrac{y-1}{-2}=\dfrac{z+3}{4}$ となる。

例題 35.2　2 直線 $\ell: x+2=y-1=\dfrac{z+5}{2}$, $m: \dfrac{x-5}{2}=\dfrac{y+2}{-3}=z-3$ について, 次の問に答えよ。

(1) ℓ と m との交点の座標を求めよ。

(2) ℓ と m を含む平面の方程式を求めよ。

＜解答＞　(1) 直線 ℓ を媒介変数 t を用いて表すと, $x=-2+t$, $y=1+t$, $z=-5+2t\quad\cdots①$ である。これを直線 m の方程式に代入すると $\dfrac{t-7}{2}=\dfrac{t+3}{-3}=2t-8$ となる。これを解くと $t=3$ となり, 交点の座標は $t=3$ を ① に代入して, $(1,4,1)$ となる。
(2) 求める平面の法線ベクトル $\boldsymbol{n}$ は, 2 直線 ℓ, m の方向ベクトル $\boldsymbol{v}_1=(1,1,2)$, $\boldsymbol{v}_2=(2,-3,1)$ の両方に垂直であるから, $\boldsymbol{n}=\boldsymbol{v}_1\times\boldsymbol{v}_2=(7,3,-5)$ となる。
よって求める平面の方程式は, 交点 $(1,4,1)$ を通り, $\boldsymbol{n}$ が法線ベクトルなので,
$7(x-1)+3(y-4)-5(z-1)=0$ となる。したがって $7x+3y-5z=14$ となる。

例題 35.3　球面 $x^2+y^2+z^2=4$ と平面 $x+2y+3z=7$ が交わってできる円の中心の座標と半径を求めよ。

＜解答＞　平面の法線ベクトルが $\boldsymbol{n}=(1,2,3)$ であるから, 球の中心 $(0,0,0)$ から平面におろした垂線を媒介変数 t を用いて表すと $x=t, y=2t, z=3t\quad\cdots①$ となる。
この垂線と平面との交点が求める円の中心である。① を平面の方程式に代入して, $t+4t+9t=7$ となる。これを解いて, $t=\dfrac{1}{2}$ となる。よって円の中心は, ① に $t=\dfrac{1}{2}$ を代入して $\left(\dfrac{1}{2},1,\dfrac{3}{2}\right)$ である。
この点と球の中心との距離は $\sqrt{\left(\dfrac{1}{2}\right)^2+1^2+\left(\dfrac{3}{2}\right)^2}=\dfrac{\sqrt{14}}{2}$ である。また, 球の半径が 2 なので, 三平方の定理より, 求める円の半径は $\sqrt{2^2-\left(\dfrac{\sqrt{14}}{2}\right)^2}=\dfrac{\sqrt{2}}{2}$ となる。

ドリル no.35　class　no　name

問題 35.1　2 平面 $x+y+z=0,\ x+2y+3z=1$ の交線の方程式を求めよ。

問題 35.2　2 直線 $\ell : x-3=\dfrac{y+5}{-2}=\dfrac{z-4}{3},\ m : \dfrac{x+2}{4}=\dfrac{y-2}{-5}=\dfrac{z+5}{6}$ について, 次の問に答えよ。

(1) ℓ と m との交点の座標を求めよ。

(2) ℓ と m とを含む平面の方程式を求めよ。

問題 35.3　球面 $x^2+y^2+z^2-2x+4y=0$ と平面 $x+y+z=2$ が交わってできる円の中心の座標と半径を求めよ。

チェック項目

	月　日	月　日
空間の直線, 平面や球面に関する応用問題を解くことができる。		

36　行列の定義と演算

> 行列の型, 行, 列, (i,j) 成分などの言葉の意味を理解している。
> 行列の和, 差, 実数倍の計算ができる。

行列の成分, 行, 列, 行列の型, 正方行列　数や文字を長方形に並べて括弧でくくったものを行列という。行列の１つ１つの数や文字を行列の成分, 成分の横の並びを行, 縦の並びを列という。上から i 番目の行を第 i 行, 左から j 番目の列を第 j 列という。１つの行からなる行列を行ベクトル, １つの列からなる行列を列ベクトルという。行の数が m, 列の数が n の行列を $m \times n$ 型行列といい, $n \times n$ 型行列を n 次正方行列という。

(i,j) 成分, 第 i 行ベクトル, 第 j 列ベクトル, 行列の相等　行列 A の第 i 行第 j 列にある成分を A の (i,j) 成分といい, a_{ij} で表す。このとき, $A=(a_{ij})$ と表す。行列 A の第 i 行を成分とする行ベクトルを, A の第 i 行ベクトルという。また, 行列 A の第 j 列を成分とする列ベクトルを, A の第 j 列ベクトルという。

２つの行列の型が同じで, 成分もすべて一致するとき, ２つの行列は等しいという。

行列の和, 差と実数倍　型が同じ行列 A, B に対して, 和と差, 実数倍を次のように定義する。$A=(a_{ij})$, $B=(b_{ij})$ と任意の実数 k に対して

$$A \pm B = (a_{ij} \pm b_{ij}) \quad （複号同順）, \quad kA = (ka_{ij})$$

零行列　成分がすべて 0 の行列を零行列といい, O で表す。$A+O=O+A=A$ である。

例題 36.1　行列 $A=\begin{pmatrix} 4 & 0 & 1 \\ 2 & 5 & -1 \\ 3 & -2 & 6 \end{pmatrix}$ について, 次のものを求めよ。

(1)　行列の型　　(2)　第２行ベクトル　　(3)　第３列ベクトル

(4)　$(1,2)$ 成分 a_{12}　　(5)　$(2,1)$ 成分 a_{21}　　(6)　$a_{11}+a_{22}+a_{33}$

＜解答＞

(1)　3×3 型　　(2)　$\begin{pmatrix} 2 & 5 & -1 \end{pmatrix}$　　(3)　$\begin{pmatrix} 1 \\ -1 \\ 6 \end{pmatrix}$

(4)　$a_{12}=0$　　(5)　$a_{21}=2$　　(6)　$4+5+6=15$

例題 36.2　行列 $A=\begin{pmatrix} 2 & 1 \\ -3 & 1 \end{pmatrix}$, $B=\begin{pmatrix} -1 & 0 \\ 2 & -2 \end{pmatrix}$ に対して, 次の行列を求めよ。

(1)　$A+B$　　(2)　$3A$　　(3)　$(A-B)-(B-2A)$

(4)　$3X+2B=X+4A$ を満たす行列 X

＜解答＞ (1) $A+B=\begin{pmatrix} 2 & 1 \\ -3 & 1 \end{pmatrix}+\begin{pmatrix} -1 & 0 \\ 2 & -2 \end{pmatrix}=\begin{pmatrix} 2+(-1) & 1+0 \\ (-3)+2 & 1+(-2) \end{pmatrix}=\begin{pmatrix} 1 & 1 \\ -1 & -1 \end{pmatrix}$

(2) $3A=3\begin{pmatrix} 2 & 1 \\ -3 & 1 \end{pmatrix}=\begin{pmatrix} 3\cdot 2 & 3\cdot 1 \\ 3\cdot(-3) & 3\cdot 1 \end{pmatrix}=\begin{pmatrix} 6 & 3 \\ -9 & 3 \end{pmatrix}$

(3) $(A-B)-(B-2A)=3A-2B=\begin{pmatrix} 6 & 3 \\ -9 & 3 \end{pmatrix}-\begin{pmatrix} -2 & 0 \\ 4 & -4 \end{pmatrix}=\begin{pmatrix} 8 & 3 \\ -13 & 7 \end{pmatrix}$

(4) $2X=4A-2B$ より, $X=2A-B=\begin{pmatrix} 4 & 2 \\ -6 & 2 \end{pmatrix}-\begin{pmatrix} -1 & 0 \\ 2 & -2 \end{pmatrix}=\begin{pmatrix} 5 & 2 \\ -8 & 4 \end{pmatrix}$

ドリル no.36 class no name

問題 36.1 行列 $A = \begin{pmatrix} 5 & -5 \\ 3 & 6 \\ -2 & 7 \end{pmatrix}$, $B = \begin{pmatrix} -2 & 11 & -21 & 0 \\ 7 & -1 & 4 & 2 \\ -12 & -4 & 2 & 5 \end{pmatrix}$ について, それぞれの行列の型と $(1,2)$ 成分, $(2,1)$ 成分, $(3,2)$ 成分を求めよ。

問題 36.2 行列 $A = \begin{pmatrix} -6 & 2 & 3 \\ -2 & -1 & 5 \\ -4 & 1 & 7 \end{pmatrix}$ について, 成分の積 $a_{13}a_{22}a_{31}$ と成分の和 $a_{11} + a_{22} + a_{33}$ を求めよ。

問題 36.3 (i, j) 成分が $a_{ij} = \dfrac{1}{i+j-1}$ で表される 4×2 型の行列を書け。

問題 36.4 行列 $A = \begin{pmatrix} -1 & 3 \\ 3 & 5 \end{pmatrix}$, $B = \begin{pmatrix} 4 & -1 \\ -3 & 2 \end{pmatrix}$ について, 次の行列を求めよ。

(1) $(A - B) + 2(A + B)$

(2) $(B - A) + (2A - 3B)$

(3) $3A - 2X = 4B$ を満たす行列 X

チェック項目

	月 日	月 日
行列の型, 行, 列, (i, j) 成分などの言葉の意味を理解している。		
行列の和, 差, 実数倍の計算ができる。		

37　行列の積

行列の積の計算ができる。

行ベクトルと列ベクトルの積　それぞれの成分が n 個の行ベクトルと列ベクトルの積を

$$\begin{pmatrix} a_1 & a_2 & \cdots & a_n \end{pmatrix}\begin{pmatrix} x_1 \\ x_2 \\ \vdots \\ x_n \end{pmatrix} = a_1x_1 + a_2x_2 + \cdots + a_nx_n$$ と定義する。

行列の積　$l \times m$ 型行列 A と $m \times n$ 型行列 B の積 AB は $l \times n$ 型行列であって，その (i, j) 成分は A の第 i 行ベクトルと B の第 j 列ベクトルの積である。

また，正方行列 A のべき乗については $A^2 = AA$, $A^3 = A^2A$, $\cdots$, $A^n = A^{n-1}A$ とする。

単位行列　n 次正方行列で (i, i) 成分 $(1 \leqq i \leqq n)$ が 1，そのほかの成分がすべて 0 の行列を n 次単位行列という。単位行列は E で表す。$AE = EA = A$ である。

例題 37.1　次の行列の積を計算せよ。

(1) $\begin{pmatrix} 6 & -2 & -3 \\ 2 & 5 & -1 \\ -4 & 1 & 3 \end{pmatrix}\begin{pmatrix} 1 \\ 2 \\ 1 \end{pmatrix}$　(2) $\begin{pmatrix} 2 & 3 & 1 & 2 \end{pmatrix}\begin{pmatrix} 1 & 1 \\ -2 & 3 \\ 4 & -1 \\ -2 & -1 \end{pmatrix}$　(3) $\begin{pmatrix} -1 & 1 \\ 3 & 2 \end{pmatrix}^3$

<解答>

(1) $\begin{pmatrix} 6 \cdot 1 + (-2) \cdot 2 + (-3) \cdot 1 \\ 2 \cdot 1 + 5 \cdot 2 + (-1) \cdot 1 \\ (-4) \cdot 1 + 1 \cdot 2 + 3 \cdot 1 \end{pmatrix} = \begin{pmatrix} -1 \\ 11 \\ 1 \end{pmatrix}$

(2) $\begin{pmatrix} 2 \cdot 1 + 3 \cdot (-2) + 1 \cdot 4 + 2 \cdot (-2) & 2 \cdot 1 + 3 \cdot 3 + 1 \cdot (-1) + 2 \cdot (-1) \end{pmatrix} = \begin{pmatrix} -4 & 8 \end{pmatrix}$

(3) $\begin{pmatrix} -1 & 1 \\ 3 & 2 \end{pmatrix}\begin{pmatrix} -1 & 1 \\ 3 & 2 \end{pmatrix}\begin{pmatrix} -1 & 1 \\ 3 & 2 \end{pmatrix} = \begin{pmatrix} (-1) \cdot (-1) + 1 \cdot 3 & (-1) \cdot 1 + 1 \cdot 2 \\ 3 \cdot (-1) + 2 \cdot 3 & 3 \cdot 1 + 2 \cdot 2 \end{pmatrix}\begin{pmatrix} -1 & 1 \\ 3 & 2 \end{pmatrix}$

$= \begin{pmatrix} 4 & 1 \\ 3 & 7 \end{pmatrix}\begin{pmatrix} -1 & 1 \\ 3 & 2 \end{pmatrix} = \begin{pmatrix} 4 \cdot (-1) + 1 \cdot 3 & 4 \cdot 1 + 1 \cdot 2 \\ 3 \cdot (-1) + 7 \cdot 3 & 3 \cdot 1 + 7 \cdot 2 \end{pmatrix} = \begin{pmatrix} -1 & 6 \\ 18 & 17 \end{pmatrix}$

例題 37.2　行列 $A = \begin{pmatrix} 1 & 2 & 3 \\ 2 & 3 & 4 \end{pmatrix}$, $B = \begin{pmatrix} 0 & 3 \\ 1 & 4 \\ 2 & 5 \end{pmatrix}$, $C = \begin{pmatrix} 1 & -1 \\ 2 & -1 \end{pmatrix}$ の中から，積が計算できる 2 つを選び，その積を計算せよ。

<解答>

$AB = \begin{pmatrix} 1 & 2 & 3 \\ 2 & 3 & 4 \end{pmatrix}\begin{pmatrix} 0 & 3 \\ 1 & 4 \\ 2 & 5 \end{pmatrix} = \begin{pmatrix} 8 & 26 \\ 11 & 38 \end{pmatrix}$, $BA = \begin{pmatrix} 0 & 3 \\ 1 & 4 \\ 2 & 5 \end{pmatrix}\begin{pmatrix} 1 & 2 & 3 \\ 2 & 3 & 4 \end{pmatrix} = \begin{pmatrix} 6 & 9 & 12 \\ 9 & 14 & 19 \\ 12 & 19 & 26 \end{pmatrix}$

$CA = \begin{pmatrix} 1 & -1 \\ 2 & -1 \end{pmatrix}\begin{pmatrix} 1 & 2 & 3 \\ 2 & 3 & 4 \end{pmatrix} = \begin{pmatrix} -1 & -1 & -1 \\ 0 & 1 & 2 \end{pmatrix}$, $BC = \begin{pmatrix} 0 & 3 \\ 1 & 4 \\ 2 & 5 \end{pmatrix}\begin{pmatrix} 1 & -1 \\ 2 & -1 \end{pmatrix} = \begin{pmatrix} 6 & -3 \\ 9 & -5 \\ 12 & -7 \end{pmatrix}$

ドリル no.37　class　no　name

問題 37.1　行列の積を計算せよ。

(1) $\begin{pmatrix} 3 & -2 & 1 \\ 1 & -3 & 4 \\ -4 & 2 & 3 \end{pmatrix}\begin{pmatrix} 1 \\ 2 \\ -4 \end{pmatrix}$

(2) $\begin{pmatrix} 1 & 5 & 4 \\ 3 & 2 & 1 \\ 2 & 1 & 2 \end{pmatrix}\begin{pmatrix} -1 & 1 & 3 \\ 4 & 2 & -2 \\ 0 & 1 & 5 \end{pmatrix}$

(3) $\begin{pmatrix} -1 & 2 & 1 \\ 3 & 6 & 2 \end{pmatrix}\begin{pmatrix} x & s \\ y & t \\ z & u \end{pmatrix}$

(4) $\begin{pmatrix} 1 & -1 \\ -1 & 2 \end{pmatrix}^3$

問題 37.2　行列 $A = \begin{pmatrix} -1 & 3 & 1 \\ 2 & 5 & -3 \end{pmatrix}$, $B = \begin{pmatrix} -2 & 1 \\ 0 & 1 \\ 3 & 5 \end{pmatrix}$, $C = \begin{pmatrix} 1 & 2 \\ 0 & -1 \end{pmatrix}$ の中から, 積が計算できる 2 つを選び, その積を計算せよ。

チェック項目

チェック項目	月　日	月　日
行列の積の計算ができる。		

38　行列の積の性質

行列の積と, 数の積との違いを理解している。

非可換性　数の積の場合は, $ab = ba$ が必ず成り立つが, 行列の積では $AB = BA$ とは限らない。(交換法則は成り立たない)

零因子の存在　数の場合は $a \neq 0$ かつ $b \neq 0$ であれば必ず $ab \neq 0$ がいえるが, 行列の場合は $A \neq O$ かつ $B \neq O$ であるが $AB = O$ となる場合がある。このような行列 A, B を零因子という。

(注意) 分配法則 $A(B+C) = AB + AC$, $(A+B)C = AC + BC$ は成り立つ。

例題 38.1　次の問に答えよ。

(1)　$A = \begin{pmatrix} 2 & 3 \\ 0 & 1 \end{pmatrix}$, $B = \begin{pmatrix} 1 & -2 \\ 3 & 4 \end{pmatrix}$ のとき, AB, BA を計算せよ。また, $(A+B)(A-B)$ および $A^2 - B^2$ を計算し, $(A+B)(A-B) \neq A^2 - B^2$ であることを確かめよ。

(2)　一般に, $(A+B)(A-B) = A^2 - B^2$ が成立するにはどのような条件があればよいか。

<解答>

(1)　$AB = \begin{pmatrix} 2 & 3 \\ 0 & 1 \end{pmatrix}\begin{pmatrix} 1 & -2 \\ 3 & 4 \end{pmatrix} = \begin{pmatrix} 11 & 8 \\ 3 & 4 \end{pmatrix}$, $BA = \begin{pmatrix} 1 & -2 \\ 3 & 4 \end{pmatrix}\begin{pmatrix} 2 & 3 \\ 0 & 1 \end{pmatrix} = \begin{pmatrix} 2 & 1 \\ 6 & 13 \end{pmatrix}$

また,

$$(A+B)(A-B) = \begin{pmatrix} 3 & 1 \\ 3 & 5 \end{pmatrix}\begin{pmatrix} 1 & 5 \\ -3 & -3 \end{pmatrix} = \begin{pmatrix} 0 & 12 \\ -12 & 0 \end{pmatrix}$$

$$A^2 - B^2 = \begin{pmatrix} 4 & 9 \\ 0 & 1 \end{pmatrix} - \begin{pmatrix} -5 & -10 \\ 15 & 10 \end{pmatrix} = \begin{pmatrix} 9 & 19 \\ -15 & -9 \end{pmatrix}$$

よって, $(A+B)(A-B) \neq A^2 - B^2$ である。

(2)　分配法則は成立するので, $(A+B)(A-B) = A^2 - AB + BA - B^2$ である。これが, $A^2 - B^2$ と等しくなるには $-AB + BA = O$ すなわち $BA = AB$ が成立していればよい。

例題 38.2　次の問に答えよ。

(1)　$A = \begin{pmatrix} 0 & 1 \\ 1 & 0 \end{pmatrix}$, $B = \begin{pmatrix} a & b \\ c & d \end{pmatrix}$ が, $AB = BA$ を満たすとき, a, b, c, d が満たす条件を求めよ。

(2)　$A = \begin{pmatrix} 0 & 1 \\ 0 & 0 \end{pmatrix}$, $B = \begin{pmatrix} a & b \\ c & d \end{pmatrix}$ が, $AB = O$ を満たすとき, a, b, c, d が満たす条件を求めよ。

<解答>

(1)　$AB = \begin{pmatrix} c & d \\ a & b \end{pmatrix}$, $BA = \begin{pmatrix} b & a \\ d & c \end{pmatrix}$ より, $a = d$, $b = c$ であればよい。

(2)　$AB = \begin{pmatrix} c & d \\ 0 & 0 \end{pmatrix}$ より, $c = d = 0$ かつ a と b は任意の実数であればよい。

ドリル no.38　class　　no　　name

問題 38.1 $A = \begin{pmatrix} 1 & 2 \\ -2 & 3 \end{pmatrix}$, $B = \begin{pmatrix} 2 & 0 \\ 3 & -1 \end{pmatrix}$ のとき, AB, BA を計算せよ。また, $(A+B)^2$ および $A^2+2AB+B^2$ を計算し, $(A+B)^2 \neq A^2+2AB+B^2$ であることを確かめよ。

問題 38.2 次の問に答えよ。

(1) $A = \begin{pmatrix} 1 & 1 \\ 0 & 1 \end{pmatrix}$, $B = \begin{pmatrix} a & b \\ c & d \end{pmatrix}$ が, $AB = BA$ を満たすとき, a, b, c, d が満たす条件を求めよ。

(2) $A = \begin{pmatrix} 1 & -1 \\ -1 & 1 \end{pmatrix}$, $B = \begin{pmatrix} a & b \\ c & d \end{pmatrix}$ が, $AB = O$ を満たすとき, a, b, c, d が満たす条件を求めよ。

問題 38.3 $A = \begin{pmatrix} a & b \\ c & d \end{pmatrix}$ が, $bc \neq 0$ かつ $A^2 = O$ を満たすとき, $ad - bc = 0$ であることを示せ。

チェック項目

	月　日	月　日
行列の積と, 数の積との違いを理解している。		

39　転置行列, 対称行列, 直交行列

転置行列, 対称行列, 直交行列の定義を理解している。

転置行列　行列 A の行と列を入れ換えてできる行列を A の転置行列といい, ${}^tA$ で表す。行列 A, B に対して積 AB が定義できるとき, ${}^t(AB) = {}^tB\,{}^tA$ が成り立つ。

対称行列　正方行列 A が ${}^tA = A$ を満たすとき, A を対称行列という。

直交行列　正方行列 A が ${}^tAA = A\,{}^tA = E$ を満たすとき, A を直交行列という。

行列 A が直交行列 $\iff$ ${}^tA = A^{-1}$ (項目 40 参照)

$\iff$ A の行ベクトル, 列ベクトルの大きさは 1
異なる行ベクトル, および異なる列ベクトルは互いに直交する

例題 39.1　行列 $A = \begin{pmatrix} 3 & 2 & -5 \\ 4 & -1 & 6 \end{pmatrix}$, $B = \begin{pmatrix} 7 & -4 \\ -3 & 5 \\ 1 & 2 \end{pmatrix}$ について, 次の行列を求めよ。

(1)　${}^t(AB)$　　(2)　${}^tB\,{}^tA$　　(3)　${}^tA\,{}^tB$

<解答>　(1) $AB = \begin{pmatrix} 3 & 2 & -5 \\ 4 & -1 & 6 \end{pmatrix}\begin{pmatrix} 7 & -4 \\ -3 & 5 \\ 1 & 2 \end{pmatrix} = \begin{pmatrix} 10 & -12 \\ 37 & -9 \end{pmatrix}$ より, ${}^t(AB) = \begin{pmatrix} 10 & 37 \\ -12 & -9 \end{pmatrix}$

(2) ${}^tB\,{}^tA = \begin{pmatrix} 7 & -3 & 1 \\ -4 & 5 & 2 \end{pmatrix}\begin{pmatrix} 3 & 4 \\ 2 & -1 \\ -5 & 6 \end{pmatrix} = \begin{pmatrix} 10 & 37 \\ -12 & -9 \end{pmatrix}$

(3) ${}^tA\,{}^tB = \begin{pmatrix} 3 & 4 \\ 2 & -1 \\ -5 & 6 \end{pmatrix}\begin{pmatrix} 7 & -3 & 1 \\ -4 & 5 & 2 \end{pmatrix} = \begin{pmatrix} 5 & 11 & 11 \\ 18 & -11 & 0 \\ -59 & 45 & 7 \end{pmatrix}$

例題 39.2　行列 $\begin{pmatrix} 1 & 3 & 6 \\ a & 2 & b \\ 6 & 4 & 5 \end{pmatrix}$ が対称行列となるように, 定数 a, b の値を定めよ。

<解答>　$\begin{pmatrix} 1 & a & 6 \\ 3 & 2 & 4 \\ 6 & b & 5 \end{pmatrix} = \begin{pmatrix} 1 & 3 & 6 \\ a & 2 & b \\ 6 & 4 & 5 \end{pmatrix}$ より, $a = 3, b = 4$

例題 39.3　次の行列が直交行列であるかどうかを調べよ。

(1)　$A = \begin{pmatrix} \frac{3}{\sqrt{13}} & -\frac{2}{\sqrt{13}} \\ \frac{2}{\sqrt{13}} & \frac{3}{\sqrt{13}} \end{pmatrix}$　　(2)　$B = \begin{pmatrix} \frac{1}{\sqrt{2}} & \frac{1}{\sqrt{3}} & \frac{1}{\sqrt{6}} \\ \frac{1}{\sqrt{2}} & -\frac{1}{\sqrt{3}} & \frac{1}{\sqrt{6}} \\ 0 & \frac{1}{\sqrt{3}} & -\frac{1}{\sqrt{6}} \end{pmatrix}$

<解答>　(1) ${}^tAA = A\,{}^tA = E$ が成り立つので, A は直交行列である。
(2) ${}^tBB \neq E$ であるから, B は直交行列ではない。

別解　それぞれの列ベクトル, 行ベクトルの大きさが 1 であることを確かめるか, または行ベクトル, 列ベクトルが互いに直交しているかどうかを調べてもよい。
(2) は第 3 列ベクトルの大きさが 1 でない。よって, B は直交行列でない。

ドリル no.39 　class　　no　　name

問題 39.1 行列 $A = \begin{pmatrix} 3 & -1 \\ 5 & 2 \\ -2 & 1 \end{pmatrix}$, $B = \begin{pmatrix} 2 & -3 & -1 \\ -4 & 2 & 1 \end{pmatrix}$ について, 次の行列を求めよ。

(1) ${}^tA{}^tB$　　(2) ${}^tB\,{}^tA$

問題 39.2 行列 $\begin{pmatrix} 0 & -3 & b \\ a & 1 & 5 \\ 4 & c & 2 \end{pmatrix}$ が対称行列となるように, 定数 a, b, c の値を定めよ。

問題 39.3 次の行列が直交行列であるかどうかを調べよ。

(1) $A = \begin{pmatrix} \cos\theta & \sin\theta \\ -\sin\theta & \cos\theta \end{pmatrix}$　　(2) $B = \begin{pmatrix} \frac{1}{\sqrt{3}} & \frac{2}{\sqrt{6}} & 0 \\ \frac{1}{\sqrt{3}} & -\frac{1}{\sqrt{6}} & \frac{1}{\sqrt{2}} \\ \frac{1}{\sqrt{3}} & -\frac{1}{\sqrt{6}} & \frac{1}{\sqrt{2}} \end{pmatrix}$

問題 39.4 行列 $A = \frac{1}{3}\begin{pmatrix} 2 & -2 & 1 \\ a & 1 & c \\ 1 & b & 2 \end{pmatrix}$ が直交行列となるように, 定数 a, b, c の値を定めよ。

チェック項目

	月　日	月　日
転置行列, 対称行列, 直交行列の定義を理解している。		

40　正則行列と逆行列

逆行列の定義を理解し, 2 次正方行列の逆行列を求めることができる。

逆行列の定義　A を正方行列とする。$AX = E,\ XA = E$ を同時に満たす正方行列 X が存在するとき, X を A の逆行列といい, A^{-1} で表す。A の逆行列が存在するとき, A は正則であるという。

2 次正方行列の逆行列　2 次正方行列 $A = \begin{pmatrix} a & b \\ c & d \end{pmatrix}$ に対して, $|A| = \begin{vmatrix} a & b \\ c & d \end{vmatrix} = ad - bc$ を A の行列式という (項目 52 参照)。

$|A| \neq 0$ のとき, A は正則であり,

$$A^{-1} = \frac{1}{ad - bc}\begin{pmatrix} d & -b \\ -c & a \end{pmatrix}$$

となる。$|A| = 0$ のとき, A の逆行列は存在しない。すなわち, A は正則でない。

正則行列の性質　n 次正方行列 $A,\ B$ が正則であるとき, 次の性質をもつ。

[1]　AB も正則であり, $(AB)^{-1} = B^{-1}A^{-1}$ が成り立つ。

[2]　${}^tA$ も正則であり, $({}^tA)^{-1} = {}^t(A^{-1})$ が成り立つ。

例題 **40.1**　次の行列は正則であるか。正則のときはその逆行列を求めよ。

(1)　$A = \begin{pmatrix} 4 & -1 \\ 3 & 2 \end{pmatrix}$　　　(2)　$B = \begin{pmatrix} 3 & 1 \\ 6 & 2 \end{pmatrix}$

<解答>

(1) $|A| = 4 \cdot 2 - (-1) \cdot 3 = 11 \neq 0$ であるから A は正則で, $A^{-1} = \dfrac{1}{11}\begin{pmatrix} 2 & 1 \\ -3 & 4 \end{pmatrix}$

(2) $|B| = 3 \cdot 2 - 1 \cdot 6 = 0$ であるから B は正則でない。

例題 **40.2**　$A = \begin{pmatrix} 5 & 4 \\ 2 & 3 \end{pmatrix},\ B = \begin{pmatrix} 2 & 6 \\ 1 & 3 \end{pmatrix}$ のとき, $AX = B$ を満たす行列 X を求めよ。

<解答>　A は正則で, $A^{-1} = \dfrac{1}{7}\begin{pmatrix} 3 & -4 \\ 2 & 5 \end{pmatrix}$ である。$AX = B$ の両辺に左から A^{-1} をかけると $A^{-1}AX = A^{-1}B$, すなわち $EX = A^{-1}B$ となる。よって

$$X = A^{-1}B = \frac{1}{7}\begin{pmatrix} 3 & -4 \\ -2 & 5 \end{pmatrix}\begin{pmatrix} 2 & 6 \\ 1 & 3 \end{pmatrix} = \frac{1}{7}\begin{pmatrix} 2 & 6 \\ 1 & 3 \end{pmatrix}$$

例題 **40.3**　行列 $A = \begin{pmatrix} 3 & 2 \\ 6 & a \end{pmatrix}$ が正則であるための条件を求め, 逆行列を求めよ。

<解答>　A が正則であるための条件は $|A| = 3 \cdot a - 2 \cdot 6 \neq 0$, すなわち $a \neq 4$ である。このとき,

$$A^{-1} = \frac{1}{3a - 12}\begin{pmatrix} a & -2 \\ -6 & 3 \end{pmatrix}$$

ドリル no.40　class　no　name

問題 40.1　次の行列は正則であるか。正則のときはその逆行列を求めよ。

(1)　$A = \begin{pmatrix} 5 & 2 \\ 3 & 2 \end{pmatrix}$　　(2)　$B = \begin{pmatrix} 4 & 3 \\ -4 & 1 \end{pmatrix}$

(3)　$C = \begin{pmatrix} 2 & 4 \\ 3 & 6 \end{pmatrix}$　　(4)　$D = \begin{pmatrix} -3 & 1 \\ -5 & 2 \end{pmatrix}$

問題 40.2　$A = \begin{pmatrix} 1 & 2 \\ 3 & -2 \end{pmatrix}$, $B = \begin{pmatrix} 2 & 4 \\ 1 & 2 \end{pmatrix}$ のとき $AX = B$ を満たす行列 X を求めよ。

問題 40.3　行列 $A = \begin{pmatrix} 1 & 2 \\ -3 & a \end{pmatrix}$ が正則であるための条件を求め, 逆行列を求めよ。

チェック項目

	月　日	月　日
逆行列の定義を理解し, 2 次正方行列の逆行列を求めることができる。		

41　連立2元1次方程式

逆行列を用いて, 連立2元1次方程式を解くことができる。
係数行列が正則でない場合の, 連立2元1次方程式の解について理解している。

連立方程式の係数行列　連立2元1次方程式

$$\begin{cases} a_{11}x + a_{12}y = b_1 \\ a_{21}x + a_{22}y = b_2 \end{cases}$$

は行列 $A = \begin{pmatrix} a_{11} & a_{12} \\ a_{21} & a_{22} \end{pmatrix}$ とベクトル $\boldsymbol{x} = \begin{pmatrix} x \\ y \end{pmatrix}$, $\boldsymbol{b} = \begin{pmatrix} b_1 \\ b_2 \end{pmatrix}$ を用いて $A\boldsymbol{x} = \boldsymbol{b}$ と表すことができる。このとき, A を連立方程式の係数行列という。係数行列 A が正則であるとき, 両辺に左から A^{-1} をかけると, 連立方程式の解は $\boldsymbol{x} = A^{-1}\boldsymbol{b}$ により求められる。係数行列 A が正則でない場合には, 連立方程式の解は, 無数にある, あるいは存在しない, のいずれかになる。

例題 41.1　行列を利用して, 次の連立方程式を解け。

(1) $\begin{cases} 2x - 5y = 1 \\ 5x - 4y = 11 \end{cases}$　(2) $\begin{cases} 6x + 2y = 2 \\ -3x - y = -1 \end{cases}$　(3) $\begin{cases} 3x - y = 1 \\ -6x + 2y = 2 \end{cases}$

＜解答＞

(1) $A = \begin{pmatrix} 2 & -5 \\ 5 & -4 \end{pmatrix}$, $\boldsymbol{x} = \begin{pmatrix} x \\ y \end{pmatrix}$, $\boldsymbol{b} = \begin{pmatrix} 1 \\ 11 \end{pmatrix}$ とおく。$|A| = 2 \cdot (-4) - (-5) \cdot 5 = 17 \neq 0$ より, A は正則で $A^{-1} = \dfrac{1}{17}\begin{pmatrix} -4 & 5 \\ -5 & 2 \end{pmatrix}$ である。よって, $A\boldsymbol{x} = \boldsymbol{b}$ の両辺に左から A^{-1} をかけて,

$\boldsymbol{x} = \dfrac{1}{17}\begin{pmatrix} -4 & 5 \\ -5 & 2 \end{pmatrix}\begin{pmatrix} 1 \\ 11 \end{pmatrix} = \begin{pmatrix} 3 \\ 1 \end{pmatrix}$ となるから, 解は $x = 3$, $y = 1$ となる。

(2) $A = \begin{pmatrix} 6 & 2 \\ 3 & 1 \end{pmatrix}$ とおくと, $|A| = 6 \cdot 1 - 2 \cdot 3 = 0$ より A は正則でない。連立方程式の2つの式はいずれも $3x + y = 1$ となり, 解は $3x + y = 1$ を満たすすべての実数 x, y の組である。
(注意) この解は媒介変数 t を用いて $(x, y) = (t, 1 - 3t)$ と表すこともできる。

(3) $A = \begin{pmatrix} 3 & -1 \\ -6 & 2 \end{pmatrix}$ とおくと, $|A| = 3 \cdot 2 - (-1) \cdot (-6) = 0$ より A は正則でない。

$\begin{cases} 3x - y = 1 & \cdots ① \\ -6x + 2y = 2 & \cdots ② \end{cases}$ とすると, ①×2＋② より $0 = 4$ となるので, この2つの式を同時に満たす x, y は存在しない。したがって連立方程式は解を持たない。

(注意) この問題を2直線の交点を求める問題と考えると, それぞれの直線のグラフは下図のようになる。(1) は1点で交わり, (2) は1つの直線となり, (3) は交点を持たない。

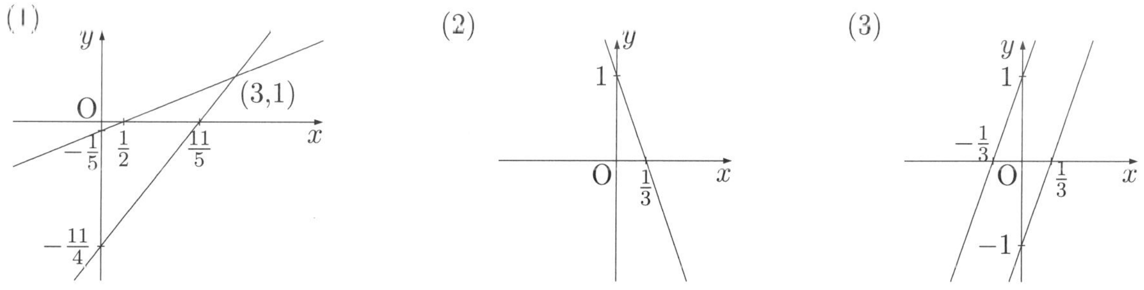

ドリル no.41	class	no	name

問題 41.1　行列を利用して, 次の連立方程式を解け。

(1) $\begin{cases} x-2y=-5 \\ 2x+3y=4 \end{cases}$　　(2) $\begin{cases} x\sin\theta - y\cos\theta = 3 \\ x\cos\theta + y\sin\theta = 2 \end{cases}$　(θ は定数)

(3) $\begin{cases} x-4y=3 \\ -x+4y=-3 \end{cases}$　　(4) $\begin{cases} x+y=3 \\ 4x+4y=-3 \end{cases}$

チェック項目

	月　日	月　日
逆行列を用いて, 連立 2 元 1 次方程式を解くことができる。		
係数行列が正則でない場合の, 連立 2 元 1 次方程式の解について理解している。		

42　1次変換

変換, 像, 1次変換の定義を理解している。
1次変換による点の像の座標を, 行列を用いて求めることができる。

変換と像　座標平面上で, 点 $\mathrm{P}(x,y)$ に対して点 $\mathrm{P}'(x',y')$ を対応させた時, その対応関係 f を座標平面上の変換といい, $\mathrm{P}'=f(\mathrm{P})$ と表す。点 P' を, 変換 f による点 P の像という。
点 P, P′ の位置ベクトルをそれぞれ $\boldsymbol{p}$, $\boldsymbol{p}'$ とするとき, $\boldsymbol{p}'$ を変換 f による $\boldsymbol{p}$ の像といい, $\boldsymbol{p}'=f(\boldsymbol{p})$ と書く。

1次変換　x', y' が x, y の定数項を含まない1次式 $\begin{cases} x'=ax+by \\ y'=cx+dy \end{cases}$ $(a,b,c,d$ は定数$)$ で表されるとき f を1次変換という。この式から, 1次変換は, 原点を原点に移すことがわかる。

表現行列　1次変換 f は行列 $A=\begin{pmatrix} a & b \\ c & d \end{pmatrix}$ を用いて $\begin{pmatrix} x' \\ y' \end{pmatrix}=A\begin{pmatrix} x \\ y \end{pmatrix}$ と表せる。この行列 A を1次変換 f を表す行列または f の表現行列という。
以降, ベクトルの成分表示は列ベクトルを用いて表す。

例題 **42.1**　変換 f による点 $\mathrm{P}(x,y)$ の像 P′ の座標 (x',y') を, x,y を用いて表し, f による点 $\mathrm{A}(2,1)$ の像を求めよ。また, 変換が1次変換である場合はその表現行列も求めよ。

(1) 変換 f は, 点 P を x 軸に関して対称に移動した点 P′ に移す。
(2) 変換 f は, 点 P を x 軸方向に 3, y 軸方向に -4 平行移動した点 P′ に移す。
(3) 変換 f は, 点 P を $\overrightarrow{\mathrm{OP}'}=3\overrightarrow{\mathrm{OP}}$ を満たす点 P′ に移す。
(4) 変換 f は, 点 P を点 $(1,1)$ に関して対称となる点 P′ に移す。

<解答>　(1) 変換 f で点 $\mathrm{P}(x,y)$ は $\begin{cases} x'=x \\ y'=-y \end{cases}$ を満たす点 $\mathrm{P'}(x',y')$ に移される。点 A の像は点 $(2,-1)$ である。x',y' が定数項を含まない x,y の1次式で表されているので変換 f は1次変換であり, $\begin{cases} x'=1\cdot x+0\cdot y \\ y'=0\cdot x+(-1)y \end{cases}$ と書けるから, 変換 f の表現行列は $\begin{pmatrix} 1 & 0 \\ 0 & -1 \end{pmatrix}$ である。

(2) $\begin{cases} x'=x+3 \\ y'=y-4 \end{cases}$ で, 点 A の像は点 $(5,-3)$ である。x', y' は定数項を含み, 1次変換ではない。

(3) $\begin{cases} x'=3x \\ y'=3y \end{cases}$ で, 点 A の像は点 $(6,3)$ である。1次変換で, 表現行列は $\begin{pmatrix} 3 & 0 \\ 0 & 3 \end{pmatrix}$ である。

(4) 点 P と点 P′ の中点が点 $(1,1)$ なので, $\begin{cases} \dfrac{x+x'}{2}=1 \\ \dfrac{y+y'}{2}=1 \end{cases}$ より $\begin{cases} x'=-x+2 \\ y'=-y+2 \end{cases}$ となる。これより点 A の像は点 $(0,1)$ である。x',y' は定数項を含み, 1次変換ではない。

例題 **42.2**　行列 $A=\begin{pmatrix} 1 & 2 \\ 3 & 4 \end{pmatrix}$ で表される1次変換による点 $(5,6)$ の像を求めよ。

<解答>　$\begin{pmatrix} 1 & 2 \\ 3 & 4 \end{pmatrix}\begin{pmatrix} 5 \\ 6 \end{pmatrix}=\begin{pmatrix} 1\cdot 5+2\cdot 6 \\ 3\cdot 5+4\cdot 6 \end{pmatrix}=\begin{pmatrix} 17 \\ 39 \end{pmatrix}$ より, 像は点 $(17,39)$ である。

ドリル no.42	class	no	name

問題 42.1　変換 f による点 $\mathrm{P}(x,y)$ の像 P' の座標 (x',y') を，x,y を用いて表し，f による点 $\mathrm{A}(2,-3)$ の像を求めよ。また，変換が 1 次変換である場合はその表現行列も求めよ。

(1) 変換 f は，点 P を y 軸に関して対称である点 P' に移す。

(2) 変換 f は，点 P を x 軸方向に -2，y 軸方向に 6 平行移動した点 P' に移す。

(3) 変換 f は，点 P を $\overrightarrow{\mathrm{OP}'}=\dfrac{1}{2}\overrightarrow{\mathrm{OP}}$ を満たすような点 P' に移す。

(4) 変換 f は，点 P を原点に関して対称である点 P' に移す。

(5) 変換 f は，点 P を点 $(-1,4)$ に関して対称である点 P' に移す。

問題 42.2　行列 $A=\begin{pmatrix}3 & 4\\ 5 & 6\end{pmatrix}$ で表される 1 次変換による点 $(1,-2)$ の像を求めよ。

チェック項目

	月　日	月　日
変換，像，1 次変換の定義を理解している。		
1 次変換による点の像の座標を，行列を用いて求めることができる。		

43　1 次変換と行列

像の 2 点の座標をもとに，1 次変換の表現行列を求めることができる。

1 次変換を表す行列　1 次変換 f を表す行列が A で，2 点 (p_1, p_2)，(q_1, q_2) の f による像がそれぞれ点 (r_1, r_2)，(s_1, s_2) であるとき，

$$A\begin{pmatrix} p_1 \\ p_2 \end{pmatrix} = \begin{pmatrix} r_1 \\ r_2 \end{pmatrix},\quad A\begin{pmatrix} q_1 \\ q_2 \end{pmatrix} = \begin{pmatrix} s_1 \\ s_2 \end{pmatrix}$$

と表せる。

行列の積の定義より，この 2 式をまとめて $A\begin{pmatrix} p_1 & q_1 \\ p_2 & q_2 \end{pmatrix} = \begin{pmatrix} r_1 & s_1 \\ r_2 & s_2 \end{pmatrix}$ と書くことができる。このとき，行列 $\begin{pmatrix} p_1 & q_1 \\ p_2 & q_2 \end{pmatrix}$ が逆行列をもてば，$A = \begin{pmatrix} r_1 & s_1 \\ r_2 & s_2 \end{pmatrix}\begin{pmatrix} p_1 & q_1 \\ p_2 & q_2 \end{pmatrix}^{-1}$ と求めることができる。この行列 A が 1 次変換 f の表現行列である。

例題 43.1　2 点 $(2, 1)$，$(-1, 3)$ をそれぞれ $(6, 8)$，$(-10, 3)$ に移す 1 次変換を表す行列 A を求めよ。

＜解答＞　$A\begin{pmatrix} 2 \\ 1 \end{pmatrix} = \begin{pmatrix} 6 \\ 8 \end{pmatrix}$，$A\begin{pmatrix} -1 \\ 3 \end{pmatrix} = \begin{pmatrix} -10 \\ 3 \end{pmatrix}$ より $A\begin{pmatrix} 2 & -1 \\ 1 & 3 \end{pmatrix} = \begin{pmatrix} 6 & -10 \\ 8 & 3 \end{pmatrix}$

となる。このとき，$\begin{vmatrix} 2 & -1 \\ 1 & 3 \end{vmatrix} = 7 \neq 0$ より $\begin{pmatrix} 2 & -1 \\ 1 & 3 \end{pmatrix}$ は逆行列をもつ。よって，両辺に

$\begin{pmatrix} 2 & -1 \\ 1 & 3 \end{pmatrix}^{-1} = \dfrac{1}{7}\begin{pmatrix} 3 & 1 \\ -1 & 2 \end{pmatrix}$ を右からかけて，$A = \begin{pmatrix} 6 & -10 \\ 8 & 3 \end{pmatrix} \times \dfrac{1}{7}\begin{pmatrix} 3 & 1 \\ -1 & 2 \end{pmatrix} = \begin{pmatrix} 4 & -2 \\ 3 & 2 \end{pmatrix}$

となる。

例題 43.2　ベクトル $\begin{pmatrix} \cos\theta \\ \sin\theta \end{pmatrix}$，$\begin{pmatrix} \cos\theta \\ -\sin\theta \end{pmatrix}$ をそれぞれ $\begin{pmatrix} \sin\theta \\ \cos\theta \end{pmatrix}$，$\begin{pmatrix} -\sin\theta \\ \cos\theta \end{pmatrix}$ に移す 1 次変換を表す行列 A を求めよ。ただし，θ は $0 < \theta < \dfrac{\pi}{2}$ を満たす定数とする。

＜解答＞　$A\begin{pmatrix} \cos\theta \\ \sin\theta \end{pmatrix} = \begin{pmatrix} \sin\theta \\ \cos\theta \end{pmatrix}$，　$A\begin{pmatrix} \cos\theta \\ -\sin\theta \end{pmatrix} = \begin{pmatrix} -\sin\theta \\ \cos\theta \end{pmatrix}$ より

$A\begin{pmatrix} \cos\theta & \cos\theta \\ \sin\theta & -\sin\theta \end{pmatrix} = \begin{pmatrix} \sin\theta & -\sin\theta \\ \cos\theta & \cos\theta \end{pmatrix}$ となる。

このとき，$\begin{vmatrix} \cos\theta & \cos\theta \\ \sin\theta & -\sin\theta \end{vmatrix} = \cos\theta \cdot (-\sin\theta) - \cos\theta \cdot \sin\theta = -2\sin\theta\cos\theta \neq 0$ より，

$\begin{pmatrix} \cos\theta & \cos\theta \\ \sin\theta & -\sin\theta \end{pmatrix}$ は逆行列をもつ。よって，両辺に

$\begin{pmatrix} \cos\theta & \cos\theta \\ \sin\theta & -\sin\theta \end{pmatrix}^{-1} = \dfrac{1}{-2\cos\theta\sin\theta}\begin{pmatrix} -\sin\theta & -\cos\theta \\ -\sin\theta & \cos\theta \end{pmatrix} = \dfrac{1}{2\cos\theta\sin\theta}\begin{pmatrix} \sin\theta & \cos\theta \\ \sin\theta & -\cos\theta \end{pmatrix}$

を右からかけて，

$A = \begin{pmatrix} \sin\theta & -\sin\theta \\ \cos\theta & \cos\theta \end{pmatrix} \times \dfrac{1}{2\cos\theta\sin\theta}\begin{pmatrix} \sin\theta & \cos\theta \\ \sin\theta & -\cos\theta \end{pmatrix} = \begin{pmatrix} 0 & 1 \\ 1 & 0 \end{pmatrix}$　となる。

ドリル no.43	class	no	name

問題 43.1 次の 1 次変換を表す行列を求めよ。

(1) 点 $(1,2)$, $(2,-1)$ をそれぞれ点 $(1,2)$, $(-2,1)$ に移す 1 次変換

(2) ベクトル $\begin{pmatrix} 1 \\ 0 \end{pmatrix}$, $\begin{pmatrix} 0 \\ 1 \end{pmatrix}$ をそれぞれ $\begin{pmatrix} 0 \\ -1 \end{pmatrix}$, $\begin{pmatrix} -1 \\ 0 \end{pmatrix}$ に移す 1 次変換

(3) ベクトル $\begin{pmatrix} 1 \\ 2 \end{pmatrix}$, $\begin{pmatrix} 3 \\ 1 \end{pmatrix}$ をそれぞれ $\begin{pmatrix} 5 \\ 4 \end{pmatrix}$, $\begin{pmatrix} 5 \\ -3 \end{pmatrix}$ に移す 1 次変換

チェック項目

	月　日	月　日
像の 2 点の座標をもとに, 1 次変換の表現行列を求めることができる。		

44　1次変換の線形性

1次変換の線形性を理解している。

1次変換の線形性　1次変換 f は任意の平面ベクトル $\boldsymbol{x}, \boldsymbol{y}$ と実数 k に対して, 次の性質を満たす。

$$f(\boldsymbol{x}+\boldsymbol{y}) = f(\boldsymbol{x}) + f(\boldsymbol{y}), \quad f(k\boldsymbol{x}) = kf(\boldsymbol{x})$$

この性質を変換 f の線型性という。逆にこの性質をもつ変換 f は1次変換である。

基本ベクトルの像と表現行列　f を1次変換とし, 平面上の基本ベクトル $\boldsymbol{i} = \begin{pmatrix} 1 \\ 0 \end{pmatrix}$, $\boldsymbol{j} = \begin{pmatrix} 0 \\ 1 \end{pmatrix}$ に対して, $f(\boldsymbol{i}) = \begin{pmatrix} a \\ c \end{pmatrix}$, $f(\boldsymbol{j}) = \begin{pmatrix} b \\ d \end{pmatrix}$ のとき, f を表す行列は $\begin{pmatrix} a & b \\ c & d \end{pmatrix}$ となる。

恒等変換　単位行列 $\begin{pmatrix} 1 & 0 \\ 0 & 1 \end{pmatrix}$ で表される1次変換を恒等変換という。

例題 44.1　ベクトル $\boldsymbol{x}, \boldsymbol{y}$ が1次変換 f によって, $f(\boldsymbol{x}) = \begin{pmatrix} 2 \\ 1 \end{pmatrix}$, $f(\boldsymbol{y}) = \begin{pmatrix} -1 \\ 5 \end{pmatrix}$ と移されるとき, ベクトル $2\boldsymbol{x} - \boldsymbol{y}$ の f による像を求めよ。

＜解答＞　f の線形性を利用する。$2\boldsymbol{x} - \boldsymbol{y}$ の f による像は

$$f(2\boldsymbol{x}-\boldsymbol{y}) = f(2\boldsymbol{x}) + f(-\boldsymbol{y}) = 2f(\boldsymbol{x}) - f(\boldsymbol{y}) = 2\begin{pmatrix} 2 \\ 1 \end{pmatrix} - \begin{pmatrix} -1 \\ 5 \end{pmatrix} = \begin{pmatrix} 5 \\ -3 \end{pmatrix}$$

となる。

例題 44.2　点 $E_1(1,0)$, $E_2(0,1)$ の1次変換 f による像がそれぞれ点 $(1,2)$, $(3,4)$ であるとき, この1次変換 f による点 $(1,4)$ の像を求めよ。

＜解答＞　1次変換 f を表す行列は $\begin{pmatrix} 1 & 3 \\ 2 & 4 \end{pmatrix}$ なので, $\begin{pmatrix} 1 & 3 \\ 2 & 4 \end{pmatrix}\begin{pmatrix} 1 \\ 4 \end{pmatrix} = \begin{pmatrix} 13 \\ 18 \end{pmatrix}$ より, 求める像は点 $(13,18)$ である。

例題 44.3　座標平面において, 各点を直線 $y=x$ に関して対称移動させる1次変換を表す行列を求めよ。また, この1次変換による点 $\mathrm{A}(1,-3)$ の像を求めよ。

＜解答＞

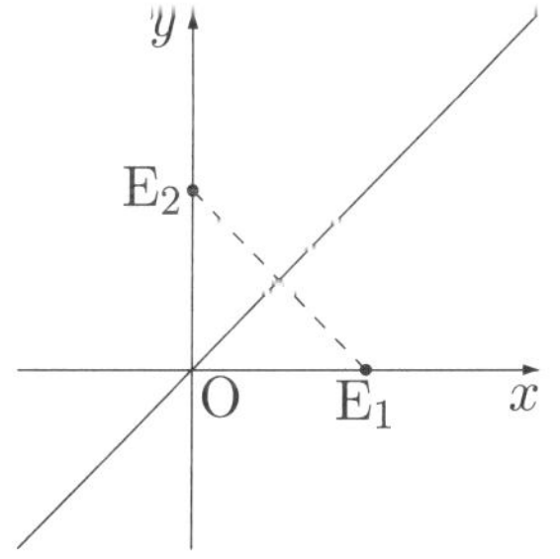

点 $E_1(1,0)$ の像は点 $(0,1)$, 点 $E_2(0,1)$ の像は点 $(1,0)$ である。したがって, 直線 $y=x$ に関して対称移動させる1次変換を表す行列は $\begin{pmatrix} 0 & 1 \\ 1 & 0 \end{pmatrix}$ となる。

点 A の像は $\begin{pmatrix} 0 & 1 \\ 1 & 0 \end{pmatrix}\begin{pmatrix} 1 \\ -3 \end{pmatrix} = \begin{pmatrix} -3 \\ 1 \end{pmatrix}$ より, 点 $(-3,1)$ である。

ドリル no.44	class	no	name

問題 44.1 ベクトル $\boldsymbol{x}$, $\boldsymbol{y}$ が 1 次変換 f によって, $f(\boldsymbol{x}) = \begin{pmatrix} -5 \\ 2 \end{pmatrix}$, $f(\boldsymbol{y}) = \begin{pmatrix} 4 \\ 1 \end{pmatrix}$ と移されるとき, 次のベクトルの f による像を求めよ。

(1) $2\boldsymbol{x}$　　(2) $\boldsymbol{x} + \boldsymbol{y}$　　(3) $3\boldsymbol{x} - 2\boldsymbol{y}$

問題 44.2 点 $\mathrm{E}_1(1, 0)$, $\mathrm{E}_2(0, 1)$ の 1 次変換 f による像がそれぞれ点 $(3, -1)$, $(-5, 2)$ であるとき, この 1 次変換 f による点 $(4, 7)$ の像を求めよ。

問題 44.3 座標平面において, 各点を直線 $y = -x$ に関して対称移動させる 1 次変換を表す行列を求めよ。また, この 1 次変換による点 $\mathrm{A}(-2, 5)$ の像を求めよ。

チェック項目

	月　日	月　日
1 次変換の線形性を理解している。		

45 回転を表す行列

回転を表す行列を利用して点を変換することができる。

回転を表す行列　原点を中心として θ だけ回転を行う変換は 1 次変換であり，この変換を表す行列は $\begin{pmatrix} \cos\theta & -\sin\theta \\ \sin\theta & \cos\theta \end{pmatrix}$ である。ただし，回転の方向は反時計回りを正の向きとする。

例題 45.1　原点を中心として次の角の回転を行う 1 次変換を表す行列を求めよ。

(1) $\frac{2}{3}\pi$　　(2) $\frac{7}{6}\pi$　　(3) $-\theta$

＜解答＞ (1) $\begin{pmatrix} \cos\frac{2}{3}\pi & -\sin\frac{2}{3}\pi \\ \sin\frac{2}{3}\pi & \cos\frac{2}{3}\pi \end{pmatrix} = \begin{pmatrix} -\frac{1}{2} & -\frac{\sqrt{3}}{2} \\ \frac{\sqrt{3}}{2} & -\frac{1}{2} \end{pmatrix}$

(2) $\begin{pmatrix} \cos\frac{7}{6}\pi & -\sin\frac{7}{6}\pi \\ \sin\frac{7}{6}\pi & \cos\frac{7}{6}\pi \end{pmatrix} = \begin{pmatrix} -\frac{\sqrt{3}}{2} & \frac{1}{2} \\ -\frac{1}{2} & -\frac{\sqrt{3}}{2} \end{pmatrix}$

(3) $\begin{pmatrix} \cos(-\theta) & -\sin(-\theta) \\ \sin(-\theta) & \cos(-\theta) \end{pmatrix} = \begin{pmatrix} \cos\theta & \sin\theta \\ -\sin\theta & \cos\theta \end{pmatrix}$

例題 45.2　点 $(\sqrt{3}, 2)$ を，原点を中心に $\frac{1}{3}\pi$ 回転させた点の座標を求めよ。

＜解答＞　原点を中心に $\frac{1}{3}\pi$ 回転する 1 次変換を表す行列は

$$\begin{pmatrix} \cos\frac{1}{3}\pi & -\sin\frac{1}{3}\pi \\ \sin\frac{1}{3}\pi & \cos\frac{1}{3}\pi \end{pmatrix} = \begin{pmatrix} \frac{1}{2} & -\frac{\sqrt{3}}{2} \\ \frac{\sqrt{3}}{2} & \frac{1}{2} \end{pmatrix}$$

よって像の点は $\begin{pmatrix} \frac{1}{2} & -\frac{\sqrt{3}}{2} \\ \frac{\sqrt{3}}{2} & \frac{1}{2} \end{pmatrix}\begin{pmatrix} \sqrt{3} \\ 2 \end{pmatrix} = \begin{pmatrix} \frac{1}{2}\cdot\sqrt{3} - \frac{\sqrt{3}}{2}\cdot 2 \\ \frac{\sqrt{3}}{2}\cdot\sqrt{3} + \frac{1}{2}\cdot 2 \end{pmatrix} = \begin{pmatrix} -\frac{\sqrt{3}}{2} \\ \frac{5}{2} \end{pmatrix}$

より，点 $\left(-\frac{\sqrt{3}}{2}, \frac{5}{2}\right)$ である。

例題 45.3　点 $(3, -\sqrt{3})$ を，原点を中心に $-\frac{2}{3}\pi$ 回転させた点の座標を求めよ。

＜解答＞　原点を中心に $-\frac{2}{3}\pi$ 回転する 1 次変換を表す行列は

$$\begin{pmatrix} \cos\left(-\frac{2}{3}\pi\right) & -\sin\left(-\frac{2}{3}\pi\right) \\ \sin\left(\frac{2}{3}\pi\right) & \cos\left(\frac{2}{3}\pi\right) \end{pmatrix} = \begin{pmatrix} \cos\frac{2}{3}\pi & \sin\frac{2}{3}\pi \\ \sin\frac{2}{3}\pi & \cos\frac{2}{3}\pi \end{pmatrix} = \begin{pmatrix} -\frac{1}{2} & \frac{\sqrt{3}}{2} \\ -\frac{\sqrt{3}}{2} & -\frac{1}{2} \end{pmatrix}$$

よって像の点は $\begin{pmatrix} -\frac{1}{2} & \frac{\sqrt{3}}{2} \\ -\frac{\sqrt{3}}{2} & -\frac{1}{2} \end{pmatrix}\begin{pmatrix} 3 \\ -\sqrt{3} \end{pmatrix} = \begin{pmatrix} -\frac{1}{2}\cdot 3 + \frac{\sqrt{3}}{2}\cdot(-\sqrt{3}) \\ -\frac{\sqrt{3}}{2}\cdot 3 - \frac{1}{2}\cdot(-\sqrt{3}) \end{pmatrix} = \begin{pmatrix} -3 \\ -\sqrt{3} \end{pmatrix}$

より，点 $(-3, -\sqrt{3})$ である。

ドリル no.45	class	no	name

問題 45.1 原点を中心として次の角の回転を行う1次変換を表す行列を求めよ。

(1) $\frac{5}{6}\pi$　　(2) $-\frac{1}{4}\pi$　　(3) $-\frac{1}{2}\pi$

問題 45.2 点 $(2,3)$ を, 原点を中心に $\frac{3}{4}\pi$ 回転させた点の座標を求めよ。

問題 45.3 点 $(3,\sqrt{3})$ を, 原点を中心に $-\frac{4}{3}\pi$ 回転させた点の座標を求めよ。

チェック項目

	月　日	月　日
回転を表す行列を利用して点を変換することができる。		

46　1次変換の合成

1次変換 f, g を表す行列から, その合成変換 $g\circ f$ を表す行列を求めることができる。

合成変換を表す行列　1次変換 f, g に対して, $\boldsymbol{x}$ の f による像が $\boldsymbol{y}$ で, $\boldsymbol{y}$ の g による像が $\boldsymbol{z}$ とする。このとき, f の次に g を続けて行う変換で $\boldsymbol{x}$ の像は $\boldsymbol{z}$ となる。つまり, $f(\boldsymbol{x})=\boldsymbol{y}$, $g(\boldsymbol{y})=\boldsymbol{z}$ であるから, $g(f(\boldsymbol{x}))=\boldsymbol{z}$ となる。この変換を f と g の合成変換といい $g\circ f$ で表す。すなわち, $(g\circ f)(\boldsymbol{x})=g(f(\boldsymbol{x}))$ である。また, f を表す行列を A, g を表す行列を B とすると, $\boldsymbol{y}=A\boldsymbol{x}$, $\boldsymbol{z}=B\boldsymbol{y}$ なので, $\boldsymbol{z}=B\boldsymbol{y}=BA\boldsymbol{x}$ となる。このことから, 合成変換 $g\circ f$ を表す行列は BA である。また, $f\circ g$ を表す行列は AB である。一般に $f\circ g\neq g\circ f$ である。$f\circ f$ を f^2, $f\circ f\circ f$ を f^3 と表す。f^2 を表す行列は A^2, f^3 を表す行列は A^3 である。

例題 46.1　$A=\begin{pmatrix}1&2\\3&4\end{pmatrix}$ で表される1次変換 f と, $B=\begin{pmatrix}5&6\\7&8\end{pmatrix}$ で表される1次変換 g について, 次の問に答えよ。

(1)　合成変換 $g\circ f$ を表す行列を求めよ。

(2)　合成変換 $f\circ g$ を表す行列を求めよ。

(3)　点 P $(1,1)$ の合成変換 $g\circ f$ による像 P$'$ の座標を求めよ。

(4)　f^2 および f^3 を表す行列を求めよ。

<解答>　(1) $BA=\begin{pmatrix}5&6\\7&8\end{pmatrix}\begin{pmatrix}1&2\\3&4\end{pmatrix}=\begin{pmatrix}23&34\\31&46\end{pmatrix}$

(2) $AB=\begin{pmatrix}1&2\\3&4\end{pmatrix}\begin{pmatrix}5&6\\7&8\end{pmatrix}=\begin{pmatrix}19&22\\43&50\end{pmatrix}$

(3) $g\circ f$ を表す行列は BA なので, $\begin{pmatrix}23&34\\31&46\end{pmatrix}\begin{pmatrix}1\\1\end{pmatrix}=\begin{pmatrix}57\\77\end{pmatrix}$ より, P$'$ は $(54, 77)$ となる。

(4) $A^2=\begin{pmatrix}1&2\\3&4\end{pmatrix}^2=\begin{pmatrix}7&10\\15&22\end{pmatrix}$ および $A^3=\begin{pmatrix}1&2\\3&4\end{pmatrix}^3=\begin{pmatrix}37&54\\81&118\end{pmatrix}$

例題 46.2　原点を中心に $\dfrac{\pi}{6}$ 回転させてから, x 軸に関して対称移動させる1次変換を表す行列を求めよ。

<解答>　原点を中心に $\dfrac{\pi}{6}$ 回転させる行列は $\begin{pmatrix}\cos\dfrac{\pi}{6}&-\sin\dfrac{\pi}{6}\\\sin\dfrac{\pi}{6}&\cos\dfrac{\pi}{6}\end{pmatrix}=\begin{pmatrix}\dfrac{\sqrt{3}}{2}&-\dfrac{1}{2}\\\dfrac{1}{2}&\dfrac{\sqrt{3}}{2}\end{pmatrix}$ であり,

x 軸に関して対称移動させる変換を表す行列は $\begin{pmatrix}1&0\\0&-1\end{pmatrix}$ なので, この合成変換を表す行列は

$$\begin{pmatrix}1&0\\0&-1\end{pmatrix}\begin{pmatrix}\dfrac{\sqrt{3}}{2}&-\dfrac{1}{2}\\\dfrac{1}{2}&\dfrac{\sqrt{3}}{2}\end{pmatrix}=\begin{pmatrix}\dfrac{\sqrt{3}}{2}&-\dfrac{1}{2}\\-\dfrac{1}{2}&-\dfrac{\sqrt{3}}{2}\end{pmatrix}$$

ドリル no.46　class　no　name

問題 46.1　1 次変換 f, g を表す行列をそれぞれ $A=\begin{pmatrix} 2 & 1 \\ 3 & -1 \end{pmatrix}$, $B=\begin{pmatrix} 0 & -1 \\ 3 & 2 \end{pmatrix}$ とする。

(1) 合成変換 $g \circ f$ を表す行列 C, および $f \circ g$ を表す行列 D を求めよ。

(2) 点 $\mathrm{P}\ (1,3)$ の合成変換 $g \circ f$ による像 P' の座標を求めよ。

(3) f^2 および f^3 を表す行列を求めよ。

問題 46.2　y 軸に関して対称移動させてから, 原点を中心に $\dfrac{\pi}{3}$ 回転させる 1 次変換を表す行列を求めよ。

チェック項目

	月　日	月　日
1 次変換 f, g を表す行列から, その合成変換 $g \circ f$ を表す行列を求めることができる。		

47　逆変換の存在と点の逆像

1 次変換の逆変換が存在する条件を理解し, 逆変換を表す行列を求めることができる。
逆変換を表す行列を使って, 像の座標から元の点の座標を求めることができる。

逆変換　1 次変換 f に対して, 合成変換 $g \circ f$ が恒等変換になるとき, g を f の逆変換といい f^{-1} と表す。f^{-1} の逆変換は f である。すなわち, $(f^{-1})^{-1} = f$ である。

逆変換を表す行列　1 次変換 f を表す行列を A とする。このとき,

f の逆変換 f^{-1}が存在する $\iff$ 行列 A が正則である

が成り立つ。また, 逆変換 f^{-1} が存在するとき, f^{-1} を表す行列は A^{-1} である。

例題 **47.1**　次の 1 次変換は逆変換が存在するかどうかを調べ, 存在するときはその逆変換を表す行列を求めよ。

(1) $\begin{cases} x' = x - 2y \\ y' = 2x + y \end{cases}$　　(2) $\begin{cases} x' = x - 3y \\ y' = 2x - 6y \end{cases}$

<解答>　(1) $\begin{pmatrix} x' \\ y' \end{pmatrix} = \begin{pmatrix} 1 & -2 \\ 2 & 1 \end{pmatrix}\begin{pmatrix} x \\ y \end{pmatrix}$ より, $A = \begin{pmatrix} 1 & -2 \\ 2 & 1 \end{pmatrix}$ とおく。$|A| = 5 \neq 0$ より,

行列 A は正則で, f には逆変換が存在する。f の逆変換を表す行列は, $A^{-1} = \dfrac{1}{5}\begin{pmatrix} 1 & 2 \\ -2 & 1 \end{pmatrix}$

(2) $\begin{pmatrix} x' \\ y' \end{pmatrix} = \begin{pmatrix} 1 & -3 \\ 2 & -6 \end{pmatrix}\begin{pmatrix} x \\ y \end{pmatrix}$ より, $A = \begin{pmatrix} 1 & -3 \\ 2 & -6 \end{pmatrix}$ とおく。 $|A| = 0$ より,

行列 A は正則ではなく, f には逆変換は存在しない。

例題 **47.2**　1 次変換 f によって 2 点 $\mathrm{P}(3, 1)$, $\mathrm{Q}(2, 1)$ がそれぞれ点 $\mathrm{P}'(3, 1)$, $\mathrm{Q}'(0, 0)$ に移されるという。f は逆変換をもつかどうか調べよ。

<解答>　f を表す行列を A とおくと,

$A\begin{pmatrix} 3 \\ 1 \end{pmatrix} = \begin{pmatrix} 3 \\ 1 \end{pmatrix}$ かつ $A\begin{pmatrix} 2 \\ 1 \end{pmatrix} = \begin{pmatrix} 0 \\ 0 \end{pmatrix}$ より, $A\begin{pmatrix} 3 & 2 \\ 1 & 1 \end{pmatrix} = \begin{pmatrix} 3 & 0 \\ 1 & 0 \end{pmatrix}$

両辺に右から $\begin{pmatrix} 3 & 2 \\ 1 & 1 \end{pmatrix}^{-1}$ をかけて, $A = \begin{pmatrix} 3 & 0 \\ 1 & 0 \end{pmatrix}\begin{pmatrix} 1 & -2 \\ -1 & 3 \end{pmatrix} = \begin{pmatrix} 3 & -6 \\ 1 & -2 \end{pmatrix}$

よって, $|A| = 0$ となり A は正則ではないので, f の逆変換は存在しない。

例題 **47.3**　1 次変換 f を表す行列を $A = \begin{pmatrix} 1 & 2 \\ -1 & 3 \end{pmatrix}$ とする。f によって点 $\mathrm{P}'(3, -4)$ に移される元の点 P の座標を求めよ。

<解答>　$|A| = 5 \neq 0$ より A は正則である。したがって f^{-1} は存在する。

f^{-1} を表す行列は $A^{-1} = \dfrac{1}{5}\begin{pmatrix} 3 & -2 \\ 1 & 1 \end{pmatrix}$ である。点 P は 点 P′ を逆変換 f^{-1} で移した点なので,

$A^{-1}\begin{pmatrix} 3 \\ -4 \end{pmatrix} = \dfrac{1}{5}\begin{pmatrix} 3 & -2 \\ 1 & 1 \end{pmatrix}\begin{pmatrix} 3 \\ -4 \end{pmatrix} = \dfrac{1}{5}\begin{pmatrix} 17 \\ -1 \end{pmatrix}$ より, $\mathrm{P}\left(\dfrac{17}{5}, -\dfrac{1}{5}\right)$ である。

ドリル no.47	class	no	name

問題 47.1　次の 1 次変換に逆変換が存在するかどうかを調べ, 存在するときはその逆変換を表す行列を求めよ。

(1) $\begin{cases} x' = 2x - 3y \\ y' = 4x - 5y \end{cases}$　　(2) $\begin{cases} x' = x - 2y \\ y' = -x + 2y \end{cases}$

問題 47.2　1 次変換 f によって 2 点 P$(1, 1)$, Q$(1, 3)$ がいずれも点 R$(4, 1)$ に移されるという。f に逆変換が存在するかどうかを調べよ。

問題 47.3　1 次変換 f を表す行列を $A = \begin{pmatrix} 3 & 5 \\ 1 & 2 \end{pmatrix}$ とする。f によって点 P$'(1, 2)$ に移される元の点 P の座標を求めよ。

チェック項目

	月　日	月　日
1 次変換の逆変換が存在する条件を理解し, 逆変換を表す行列を求めることができる。		
逆変換を表す行列を使って, 像の座標から元の点の座標を求めることができる。		

48　1次変換による直線の像

1次変換による直線の像を求めることができる。

逆変換が存在する場合の像　1次変換 f の逆変換が存在するとき,

[1]　f によって, 異なる2点は異なる2点に移される。

[2]　f によって, 直線は直線に移される。

例題 48.1　行列 $A=\begin{pmatrix}1 & -2\\ 3 & 1\end{pmatrix}$ で表される1次変換 f による直線 $\ell: y=3x$ の像を求めよ。

<解答>　直線の方程式に $x=t$ を代入すると $y=3t$ となるから, 直線上の点として $\mathrm{P}(t,3t)$ をとる。点Pの像は,

$$\begin{pmatrix}x'\\ y'\end{pmatrix}=\begin{pmatrix}1 & -2\\ 3 & 1\end{pmatrix}\begin{pmatrix}t\\ 3t\end{pmatrix}=\begin{pmatrix}t+(-6t)\\ 3t+3t\end{pmatrix}=\begin{pmatrix}-5t\\ 6t\end{pmatrix}\ \text{より}\ \begin{cases}x'=-5t\\ y'=6t\end{cases}$$

t を消去すると $6x'+5y'=0$ より, $y'=-\dfrac{6}{5}x'$ となるので, 像は直線 $y=-\dfrac{6}{5}x$ である。

例題 48.2　行列 $A=\begin{pmatrix}2 & -3\\ 3 & -4\end{pmatrix}$ で表される1次変換 f による直線 $\ell: y=2x+1$ の像を求めよ。

<解答>　直線の方程式に $x=t$ を代入すると $y=2t+1$ となるから, 直線上の点として $\mathrm{P}(t,2t+1)$ をとる。Pの像は,

$$\begin{pmatrix}x'\\ y'\end{pmatrix}=\begin{pmatrix}2 & -3\\ 3 & -4\end{pmatrix}\begin{pmatrix}t\\ 2t+1\end{pmatrix}=\begin{pmatrix}2t+(-6t-3)\\ 3t+(-8t-4)\end{pmatrix}=\begin{pmatrix}-4t-3\\ -5t-4\end{pmatrix}\ \text{より}\ \begin{cases}x'=-4t-3\\ y'=-5t-4\end{cases}$$

t を消去すると $5x'-4y'=1$ より, $y'=\dfrac{5}{4}x'-\dfrac{1}{4}$ となるので, 像は直線 $y=\dfrac{5}{4}x-\dfrac{1}{4}$ である。

例題 48.3　原点のまわりに $\dfrac{\pi}{6}$ 回転する1次変換 f による直線 $\ell: x-\sqrt{3}y=\sqrt{3}$ の像を求めよ。

<解答>　f を表す行列を A とすると, $A=\begin{pmatrix}\cos\frac{\pi}{6} & -\sin\frac{\pi}{6}\\ \sin\frac{\pi}{6} & \cos\frac{\pi}{6}\end{pmatrix}=\begin{pmatrix}\frac{\sqrt{3}}{2} & -\frac{1}{2}\\ \frac{1}{2} & \frac{\sqrt{3}}{2}\end{pmatrix}$ である。

直線の方程式に $y=t$ を代入すると $x=\sqrt{3}t+\sqrt{3}$ となるから, 直線上の点として $\mathrm{P}(\sqrt{3}t+\sqrt{3},t)$ をとる。点Pの像は,

$$\begin{pmatrix}x'\\ y'\end{pmatrix}=\begin{pmatrix}\frac{\sqrt{3}}{2} & -\frac{1}{2}\\ \frac{1}{2} & \frac{\sqrt{3}}{2}\end{pmatrix}\begin{pmatrix}\sqrt{3}t+\sqrt{3}\\ t\end{pmatrix}=\begin{pmatrix}\left(\frac{3}{2}t+\frac{3}{2}\right)-\frac{1}{2}t\\ \left(\frac{\sqrt{3}}{2}t+\frac{\sqrt{3}}{2}\right)+\frac{\sqrt{3}}{2}t\end{pmatrix}=\begin{pmatrix}t+\frac{3}{2}\\ \sqrt{3}t+\frac{\sqrt{3}}{2}\end{pmatrix}$$

これより t を消去すると $\sqrt{3}x'-y'=\sqrt{3}$ より $y'=\sqrt{3}x'-\sqrt{3}$ となるので, 像は直線 $y=\sqrt{3}x-\sqrt{3}$ である。

(注意) 直線の像を求めるとき, 与えられた直線上の異なる2点の像を求め, その2点を通る直線の方程式を求める方法もある。また, 原点は原点に移されるので, 原点を通る直線の像も原点を通る直線となる。そのため, 原点を通る直線の像を求めるとき, 与えられた直線上の原点以外の1点の像を求める方法もある。

ドリル no.48　class　　no　　name

問題 48.1　行列 $A = \begin{pmatrix} -1 & 2 \\ -2 & 3 \end{pmatrix}$ で表される 1 次変換 f による直線 $\ell : y = 2x$ の像を求めよ。

問題 48.2　行列 $A = \begin{pmatrix} 0 & 1 \\ -2 & 2 \end{pmatrix}$ で表される 1 次変換 f による直線 $\ell : y = 2x - 3$ の像を求めよ。

問題 48.3　原点のまわりに $\frac{\pi}{4}$ 回転する 1 次変換 f による直線 $\ell : x + 2y = 1$ の像を求めよ。

チェック項目

	月　日	月　日
1 次変換による直線の像を求めることができる。		

49　逆変換をもたない1次変換

逆変換をもたない1次変換の像を求めることができる。

逆変換が存在しない場合の像　1次変換 f の逆変換が存在しないとき,

[1]　f によって, 原点を通る直線は, 原点を通る直線, または原点に移される。

[2]　f によって, 原点を通らない直線は, 原点を通る直線, または1点に移される。

[3]　f によって, 平面全体は, 原点を通る直線, または原点に移される。

例題 49.1　行列 $A=\begin{pmatrix}2&1\\6&3\end{pmatrix}$ で表される1次変換を f とするとき, 次のものを求めよ。

(1)　直線 $y=-2x+3$ の像　　(2)　直線 $y=x+2$ の像

(3)　平面全体の像　　(4)　f によって原点に移される点全体の集合

＜解答＞　(1) 直線の方程式に $x=t$ を代入すると $y=-2t+3$ となるから, 直線上の点として $\mathrm{P}(t,-2t+3)$ をとる。点 P の像は,

$$\begin{pmatrix}x'\\y'\end{pmatrix}=\begin{pmatrix}2&1\\6&3\end{pmatrix}\begin{pmatrix}t\\-2t+3\end{pmatrix}=\begin{pmatrix}2t-2t+3\\6t-6t+9\end{pmatrix}=\begin{pmatrix}3\\9\end{pmatrix}$$

よって, 像は1点 $(3,9)$ である。

(2) 直線の方程式に $x=t$ を代入すると $y=t+2$ となるから, 直線上の点として $\mathrm{P}(t,t+2)$ をとる。点 P の像は,

$$\begin{pmatrix}x'\\y'\end{pmatrix}=\begin{pmatrix}2&1\\6&3\end{pmatrix}\begin{pmatrix}t\\t+2\end{pmatrix}=\begin{pmatrix}2t+t+2\\6t+3t+6\end{pmatrix}=\begin{pmatrix}3t+2\\9t+6\end{pmatrix}$$

これより t を消去すると $3x'-y'=0$ となるので, 像は直線 $y=3x$ である。

(3) 平面上の任意の点を $\mathrm{P}(x,y)$ とすると, 点 P の像は,

$$\begin{pmatrix}x'\\y'\end{pmatrix}=\begin{pmatrix}2&1\\6&3\end{pmatrix}\begin{pmatrix}x\\y\end{pmatrix}=\begin{pmatrix}2x+y\\6x+3y\end{pmatrix}$$

これより $3x'=y'$ となるので, 像は直線 $y=3x$ である。

(4) 原点に移される点の座標を (x,y) とすれば

$$\begin{pmatrix}0\\0\end{pmatrix}=\begin{pmatrix}2&1\\6&3\end{pmatrix}\begin{pmatrix}x\\y\end{pmatrix}=\begin{pmatrix}2x+y\\6x+3y\end{pmatrix}$$

よって, 像は $2x+y=0$ を満たす点 (x,y) の集まりだから, 直線 $y=-2x$ である。

例題 49.2　1次変換 f によって直線 $2x-y+1=0$ が1点 $(2,-1)$ に移されるとき, f を表す行列 A を求めよ。

＜解答＞　f を表す行列を $A=\begin{pmatrix}a&b\\c&d\end{pmatrix}$ とする。直線の方程式に $x=t$ を代入すると $y=2t+1$ となるから, 直線上の点として, $\mathrm{P}(t,2t+1)$ をとる。点 P の像は点 $(2,-1)$ だから,

$$\begin{pmatrix}2\\-1\end{pmatrix}=\begin{pmatrix}a&b\\c&d\end{pmatrix}\begin{pmatrix}t\\2t+1\end{pmatrix}=\begin{pmatrix}at+b(2t+1)\\ct+d(2t+1)\end{pmatrix}=\begin{pmatrix}(a+2b)t+b\\(c+2d)t+d\end{pmatrix}$$

これが t の値にかかわらず成り立つから, $a+2b=0,\ b=2,\ c+2d=0,\ d=-1$ となる。これを解くと, $a=-4, b=2, c=2, d=-1$ より, $A=\begin{pmatrix}-4&2\\2&-1\end{pmatrix}$ である。

ドリル no.49　class　no　name

問題 49.1　行列 $A=\begin{pmatrix} 2 & -2 \\ -1 & 1 \end{pmatrix}$ で表される 1 次変換を f とするとき, 次のものを求めよ。

(1) 直線 $y=-2x+1$ の像

(2) 直線 $y=x+3$ の像

(3) 平面全体の像

(4) f によって原点に移される点全体の集合

問題 49.2　1 次変換 f によって直線 $x+3y=3$ が 1 点 $(3,6)$ に移されるとき, f を表す行列 A を求めよ。

チェック項目

	月　日	月　日
逆変換をもたない 1 次変換の像を求めることができる。		

50　1次変換による2次曲線の像

1次変換による2次曲線の像を求めることができる。

$a>0,\ b>0,\ p\neq 0$ とする。

楕円の方程式の標準形　$\dfrac{x^2}{a^2}+\dfrac{y^2}{b^2}=1$　頂点は $(\pm a,0),\ (0,\pm b)$, 中心は原点O

$a>b$ のとき, 焦点は $(\pm\sqrt{a^2-b^2},0)$, 長軸の長さは $2a$, 短軸の長さは $2b$

$a<b$ のとき, 焦点は $(0,\pm\sqrt{b^2-a^2})$, 長軸の長さは $2b$, 短軸の長さは $2a$

双曲線の方程式の標準形　$\dfrac{x^2}{a^2}-\dfrac{y^2}{b^2}=\pm 1\,(=k)$　中心は原点O, 漸近線の方程式は $y=\pm\dfrac{b}{a}x$

$k=+1$ のとき, 焦点は $(\pm\sqrt{a^2+b^2},0)$, 頂点は $(\pm a,0)$, 主軸の長さは $2a$

$k=-1$ のとき, 焦点は $(0,\pm\sqrt{a^2+b^2})$, 頂点は $(0,\pm b)$, 主軸の長さは $2b$

放物線の方程式の標準形　$y^2=4px$ もしくは $x^2=4py$　頂点は原点O

$y^2=4px$ のとき, 焦点は $(p,0)$, 準線の方程式は $x=-p$, 軸は x 軸

$x^2=4py$ のとき, 焦点は $(0,p)$, 準線の方程式は $y=-p$, 軸は y 軸

例題 50.1　方程式 $21x^2+10\sqrt{3}xy+31y^2=144$ の表す図形を C とする。C を原点のまわりに $\dfrac{\pi}{6}$ 回転して得られる曲線 C' の方程式を求め, 曲線 C' が楕円であることを確認せよ。また, このことを利用して曲線 C の概形を図示せよ。

<解答>　原点を中心として $\dfrac{\pi}{6}$ 回転を行う一次変換は, $\begin{pmatrix} x' \\ y' \end{pmatrix}=\begin{pmatrix} \cos\frac{\pi}{6} & -\sin\frac{\pi}{6} \\ \sin\frac{\pi}{6} & \cos\frac{\pi}{6} \end{pmatrix}\begin{pmatrix} x \\ y \end{pmatrix}$

両辺に左から $\begin{pmatrix} \cos\frac{\pi}{6} & -\sin\frac{\pi}{6} \\ \sin\frac{\pi}{6} & \cos\frac{\pi}{6} \end{pmatrix}^{-1}=\begin{pmatrix} \frac{\sqrt{3}}{2} & -\frac{1}{2} \\ \frac{1}{2} & \frac{\sqrt{3}}{2} \end{pmatrix}^{-1}=\begin{pmatrix} \frac{\sqrt{3}}{2} & \frac{1}{2} \\ -\frac{1}{2} & \frac{\sqrt{3}}{2} \end{pmatrix}$

をかけて, $\begin{pmatrix} x \\ y \end{pmatrix}=\begin{pmatrix} \frac{\sqrt{3}}{2} & \frac{1}{2} \\ -\frac{1}{2} & \frac{\sqrt{3}}{2} \end{pmatrix}\begin{pmatrix} x' \\ y' \end{pmatrix}$ という関係式が得られる。

つまり, $x=\dfrac{\sqrt{3}}{2}x'+\dfrac{1}{2}y',\ y=-\dfrac{1}{2}x'+\dfrac{\sqrt{3}}{2}y'$ である。

これを $21x^2+10\sqrt{3}xy+31y^2=144$ に代入して整理すると, $\dfrac{(x')^2}{3^2}+\dfrac{(y')^2}{2^2}=1$ となる。

これは, C の1次変換 f による像 C' の方程式であり, 原点を中心とする楕円を表す。

したがって, C の概形は次のようになる。

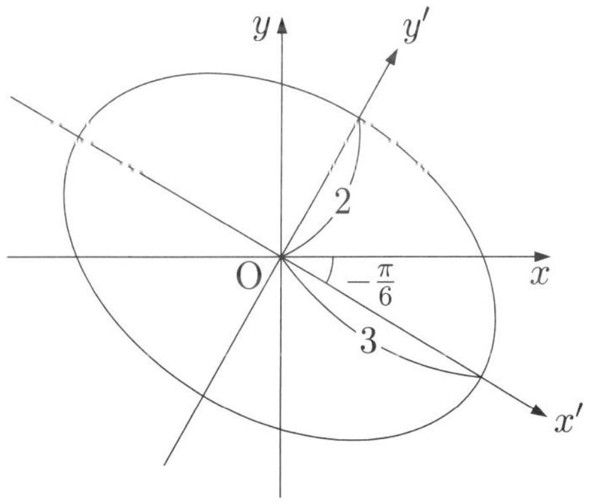

ドリル no.50	class	no	name

問題 50.1　方程式 $x^2 - 10\sqrt{3}xy + 11y^2 = 16$ の表す図形を C とする。C を原点のまわりに $\frac{\pi}{3}$ 回転して得られる曲線 C' の方程式を求め, 曲線 C' が双曲線であることを確認せよ。また, このことを利用して曲線 C の概形を図示せよ.

問題 50.2　方程式 $x^2 - 2xy + y^2 - 3\sqrt{2}x - 3\sqrt{2}y = 0$ の表す図形を C とする。C を原点のまわりに $-\frac{\pi}{4}$ 回転して得られる曲線 C' の方程式を求め, 曲線 C' が放物線であることを確認せよ。また, このことを利用して曲線 C の概形を図示せよ.

チェック項目

	月　日	月　日
1 次変換による 2 次曲線の像を求めることができる。		

51　順列とその符号

順列, 偶順列, 奇順列, 順列の符号の意味を理解している。

順列　n を 2 以上の自然数とするとき, 1 から n までの自然数をすべて並べたものを順列といい, $(p_1, p_2, \cdots, p_n)$ と表す。

基本順列　小さい方から順に並んでいる順列 $(1, 2, 3, \cdots, n)$ を基本順列という。

偶順列・奇順列　順列の中の 2 個の数を交換する操作を何回か行って基本順列に変形するとき, その操作の回数が偶数回となる順列を偶順列, 奇数回となる順列を奇順列という。

例えば, 順列 $(2, 1, 4, 3)$ は $(2, 1, 4, 3) \to (1, 2, 4, 3) \to (1, 2, 3, 4)$ と変形すると, 2 回の操作で基本順列に変形できるので偶順列である。

(注意)　1 つの順列に対して操作の回数が偶数回であるか奇数回であるかは, 変形のしかたによらない。

順列の符号　順列 $P = (p_1, p_2, \cdots, p_n)$ に対して,

$$\varepsilon_P = \begin{cases} +1 & (P\text{ が偶順列のとき}) \\ -1 & (P\text{ が奇順列のとき}) \end{cases}$$

とおき, これを順列 P の符号という。

(注意)　1 から n までの自然数をすべて並べてできる順列は, 全部で ${}_n\mathrm{P}_n = n!$ 個ある。そのうち, 偶順列は $\dfrac{n!}{2}$ 個, 奇順列は $\dfrac{n!}{2}$ 個ある。

例題 51.1　1, 2, 3 をすべて並べてできる順列をすべてあげ, 各順列が偶順列であるか奇順列であるかを調べ, 符号求めよ。

<解答>　1, 2, 3 をすべて並べてできる順列は全部で ${}_3\mathrm{P}_3 = 3! = 6$ 個ある。

順列 P	変形	交換回数	偶・奇	符号 ε_P
$(1,2,3)$	基本順列なので交換なし	0 回	偶順列	$+1$
$(1,3,2)$	$\to (1,2,3)$	1 回	奇順列	-1
$(2,1,3)$	$\to (1,2,3)$	1 回	奇順列	-1
$(2,3,1)$	$\to (1,3,2) \to (1,2,3)$	2 回	偶順列	$+1$
$(3,1,2)$	$\to (1,3,2) \to (1,2,3)$	2 回	偶順列	$+1$
$(3,2,1)$	$\to (1,2,3)$	1 回	奇順列	-1

例題 51.2　次の順列が偶順列であるか奇順列であるかを調べ, 符号を求めよ。

(1)　$P = (2, 3, 5, 1, 4)$　　　(2)　$Q = (3, 1, 6, 2, 4, 5)$

<解答>　(1) $(2, 3, 5, 1, 4) \to (1, 3, 5, 2, 4) \to (1, 2, 5, 3, 4) \to (1, 2, 3, 5, 4) \to (1, 2, 3, 4, 5)$ という変形により基本順列に変形できる。交換回数が 4 回であるので P は偶順列である。従って $\varepsilon_P = +1$ となる。

(2) $(3, 1, 6, 2, 4, 5) \to (1, 3, 6, 2, 4, 5) \to (1, 2, 6, 3, 4, 5) \to (1, 2, 3, 6, 4, 5) \to (1, 2, 3, 4, 6, 5) \to (1, 2, 3, 4, 5, 6)$ により基本順列に変形できる。交換回数が 5 回であるので Q は奇順列である。$\varepsilon_Q = -1$ となる。

ドリル no.51　class　no　name

問題 51.1　次の順列が偶順列であるか奇順列であるかを調べ, 符号を求めよ。

(1)　$P = (3, 5, 1, 4, 2)$

(2)　$Q = (2, 6, 1, 3, 4, 5)$

(3)　$R = (3, 6, 1, 4, 2, 5, 7)$

(4)　$S = (1, 3, 6, 2, 7, 4, 5)$

(5)　$T = (2, 5, 1, 7, 4, 9, 3, 6, 8)$

チェック項目

	月　日	月　日
順列, 偶順列, 奇順列, 順列の符号の意味を理解している。		

52　行列式の定義とサラスの方法

n 次の行列式の定義を理解している。 2 次および 3 次の行列式をサラスの方法で計算することができる。

行列式の定義　n 次正方行列 $A = (a_{ij})$ に対して, A の行列式 $|A|$ を

$$|A| = \begin{vmatrix} a_{11} & a_{12} & \cdots & a_{1n} \\ a_{21} & a_{22} & \cdots & a_{2n} \\ \vdots & \vdots & \ddots & \vdots \\ a_{n1} & a_{n2} & \cdots & a_{nn} \end{vmatrix} = \sum_P \varepsilon_P a_{1p_1} a_{2p_2} \cdots a_{np_n}$$

と定義する。ここで, $P = (p_1, p_2, \cdots, p_n)$ は 1 から n までの自然数の順列であり, ε_P は順列 P の符号である。一番右の式は, すべての順列 P についての和を計算するという意味である。

特に, $\begin{vmatrix} a_{11} & a_{12} & a_{13} & \cdots & a_{1n} \\ 0 & a_{22} & a_{23} & \cdots & a_{2n} \\ 0 & a_{32} & a_{33} & \cdots & a_{3n} \\ \vdots & \vdots & \vdots & \ddots & \vdots \\ 0 & a_{n2} & a_{n3} & \cdots & a_{nn} \end{vmatrix} = a_{11} \begin{vmatrix} a_{22} & a_{23} & \cdots & a_{2n} \\ a_{32} & a_{33} & \cdots & a_{3n} \\ \vdots & \vdots & \ddots & \vdots \\ a_{n2} & a_{n3} & \cdots & a_{nn} \end{vmatrix}$ が成り立つ。

また, $|E| = 1$, $|O| = 0$ である。

行列式の計算　$n = 2,\ 3$ のときは, 次のように計算することができる。(サラスの方法)

$$\begin{vmatrix} a_{11} & a_{12} \\ a_{21} & a_{22} \end{vmatrix} = a_{11}a_{22} - a_{12}a_{21}$$

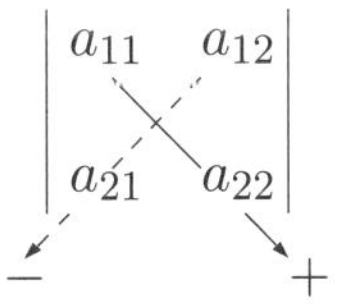

$$\begin{vmatrix} a_{11} & a_{12} & a_{13} \\ a_{21} & a_{22} & a_{23} \\ a_{31} & a_{32} & a_{33} \end{vmatrix} = a_{11}a_{22}a_{33} + a_{12}a_{23}a_{31} + a_{13}a_{21}a_{32}$$
$$- a_{11}a_{23}a_{32} - a_{12}a_{21}a_{33} - a_{13}a_{22}a_{31}$$

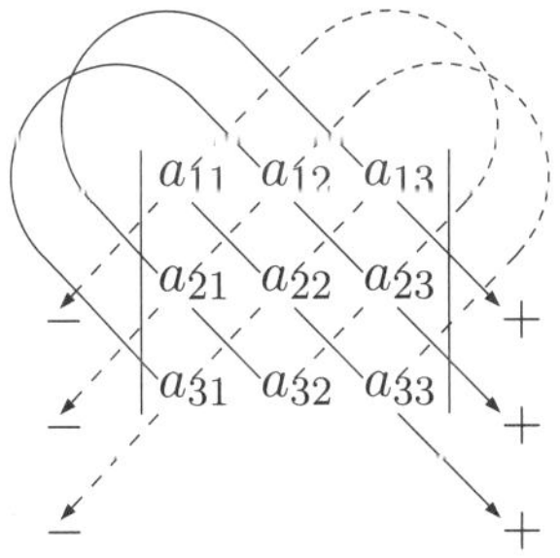

(注意) 4 次以上の行列式では, サラスの方法のようには計算できない (項目 53, 56 参照)。

例題 52.1　次の行列式の値を求めよ。

(1) $\begin{vmatrix} 2 & 3 \\ -1 & 4 \end{vmatrix}$　　(2) $\begin{vmatrix} 1 & 4 & -2 \\ 3 & -1 & 2 \\ 1 & 2 & 5 \end{vmatrix}$

＜解答＞ (1) $\begin{vmatrix} 2 & 3 \\ -1 & 4 \end{vmatrix} = 2 \cdot 4 - 3 \cdot (-1) = 8 + 3 = 11$

(2) $\begin{vmatrix} 1 & 4 & -2 \\ 3 & -1 & 2 \\ 1 & 2 & 5 \end{vmatrix} = 1 \cdot (-1) \cdot 5 + 4 \cdot 2 \cdot 1 + (-2) \cdot 3 \cdot 2 - (1 \cdot 2 \cdot 2 + 4 \cdot 3 \cdot 5 + (-2) \cdot (-1) \cdot 1)$

$= -5 + 8 - 12 - (4 + 60 + 2) = -75$

ドリル no.52　class　no　name

問題 52.1　次の行列式の値を求めよ。

(1) $\begin{vmatrix} -2 & 4 \\ 3 & 1 \end{vmatrix}$　(2) $\begin{vmatrix} 1 & -2 \\ 4 & -3 \end{vmatrix}$　(3) $\begin{vmatrix} \dfrac{1}{2} & -\dfrac{\sqrt{3}}{2} \\ \dfrac{\sqrt{3}}{2} & \dfrac{1}{2} \end{vmatrix}$

問題 52.2　次の行列式の値を求めよ。

(1) $\begin{vmatrix} 1 & 2 & 3 \\ 2 & 3 & 4 \\ 3 & 4 & 5 \end{vmatrix}$　(2) $\begin{vmatrix} 2 & 3 & -1 \\ 4 & 1 & 2 \\ 3 & 1 & -2 \end{vmatrix}$　(3) $\begin{vmatrix} \dfrac{1}{3} & -\dfrac{2}{3} & 1 \\ 2 & 4 & -1 \\ 3 & 0 & -6 \end{vmatrix}$

問題 52.3　次の行列式の値を求めよ。

(1) $\begin{vmatrix} x-2 & 1 \\ 3 & x-4 \end{vmatrix}$　(2) $\begin{vmatrix} a & b \\ ac & bc \end{vmatrix}$　(3) $\begin{vmatrix} 1 & 0 & 0 \\ a & b & c \\ d & e & f \end{vmatrix}$

チェック項目

	月　日	月　日
n 次の行列式の定義を理解している。		
2 次および 3 次の行列式をサラスの方法で計算することができる。		

53　行列式の性質

行列式の性質を理解している。

行列式の性質

[1]　行と列を入れ換えても行列式の値は変わらない。

[2]　1 つの行 (列) の各成分が 2 つの数の和の形になっているとき, その行列式は 2 つの行列式の和で表される。

[3]　1 つの行 (列) のすべての成分に共通な因数は, 行列式の因数としてくくり出すことができる。

[4]　2 つの行 (列) を交換すると行列式の符号が変わる。

[5]　2 つの行 (列) が等しい行列式の値は 0 である。

[6]　1 つの行 (列) の各成分の k 倍を他の行 (列) に加えても, 行列式の値は変わらない。

例題 **53.1**　次の行列式の値を求めよ。

(1) $\begin{vmatrix} 20 & 15 & 10 \\ 41 & 34 & 21 \\ 30 & 24 & 15 \end{vmatrix}$　　(2) $\begin{vmatrix} 2 & 2 & 3 & -2 \\ -2 & -1 & -1 & 2 \\ 4 & 1 & 3 & -1 \\ 4 & -3 & 1 & 2 \end{vmatrix}$

＜解答＞ (1)

$$\begin{vmatrix} 20 & 15 & 10 \\ 41 & 34 & 21 \\ 30 & 24 & 15 \end{vmatrix} = 5\cdot\begin{vmatrix} 4 & 3 & 2 \\ 41 & 34 & 21 \\ 30 & 24 & 15 \end{vmatrix} = 5\cdot\begin{vmatrix} 4 & 3 & 2 \\ 1 & 4 & 1 \\ 30 & 24 & 15 \end{vmatrix} = 5\cdot(-1)\cdot\begin{vmatrix} 1 & 4 & 1 \\ 4 & 3 & 2 \\ 30 & 24 & 15 \end{vmatrix}$$

(第 1 行の因数 5 をくくり出す)　(第 2 行+第 1 行 ×(−10))　(第 1 行 ⟷ 第 2 行)

$$= -5\cdot\begin{vmatrix} 1 & 4 & 1 \\ 0 & -13 & -2 \\ 0 & -96 & -15 \end{vmatrix} = -5\cdot 1\cdot\begin{vmatrix} -13 & -2 \\ -96 & -15 \end{vmatrix} = -5\cdot((-13)\cdot(-15)-(-2)\cdot(-96)) = -15$$

(第 2 行 + 第 1 行 × (−4)
第 3 行 + 第 1 行 × (−30))　((1,1) 成分と 2 次の行列式の積にし, サラスの方法で計算する)

(2)

$$\begin{vmatrix} 2 & 2 & 3 & -2 \\ -2 & -1 & -1 & 3 \\ 4 & 1 & 3 & -1 \\ 4 & -3 & 1 & 2 \end{vmatrix} = \begin{vmatrix} 2 & 2 & 3 & -2 \\ 0 & 1 & 2 & 1 \\ 0 & -3 & -3 & 3 \\ 0 & -7 & -5 & 6 \end{vmatrix} = 2\cdot\begin{vmatrix} 1 & 2 & 1 \\ -3 & -3 & 3 \\ -7 & -5 & 6 \end{vmatrix} = 2\cdot\begin{vmatrix} 1 & 2 & 1 \\ 0 & 3 & 6 \\ 0 & 9 & 13 \end{vmatrix}$$

(第 2 行 + 第 1 行
第 3 行 + 第 1 行 × (−2)
第 4 行 + 第 1 行 × (−2))　((1,1) 成分と 3 次の行列式の積にする)　(第 2 行 + 第 1 行 × 3
第 3 行 + 第 1 行 × 7)

$$= 2\cdot 1\cdot\begin{vmatrix} 3 & 6 \\ 9 & 13 \end{vmatrix} = 2\cdot 3\begin{vmatrix} 1 & 2 \\ 9 & 13 \end{vmatrix} = 6\cdot(1\cdot 13 - 2\cdot 9) = -30$$

((1,1) 成分と 2 次の行列式の積にし, 第 1 行の因数 3 をくくり出し, サラスの方法で計算する)

ドリル no.53	class	no	name

問題 53.1　次の行列式の値を求めよ。

(1) $\begin{vmatrix} 10 & 30 & 20 \\ 33 & 99 & 67 \\ 24 & 68 & 42 \end{vmatrix}$

(2) $\begin{vmatrix} 1 & 1 & 1 & 1 \\ 1 & 2 & 3 & 4 \\ 1 & 4 & 9 & 16 \\ 1 & 8 & 27 & 64 \end{vmatrix}$

チェック項目

	月　日	月　日
行列式の性質を理解している。		

54　行列の積と行列式

同じ次数の正方行列 A, B に対して $|AB|=|A||B|$ であることを理解している。

行列の積と行列式　同じ次数の正方行列 A, B に対して $|AB|=|A||B|$ が成り立つ。

例題 **54.1**　$A=\begin{pmatrix}1&2\\3&1\end{pmatrix}$,　$B=\begin{pmatrix}3&1\\2&2\end{pmatrix}$ のとき, $|AB|=|A||B|$ が成り立つことを確かめよ。

＜解答＞　$AB=\begin{pmatrix}1&2\\3&1\end{pmatrix}\begin{pmatrix}3&1\\2&2\end{pmatrix}=\begin{pmatrix}7&5\\11&5\end{pmatrix}$ より, $|AB|=35-55=-20$ となる。
また, $|A|=1-6=-5$, $|B|=6-2=4$ であるので $|A||B|=-5\times4=-20$ である。
したがって $|AB|=|A||B|$ が成り立つ。

例題 **54.2**　$A=\begin{pmatrix}2&5&-1\\0&3&6\\0&4&7\end{pmatrix}$, $B=\begin{pmatrix}2&3&9\\1&1&2\\0&1&5\end{pmatrix}$ のとき, $|BA|$ を求めよ。

＜解答＞　$|BA|=|B||A|$ なので, $|A|,|B|$ の値を求めると,

$$|A|=\begin{vmatrix}2&5&-1\\0&3&6\\0&4&7\end{vmatrix}=2\begin{vmatrix}3&6\\4&7\end{vmatrix}=2(21-24)=-6$$

$$|B|=\begin{vmatrix}2&3&9\\1&1&2\\0&1&5\end{vmatrix}=\begin{vmatrix}0&1&5\\1&1&2\\0&1&5\end{vmatrix}=0$$　より, $|BA|=|B||A|=0\cdot(-6)=0$ である。

別解　BA を直接求めて計算する。

$$\begin{pmatrix}2&3&9\\1&1&2\\0&1&5\end{pmatrix}\begin{pmatrix}2&5&-1\\0&3&6\\0&4&7\end{pmatrix}=\begin{pmatrix}4&55&79\\2&16&19\\0&23&41\end{pmatrix}$$ より,

$$|BA|=\begin{vmatrix}4&55&79\\2&16&19\\0&23&41\end{vmatrix}=\begin{vmatrix}0&23&41\\2&16&19\\0&23&41\end{vmatrix}=0$$

例題 **54.3**　A が正則であるとき, $|A|\neq0$ であり, $|A^{-1}|=\dfrac{1}{|A|}$ であることを証明せよ。

＜解答＞　A が正則なので A^{-1} が存在し, $AA^{-1}=E$ を満たす。このとき, $|AA^{-1}|=|E|=1$ である。また $|AA^{-1}|=|A||A^{-1}|$ より $|A||A^{-1}|=1$ となる。
したがって, $|A|\neq0$ であり, $|A^{-1}|=\dfrac{1}{|A|}$ が成り立つ。

ドリル no.54　class　no　name

問題 54.1　$A = \begin{pmatrix} 1 & -2 \\ 2 & 3 \end{pmatrix}$,　$B = \begin{pmatrix} 4 & -1 \\ 2 & 1 \end{pmatrix}$ のとき, $|AB| = |A||B|$ が成り立つことを確かめよ。

問題 54.2　$A = \begin{pmatrix} 1 & 1 & 0 \\ 0 & 1 & 1 \\ 0 & 0 & 1 \end{pmatrix}$,　$B = \begin{pmatrix} 1 & 2 & 1 \\ 2 & 1 & -2 \\ 3 & 5 & 1 \end{pmatrix}$ のとき $|AB|$ の値を求めよ。

問題 54.3　${}^tAA = E$ のとき, $|A| = \pm 1$ であることを証明せよ。

チェック項目

チェック項目	月　日	月　日
同じ次数の正方行列 A, B に対して $|AB| = |A||B|$ であることを理解している。		

55　余因子

余因子の定義を理解している。

小行列式, 余因子　n 次の正方行列 A の行列式 $|A|$ の第 i 行, 第 j 列を除いてできる $n-1$ 次の行列式を (i,j) 成分の小行列式といい, D_{ij} と書く。さらに,

$$A_{ij} = (-1)^{i+j} D_{ij}$$

を行列 A の (i,j) 成分の余因子という。

例題 **55.1**　$A = \begin{pmatrix} 1 & 2 & 3 \\ 2 & 3 & 4 \\ 3 & 4 & 5 \end{pmatrix}$ について, A_{11}, A_{21}, A_{31} を計算せよ。

＜解答＞　2 次の小行列式はサラスの方法や行列式の性質を用いて計算する。

$$A_{11} = (-1)^{1+1} \begin{vmatrix} 3 & 4 \\ 4 & 5 \end{vmatrix} = 1 \cdot (15 - 16) = -1$$

$$A_{21} = (-1)^{2+1} \begin{vmatrix} 2 & 3 \\ 4 & 5 \end{vmatrix} = (-1) \cdot (10 - 12) = 2$$

$$A_{31} = (-1)^{3+1} \begin{vmatrix} 2 & 3 \\ 3 & 4 \end{vmatrix} = 1 \cdot (8 - 9) = -1$$

例題 **55.2**　$A = \begin{pmatrix} 1 & 2 & 3 & 0 \\ 0 & 3 & 0 & 1 \\ 3 & -4 & 1 & 2 \\ -2 & 0 & -1 & -1 \end{pmatrix}$ について, A_{31}, A_{32}, A_{33}, A_{34} を計算せよ。

＜解答＞　3 次の小行列式はサラスの方法や行列式の性質を用いて計算する。

$$A_{31} = (-1)^{3+1} \begin{vmatrix} 2 & 3 & 0 \\ 3 & 0 & 1 \\ 0 & -1 & -1 \end{vmatrix} = 1 \cdot (0 + 0 + 0 - (-2) - (-9) - 0) = 11$$

$$A_{32} = (-1)^{3+2} \begin{vmatrix} 1 & 3 & 0 \\ 0 & 0 & 1 \\ -2 & -1 & -1 \end{vmatrix} = (-1) \cdot (0 + (-6) + 0 - (-1) - 0 - 0) = 5$$

$$A_{33} = (-1)^{3+3} \begin{vmatrix} 1 & 2 & 0 \\ 0 & 3 & 1 \\ -2 & 0 & -1 \end{vmatrix} = 1 \cdot ((-3) + (-4) + 0 - 0 - 0 - 0) = -7$$

$$A_{34} = (-1)^{3+4} \begin{vmatrix} 1 & 2 & 3 \\ 0 & 3 & 0 \\ -2 & 0 & -1 \end{vmatrix} = (-1) \cdot ((-3) + 0 + 0 - 0 - 0 - (-18)) = -15$$

ドリル no.55　class　no　name

問題 55.1 $A = \begin{pmatrix} 3 & 1 & 1 & 0 \\ 0 & -3 & 1 & -1 \\ 1 & 0 & 3 & 1 \\ 0 & 0 & 1 & 1 \end{pmatrix}$ について, A_{31}, A_{32}, A_{33}, A_{34} を計算せよ。

問題 55.2 $A = \begin{pmatrix} -4 & 4 & 3 & 1 \\ 2 & 2 & 1 & 2 \\ 3 & -1 & 1 & 1 \\ 2 & 3 & -1 & 3 \end{pmatrix}$ について, A_{41}, A_{42}, A_{43}, A_{44} を計算せよ。

チェック項目

	月　日	月　日
余因子の定義を理解している。		

56　行列式の展開

行列式を指定された行, または列について余因子を使って展開できる。
展開を用いて行列式が計算できる。

行列式の展開　$A=(a_{ij})$ を n 次正方行列とする。このとき, 第 i 行に関する行列式の展開は,

$$|A| = a_{i1}A_{i1} + a_{i2}A_{i2} + \cdots + a_{in}A_{in}$$

である。
また, 第 j 列に関する行列式の展開は,

$$|A| = a_{1j}A_{1j} + a_{2j}A_{2j} + \cdots + a_{nj}A_{nj}$$

である。ここで, A_{ij} は A の (i,j) 成分の余因子である。
(注意) 行列式の計算を行う方法は数通りある。2 次や 3 次の行列式の場合はサラスの方法で計算するのが便利である。それ以外の場合は行列式の性質や余因子を使った方法で計算をする。

例題 56.1　$\begin{vmatrix} 2 & 5 & 7 & -8 \\ 0 & 1 & 0 & -2 \\ -2 & 3 & 2 & -5 \\ 1 & 0 & 2 & 3 \end{vmatrix}$ に対して次の問に答えよ。

(1)　第 2 行に関して展開し, 行列式を計算せよ。余因子はサラスの方法で求めよ。

(2)　行列式の性質 (項目 53) を用いて行列式を計算せよ。

<解答>　(1) $0\cdot(-1)^{2+1}\begin{vmatrix} 5 & 7 & -8 \\ 3 & 2 & -5 \\ 0 & 2 & 3 \end{vmatrix} + 1\cdot(-1)^{2+2}\begin{vmatrix} 2 & 7 & -8 \\ -2 & 2 & -5 \\ 1 & 2 & 3 \end{vmatrix} + 0\cdot(-1)^{2+3}\begin{vmatrix} 2 & 5 & -8 \\ -2 & 3 & -5 \\ 1 & 0 & 3 \end{vmatrix} +$

$(-2)\cdot(-1)^{2+4}\begin{vmatrix} 2 & 5 & 7 \\ -2 & 3 & 2 \\ 1 & 0 & 2 \end{vmatrix} = 12-35+32+20+42+16-2(12+10+20-21) = 87-42 = 45$

(2) $\begin{vmatrix} 2 & 5 & 7 & -8 \\ 0 & 1 & 0 & -2 \\ -2 & 3 & 2 & -5 \\ 1 & 0 & 2 & 3 \end{vmatrix} = \begin{vmatrix} 2 & 5 & 7 & 2 \\ 0 & 1 & 0 & 0 \\ -2 & 3 & 2 & 1 \\ 1 & 0 & 2 & 3 \end{vmatrix} = 1\cdot(-1)^{2+2}\begin{vmatrix} 2 & 7 & 2 \\ -2 & 2 & 1 \\ 1 & 2 & 3 \end{vmatrix} = \begin{vmatrix} 0 & 3 & -4 \\ 0 & 6 & 7 \\ 1 & 2 & 3 \end{vmatrix}$

(第 4 列+第 2 列 ×2)　(第 2 行に関して展開する)　(第 1 行 + 第 3 行 × (−2)　第 2 行 + 第 3 行 × 2)

$= 1\cdot(-1)^{3+1}\begin{vmatrix} 3 & -4 \\ 6 & 7 \end{vmatrix} = 21-(-24) = 45$

(第 1 列に関して展開し, サラスの方法で計算する)

ドリル no.56 class no name

問題 56.1 $\begin{vmatrix} 3 & 1 & 1 \\ 0 & 1 & 2 \\ 1 & -3 & 4 \end{vmatrix}$ を第 3 行に展開し, 行列式を計算せよ。

問題 56.2 $\begin{vmatrix} 1 & -2 & 3 & 2 \\ -1 & 0 & 2 & -2 \\ 2 & -3 & 5 & 4 \\ 0 & 1 & 0 & -2 \end{vmatrix}$ について, 次の問に答えよ。

(1) 第 4 行に関して展開し, 行列式を計算せよ。(余因子はサラスの方法で求めよ。)

(2) 行列式の性質 (項目 53) を用いて行列式を計算せよ。

チェック項目

	月 日	月 日
行列式を指定された行, または列について余因子を使って展開できる。		
展開を用いて行列式が計算できる。		

57　逆行列の計算法 (1)

3 次以上の正方行列に対して, 逆行列を行列式と余因子を用いて求めることができる。

余因子による逆行列　n 次の正方行列 A は $|A| \neq 0$ のとき正則であり, 逆行列をもつ。このとき, A の逆行列 A^{-1} は,

$$A^{-1} = \frac{1}{|A|}\begin{pmatrix} A_{11} & A_{21} & \cdots & A_{n1} \\ A_{12} & A_{22} & \cdots & A_{n2} \\ \vdots & \vdots & & \vdots \\ A_{1n} & A_{2n} & \cdots & A_{nn} \end{pmatrix}$$

例題 **57.1**　$A = \begin{pmatrix} 1 & 1 & 2 \\ 0 & 2 & -1 \\ 0 & 1 & 1 \end{pmatrix}$ の逆行列を求めよ。

＜解答＞　$|A| = 2 + 0 + 0 - (-1) - 0 - 0 = 3 \neq 0$ より, A は正則である。

$$A_{11} = (-1)^{1+1}\begin{vmatrix} 2 & -1 \\ 1 & 1 \end{vmatrix} = 3,\ A_{21} = (-1)^{2+1}\begin{vmatrix} 1 & 2 \\ 1 & 1 \end{vmatrix} = 1,\ A_{31} = (-1)^{3+1}\begin{vmatrix} 1 & 2 \\ 2 & -1 \end{vmatrix} = -5$$

$$A_{12} = (-1)^{1+2}\begin{vmatrix} 0 & -1 \\ 0 & 1 \end{vmatrix} = 0,\ A_{22} = (-1)^{2+2}\begin{vmatrix} 1 & 2 \\ 0 & 1 \end{vmatrix} = 1,\ A_{32} = (-1)^{3+2}\begin{vmatrix} 1 & 2 \\ 0 & -1 \end{vmatrix} = 1$$

$$A_{13} = (-1)^{1+3}\begin{vmatrix} 0 & 2 \\ 0 & 1 \end{vmatrix} = 0,\ A_{23} = (-1)^{2+3}\begin{vmatrix} 1 & 1 \\ 0 & 1 \end{vmatrix} = -1,\ A_{33} = (-1)^{3+3}\begin{vmatrix} 1 & 1 \\ 0 & 2 \end{vmatrix} = 2$$

したがって, $A^{-1} = \frac{1}{|A|}\begin{pmatrix} A_{11} & A_{21} & A_{31} \\ A_{12} & A_{22} & A_{32} \\ A_{13} & A_{23} & A_{33} \end{pmatrix} = \frac{1}{3}\begin{pmatrix} 3 & 1 & -5 \\ 0 & 1 & 1 \\ 0 & -1 & 2 \end{pmatrix}$ となる。

例題 **57.2**　連立方程式 $\begin{cases} x + y - 5z = 18 \\ -2x + y + 5z = -15 \\ -y + 2z = -8 \end{cases}$ の解を求めよ。

＜解答＞　$A = \begin{pmatrix} 1 & 1 & -5 \\ -2 & 1 & 5 \\ 0 & -1 & 2 \end{pmatrix}$ とおくと, 連立方程式を $A\begin{pmatrix} x \\ y \\ z \end{pmatrix} = \begin{pmatrix} 18 \\ -15 \\ -8 \end{pmatrix}$ と表すことができる。A が正則であれば A^{-1} が存在するので, この式の両辺に左から A^{-1} をかければよい。ここで, $|A| = 2 + 0 + (-10) - (-5) - (-4) - 0 = 1 \neq 0$ より, A は正則である。A の余因子が

$A_{11} = (-1)^{1+1}(2 - (-5)) = 7,\ A_{21} = (-1)^{2+1}(2 - 5) = 3,\ A_{31} = (-1)^{3+1}(5 - (-5)) = 10,$

$A_{12} = (-1)^{1+2}((-4) - 0) = 4,\ A_{22} = (-1)^{2+2}(2 - 0) = 2,\ A_{32} = (-1)^{3+2}(5 - 10) = 5,$

$A_{13} = (-1)^{1+3}(2 - 0) = 2,\ A_{23} = (-1)^{2+3}((-1) - 0) = 1,\ A_{33} = (-1)^{3+3}(1 - (-2)) = 3$

となることから, $A^{-1} = \frac{1}{|A|}\begin{pmatrix} A_{11} & A_{21} & A_{31} \\ A_{12} & A_{22} & A_{32} \\ A_{13} & A_{23} & A_{33} \end{pmatrix} = \begin{pmatrix} 7 & 3 & 10 \\ 4 & 2 & 5 \\ 2 & 1 & 3 \end{pmatrix}$ となる。

よって, $\begin{pmatrix} x \\ y \\ z \end{pmatrix} = A^{-1}\begin{pmatrix} 18 \\ -15 \\ -8 \end{pmatrix} = \begin{pmatrix} 7 & 3 & 10 \\ 4 & 2 & 5 \\ 2 & 1 & 3 \end{pmatrix}\begin{pmatrix} 18 \\ -15 \\ -8 \end{pmatrix} = \begin{pmatrix} 1 \\ 2 \\ -3 \end{pmatrix}$ となる。

したがって, $x = 1, y = 2, z = -3$ である。

ドリル no.57　class　no　name

問題 57.1　$A = \begin{pmatrix} 1 & 2 & 3 \\ 3 & 1 & 2 \\ 2 & 3 & 1 \end{pmatrix}$ の逆行列を求めよ。

問題 57.2　連立方程式 $\begin{cases} x - y + 2z = 1 \\ 2y + 3z = 8 \\ 3x + z = -4 \end{cases}$ の解を求めよ。

チェック項目

	月　日	月　日
3 次以上の正方行列に対して, 逆行列を行列式と余因子を用いて求めることができる。		

58　クラメルの公式

連立1次方程式を, クラメルの公式を用いて解くことができる。

クラメルの公式　連立 n 元1次方程式

$$\begin{cases} a_{11}x_1 + a_{12}x_2 + \cdots + a_{1n}x_n = b_1 \\ a_{21}x_1 + a_{22}x_2 + \cdots + a_{2n}x_n = b_2 \\ \quad\vdots \qquad\quad \vdots \qquad\quad \ddots \qquad \vdots \qquad \vdots \\ a_{n1}x_1 + a_{n2}x_2 + \cdots + a_{nn}x_n = b_n \end{cases}$$

は, 行列を用いて次の ($A\boldsymbol{x} = \boldsymbol{b}$ の) 形に表される (項目 41 参照)。

$$\begin{pmatrix} a_{11} & a_{12} & \cdots & a_{1n} \\ a_{21} & a_{22} & \cdots & a_{2n} \\ \vdots & \vdots & \ddots & \vdots \\ a_{n1} & a_{n2} & \cdots & a_{nn} \end{pmatrix} \begin{pmatrix} x_1 \\ x_2 \\ \vdots \\ x_n \end{pmatrix} = \begin{pmatrix} b_1 \\ b_2 \\ \vdots \\ b_n \end{pmatrix}$$

このとき, 係数行列 A が正則, つまり $|A| \neq 0$ ならばただ1組の解をもち, 次の式で表される。

$$x_1 = \frac{1}{|A|}\begin{vmatrix} b_1 & a_{12} & \cdots & a_{1n} \\ b_2 & a_{22} & \cdots & a_{2n} \\ \vdots & \vdots & \ddots & \vdots \\ b_n & a_{n2} & \cdots & a_{nn} \end{vmatrix}, \quad x_2 = \frac{1}{|A|}\begin{vmatrix} a_{11} & b_1 & \cdots & a_{1n} \\ a_{21} & b_2 & \cdots & a_{2n} \\ \vdots & \vdots & \ddots & \vdots \\ a_{n1} & b_n & \cdots & a_{nn} \end{vmatrix},$$

$$\cdots, \quad x_n = \frac{1}{|A|}\begin{vmatrix} a_{11} & a_{12} & \cdots & b_1 \\ a_{21} & a_{22} & \cdots & b_2 \\ \vdots & \vdots & \ddots & \vdots \\ a_{n1} & a_{n2} & \cdots & b_n \end{vmatrix}$$

例題 58.1　次の連立1次方程式を, クラメルの公式を用いて解け。

$$\begin{cases} x_1 + 2x_2 - x_3 = -3 \\ 2x_1 + x_2 + x_3 = 2 \\ 3x_1 + x_2 - x_3 = 1 \end{cases}$$

＜解答＞　係数行列は, $A = \begin{pmatrix} 1 & 2 & 1 \\ 2 & 1 & 1 \\ 3 & 1 & -1 \end{pmatrix}$ となる。このとき,

$$|A| = \begin{vmatrix} 1 & 2 & -1 \\ 2 & 1 & 1 \\ 3 & 1 & -1 \end{vmatrix} = (-1) + 6 + (-2) - 1 - (-4) - (-3) = 9 \neq 0$$

となるので, 解はただ1組存在する。クラメルの公式を用いて

$$x_1 = \frac{1}{|A|}\begin{vmatrix} -3 & 2 & -1 \\ 2 & 1 & 1 \\ 1 & 1 & -1 \end{vmatrix} = \frac{1}{9}(3 + 2 + (-2) - (-3) - (-4) - (-1)) = \frac{11}{9}$$

同様にして $x_2 = \frac{1}{|A|}\begin{vmatrix} 1 & -3 & -1 \\ 2 & 2 & 1 \\ 3 & 1 & -1 \end{vmatrix} = -\frac{14}{9}$, $x_3 = \frac{1}{|A|}\begin{vmatrix} 1 & 2 & -3 \\ 2 & 1 & 2 \\ 3 & 1 & 1 \end{vmatrix} = \frac{10}{9}$ となる。

ドリル no.58　class　no　name

問題 58.1　次の連立1次方程式を，クラメルの公式を用いて解け。

(1) $\begin{cases} 2x_1 - 3x_2 + x_3 = 7 \\ x_1 + 2x_2 - 3x_3 = 0 \\ 8x_1 + x_2 - 5x_3 = 11 \end{cases}$

(2) $\begin{cases} 3x_1 - 8x_2 + 6x_3 = 1 \\ 2x_1 + 4x_2 - 3x_3 = 3 \\ 8x_1 - 2x_2 - 9x_3 = 4 \end{cases}$

チェック項目

	月　日	月　日
連立1次方程式を，クラメルの公式を用いて解くことができる。		

59　文字を含む行列式

成分に文字を含んだ行列式を計算できる。

成分に文字を含んだ行列式の因数分解　成分に文字を含んだ行列式の計算では, 行列式の性質を用いてうまく計算すると因数分解ができる場合がある。

[1]　　1 つの行または 1 つの列で, 共通の因数を作る。

[2]　　1 つの行または 1 つの列で, 1 つの成分以外をすべて 0 にする。

例題 **59.1**　行列式 $\begin{vmatrix} a & 1 & 1 \\ 1 & a & 1 \\ 1 & 1 & a \end{vmatrix}$ を因数分解せよ。

＜解答＞　3 つの行の各成分を加えるとすべて $a+2$ となることに注意して, 行列式を計算する。

$$\begin{vmatrix} a & 1 & 1 \\ 1 & a & 1 \\ 1 & 1 & a \end{vmatrix} = \begin{vmatrix} a+1 & a+1 & 2 \\ 1 & a & 1 \\ 1 & 1 & a \end{vmatrix} = \begin{vmatrix} a+2 & a+2 & a+2 \\ 1 & a & 1 \\ 1 & 1 & a \end{vmatrix} = (a+2)\begin{vmatrix} 1 & 1 & 1 \\ 1 & a & 1 \\ 1 & 1 & a \end{vmatrix}$$

（ 第 1 行 + 第 2 行 ）　（ 第 1 行 + 第 3 行 ）　（ 第 1 行の因数 $(a+2)$ をくくり出す ）

$$= (a+2)\begin{vmatrix} 1 & 1 & 1 \\ 0 & a-1 & 0 \\ 1 & 1 & a \end{vmatrix} = (a+2)(a-1)\begin{vmatrix} 1 & 1 \\ 1 & a \end{vmatrix} = (a+2)(a-1)^2$$

（ 第 2 行 + 第 1 行 × (−1) ）　（ 第 2 行で展開する ）

別解　サラスの方法を利用して展開すると

$$\begin{vmatrix} a & 1 & 1 \\ 1 & a & 1 \\ 1 & 1 & a \end{vmatrix} = a^3+1+1-a-a-a = a^3-3a+2$$

となる。因数定理を利用して, この式を因数分解すると $(a+2)(a-1)^2$ を得る。

例題 **50.2**　方程式 $\begin{vmatrix} x-1 & 1 & 1 \\ 1 & x-1 & 1 \\ -1 & -1 & x-3 \end{vmatrix} = 0$ を解け。

＜解答＞　行と列の変形を組み合わせて展開する。

$$\begin{vmatrix} x-1 & 1 & 1 \\ 1 & x-1 & 1 \\ -1 & -1 & x-3 \end{vmatrix} = \begin{vmatrix} x & x & 2 \\ 1 & x-1 & 1 \\ -1 & -1 & x-3 \end{vmatrix} = \begin{vmatrix} x & 0 & 2 \\ 1 & x-2 & 1 \\ -1 & 0 & x-3 \end{vmatrix} = (x-2)\begin{vmatrix} x & 2 \\ -1 & x-3 \end{vmatrix}$$

（ 第 1 行 + 第 2 行 ）　（ 第 2 列 + 第 1 列 × (−1) ）　（ 第 2 列で展開する ）

$= (x-2)(x^2-3x+2) = (x-2)(x-1)(x-2) = (x-1)(x-2)^2$

よって, 方程式は $(x-1)(x-2)^2=0$ となり, 解は $x=1$, $x=2$ となる。

別解　3 つの行の各成分を加えるとすべて $x-1$ となるので, それを利用してもよい。また, サラスの方法と因数定理を利用してもよい。

ドリル no.59 class no name

問題 59.1 行列式 $\begin{vmatrix} a & b & c \\ c & a & b \\ b & c & a \end{vmatrix}$ を因数分解せよ。

問題 59.2 方程式 $\begin{vmatrix} 3-x & 2 & 1 \\ 2 & 3-x & 2 \\ -1 & -1 & 1-x \end{vmatrix} = 0$ を解け。

問題 59.3 方程式 $\begin{vmatrix} x-1 & 0 & 0 & -1 \\ 0 & x-1 & -1 & 0 \\ 0 & -1 & x-1 & 0 \\ -1 & 0 & 0 & x-1 \end{vmatrix} = 0$ を解け。

チェック項目

チェック項目	月 日	月 日
成分に文字を含んだ行列式を計算できる。		

60　連立1次方程式と掃き出し法

掃き出し法 (消去法) を用いて連立1次方程式を解くことができる。

行の基本変形　行列の行についての次の操作を行の基本変形という。

[1]　2つの行を入れ換える

[2]　1つの行に0でない数をかける

[3]　1つの行に他の行の実数倍を加える

拡大係数行列と掃き出し法　n 個の未知数 $x_1, x_2, \cdots, x_n$ に関する連立1次方程式

$$\begin{cases} a_{11}x_1 + a_{12}x_2 + \cdots + a_{1n}x_n = b_1 \\ a_{21}x_1 + a_{22}x_2 + \cdots + a_{2n}x_n = b_2 \\ \quad\vdots \qquad\qquad \vdots \qquad \ddots \qquad \vdots \qquad\quad \vdots \\ a_{m1}x_1 + a_{m2}x_2 + \cdots + a_{mn}x_n = b_m \end{cases}$$ に行列 $$\left(\begin{array}{cccc|c} a_{11} & a_{12} & \cdots & a_{1n} & b_1 \\ a_{21} & a_{22} & \cdots & a_{2n} & b_2 \\ \vdots & \vdots & \ddots & \vdots & \vdots \\ a_{m1} & a_{m2} & \cdots & a_{mn} & b_m \end{array}\right)$$ を対応

させる。この行列を拡大係数行列という。係数行列 A に対して, 拡大係数行列を $\widetilde{A}$ で表す。拡大係数行列に行の基本変形を行うことで連立1次方程式を解く方法を掃き出し法, または消去法という。例えば $m = n$ のとき, 行の基本変形を行うことで拡大係数行列が行列

$$\left(\begin{array}{cccc|c} 1 & 0 & \cdots & 0 & \tilde{b}_1 \\ 0 & 1 & \cdots & 0 & \tilde{b}_2 \\ \vdots & \vdots & \ddots & \vdots & \vdots \\ 0 & 0 & \cdots & 1 & \tilde{b}_n \end{array}\right)$$

に変形できるとき, $x_1 = \tilde{b}_1,\ x_2 = \tilde{b}_2,\ \cdots,\ x_n = \tilde{b}_n$ が求める解である。

例題 60.1　次の連立1次方程式を掃き出し法で解け。

$$\begin{cases} 2x - 9y \qquad = 13 \\ x - 2y - z = 1 \\ -5x + 6y + 9z = 11 \end{cases}$$

<解答>　与えられた連立1次方程式の拡大係数行列は $\left(\begin{array}{ccc|c} 2 & -9 & 0 & 13 \\ 1 & -2 & -1 & 1 \\ -5 & 6 & 9 & 11 \end{array}\right)$ である。

この行列に行の基本変形を行って

$$\left(\begin{array}{ccc|c} 2 & -9 & 0 & 13 \\ 1 & -2 & -1 & 1 \\ -5 & 6 & 9 & 11 \end{array}\right) \sim \left(\begin{array}{ccc|c} 1 & -2 & -1 & 1 \\ 2 & -9 & 0 & 13 \\ -5 & 6 & 9 & 11 \end{array}\right) \sim \left(\begin{array}{ccc|c} 1 & -2 & -1 & 1 \\ 0 & -5 & 2 & 11 \\ 0 & -4 & 4 & 16 \end{array}\right) \sim \left(\begin{array}{ccc|c} 1 & -2 & -1 & 1 \\ 0 & -1 & -2 & -5 \\ 0 & -4 & 4 & 16 \end{array}\right)$$

(第1行 ⟷ 第2行)　(第2行 + 第1行 × (−2), 第3行 + 第1行 × 5)　(第2行 + 第3行 × (−1))

$$\sim \left(\begin{array}{ccc|c} 1 & -2 & -1 & 1 \\ 0 & 1 & 2 & 5 \\ 0 & -4 & 4 & 16 \end{array}\right) \sim \left(\begin{array}{ccc|c} 1 & 0 & 3 & 11 \\ 0 & 1 & 2 & 5 \\ 0 & 0 & 12 & 36 \end{array}\right) \sim \left(\begin{array}{ccc|c} 1 & 0 & 3 & 11 \\ 0 & 1 & 2 & 5 \\ 0 & 0 & 1 & 3 \end{array}\right) \sim \left(\begin{array}{ccc|c} 1 & 0 & 0 & 2 \\ 0 & 1 & 0 & -1 \\ 0 & 0 & 1 & 3 \end{array}\right)$$

(第2行 × (−1))　(第1行 + 第2行 × 2, 第3行 + 第2行 × 4)　(第3行 × $\frac{1}{12}$)　(第1行 + 第3行 × (−3), 第2行 + 第3行 × (−2))

よって, $x = 2,\ y = -1,\ z = 3$ が求める解である。

(注意) この連立方程式の解は, 3つの平面の交点を表す。

ドリル no.60	class	no	name

問題 60.1　次の連立 1 次方程式を掃き出し法で解け。

$$\begin{cases} 2x - 3y + z = 11 \\ 3x + 3y - 6z = -21 \\ 4x + 2y - 3z = -9 \end{cases}$$

問題 60.2　次の連立 1 次方程式を掃き出し法で解け。

$$\begin{cases} x + 3z + 2w = -1 \\ 3y + z + w = 2 \\ 2x + y - 2w = 5 \\ -2x - 3z + w = 7 \end{cases}$$

チェック項目

	月　日	月　日
掃き出し法 (消去法) を用いて連立 1 次方程式を解くことができる。		

61　いろいろな連立方程式

解がただ1組にならないような連立1次方程式を解くことができる。

解がただ1組にならない連立1次方程式の解　連立1次方程式がただ1組の解を持たないときは, 無限個の解をもつか, 解を持たないかのどちらかになる。拡大係数行列 $\widetilde{A}$ に行の基本変形を行って

$$0 \cdot x_1 + 0 \cdot x_2 + \cdots + 0 \cdot x_n = k \quad (k \neq 0)$$

という式が得られるときは連立1次方程式は解を持たない。

例題 **61.1**　連立方程式 $\begin{cases} x + y + z = 4 \\ 2x - y - 4z = -1 \\ 4x + y - 2z = 7 \end{cases}$ を掃き出し法で解け。

<解答>　拡大係数行列 $\widetilde{A}$ に行の基本操作を行う。

$$\left(\begin{array}{ccc|c} 1 & 1 & 1 & 4 \\ 2 & -1 & -4 & -1 \\ 4 & 1 & -2 & 7 \end{array}\right) \sim \left(\begin{array}{ccc|c} 1 & 1 & 1 & 4 \\ 0 & -3 & -6 & -9 \\ 0 & -3 & -6 & -9 \end{array}\right) \sim \left(\begin{array}{ccc|c} 1 & 1 & 1 & 4 \\ 0 & 1 & 2 & 3 \\ 0 & -3 & -6 & -9 \end{array}\right) \sim \left(\begin{array}{ccc|c} 1 & 0 & -1 & 1 \\ 0 & 1 & 2 & 3 \\ 0 & 0 & 0 & 0 \end{array}\right)$$

$\begin{pmatrix} \text{第2行}+\text{第1行}\times(-2) \\ \text{第3行}+\text{第1行}\times(-4) \end{pmatrix}$　$\left(\text{第2行}\times(-\frac{1}{3}) \right)$　$\begin{pmatrix} \text{第1行}+\text{第2行}\times(-1) \\ \text{第3行}+\text{第2行}\times 3 \end{pmatrix}$

これは $\begin{cases} x - z = 1 \\ y + 2z = 3 \end{cases}$ を表し, 解をただ1組決めることは出来ない。この式を満たすすべての実数が解である。$z = t$ (t は任意の実数) とおくと, 方程式の解は $\begin{cases} x = t + 1 \\ y = -2t + 3 \\ z = t \end{cases}$ となる。

この解はベクトルを使って

$$\begin{pmatrix} x \\ y \\ z \end{pmatrix} = t \begin{pmatrix} 1 \\ -2 \\ 1 \end{pmatrix} + \begin{pmatrix} 1 \\ 3 \\ 0 \end{pmatrix}$$

と表すこともできる。
(注意) この連立方程式の解は, 3つの平面の交わりが直線 (交線) であることを示している。

例題 **61.2**　連立方程式 $\begin{cases} x + y + z = 4 \\ 2x - y - 4z = -1 \\ 4x + y - 2z = 3 \end{cases}$ を掃き出し法で解け。

<解答>　拡大係数行列 $\widetilde{A}$ に行の基本操作を行う。例題 61.1 と同様にすると

$$\left(\begin{array}{ccc|c} 1 & 1 & 1 & 4 \\ 2 & -1 & -4 & -1 \\ 4 & 1 & -2 & 3 \end{array}\right) \sim \left(\begin{array}{ccc|c} 1 & 0 & -1 & 1 \\ 0 & 1 & 2 & 3 \\ 0 & 0 & 0 & -4 \end{array}\right)$$

と変形できる。3行目は $0 \cdot x + 0 \cdot y + 0 \cdot z = -4$ を表し, これを満たす x, y, z は存在しない。これは, 連立方程式には解が存在しないことを示している。よって, 解なし。

ドリル no.61	class	no	name

問題 61.1　次の連立方程式を掃き出し法で解け。また, 解がある場合は解をベクトルを用いて表せ。

(1) $\begin{cases} x - 3y + z = 2 \\ x - 2y + 3z = 3 \\ x - y + 5z = 4 \end{cases}$

(2) $\begin{cases} 2x + y - 4z - w = 1 \\ x - y + z - 2w = -4 \\ x + 2y - 5z + w = 5 \end{cases}$

(3) $\begin{cases} 2x + y - 4z - w = 1 \\ x - y + z - 2w = -4 \\ x + 2y - 5z + w = 2 \end{cases}$

チェック項目

	月　日	月　日
解がただ 1 組にならないような連立 1 次方程式を解くことができる。		

62　逆行列の計算法 (2)

掃き出し法を用いて逆行列を求めることができる。

掃き出し法による逆行列の計算　正方行列 A に対して, A の成分と, A と同じ型の単位行列 E の成分を並べてできる行列を $(A|E)$ で表わす。行列 $(A|E)$ に行の基本変形を行って $(E|B)$ と変形できるとき, A は正則で $A^{-1}=B$ となる。$(A|E)$ が $(E|B)$ と変形できないときは A は正則でない。

例題 **62.1**　行列 $A=\begin{pmatrix} 1 & 1 & -5 \\ -2 & 1 & 5 \\ 0 & -1 & 2 \end{pmatrix}$ の逆行列があれば, それを求めよ。

<解答>

$$(A|E)=\left(\begin{array}{ccc|ccc} 1 & 1 & -5 & 1 & 0 & 0 \\ -2 & 1 & 5 & 0 & 1 & 0 \\ 0 & -1 & 2 & 0 & 0 & 1 \end{array}\right) \sim \left(\begin{array}{ccc|ccc} 1 & 1 & -5 & 1 & 0 & 0 \\ 0 & 3 & -5 & 2 & 1 & 0 \\ 0 & -1 & 2 & 0 & 0 & 1 \end{array}\right) \sim \left(\begin{array}{ccc|ccc} 1 & 0 & -3 & 1 & 0 & 1 \\ 0 & 0 & 1 & 2 & 1 & 3 \\ 0 & -1 & 2 & 0 & 0 & 1 \end{array}\right)$$

$$\left(\text{第}\,2\,\text{行}+\text{第}\,1\,\text{行}\times 2\right) \qquad \left(\begin{array}{l}\text{第}\,1\,\text{行}+\text{第}\,3\,\text{行}\\ \text{第}\,2\,\text{行}+\text{第}\,3\,\text{行}\times 3\end{array}\right)$$

$$\sim \left(\begin{array}{ccc|ccc} 1 & 0 & -3 & 1 & 0 & 1 \\ 0 & -1 & 2 & 0 & 0 & 1 \\ 0 & 0 & 1 & 2 & 1 & 3 \end{array}\right) \sim \left(\begin{array}{ccc|ccc} 1 & 0 & -3 & 1 & 0 & 1 \\ 0 & 1 & -2 & 0 & 0 & -1 \\ 0 & 0 & 1 & 2 & 1 & 3 \end{array}\right) \sim \left(\begin{array}{ccc|ccc} 1 & 0 & 0 & 7 & 3 & 10 \\ 0 & 1 & 0 & 4 & 2 & 5 \\ 0 & 0 & 1 & 2 & 1 & 3 \end{array}\right)$$

$$\left(\text{第}\,2\,\text{行}\longleftrightarrow\text{第}\,3\,\text{行}\right) \qquad \left(\text{第}\,2\,\text{行}\times(-1)\right) \qquad \left(\begin{array}{l}\text{第}\,1\,\text{行}+\text{第}\,3\,\text{行}\times 3\\ \text{第}\,2\,\text{行}+\text{第}\,3\,\text{行}\times 2\end{array}\right)$$

したがって, 行列 A は正則で, $A^{-1}=\begin{pmatrix} 7 & 3 & 10 \\ 4 & 2 & 5 \\ 2 & 1 & 3 \end{pmatrix}$ である。

例題 **62.2**　行列 $A=\begin{pmatrix} 1 & 2 & 3 \\ 3 & 1 & 2 \\ 2 & -1 & -1 \end{pmatrix}$ の逆行列があれば, それを求めよ。

<解答>

$$(A|E)=\left(\begin{array}{ccc|ccc} 1 & 2 & 3 & 1 & 0 & 0 \\ 3 & 1 & 2 & 0 & 1 & 0 \\ 2 & -1 & -1 & 0 & 0 & 1 \end{array}\right) \sim \left(\begin{array}{ccc|ccc} 1 & 2 & 3 & 1 & 0 & 0 \\ 0 & -5 & -7 & -3 & 1 & 0 \\ 0 & -5 & -7 & -2 & 0 & 1 \end{array}\right) \sim \left(\begin{array}{ccc|ccc} 1 & 2 & 3 & 1 & 0 & 0 \\ 0 & -5 & -7 & -3 & 1 & 0 \\ 0 & 0 & 0 & 1 & -1 & 1 \end{array}\right)$$

$$\left(\begin{array}{l}\text{第}\,2\,\text{行}+\text{第}\,1\,\text{行}\times(-3)\\ \text{第}\,3\,\text{行}+\text{第}\,1\,\text{行}\times(-2)\end{array}\right) \qquad \left(\text{第}\,3\,\text{行}+\text{第}\,2\,\text{行}\times(-1)\right)$$

このとき, $(A|E)$ は $(E|B)$ と変形できないので, 行列 A は逆行列を持たない。

ドリル no.62　class　　no　　name

問題 62.1　次の行列について, 逆行列があればそれを求めよ。

(1) $\begin{pmatrix} 1 & 2 & 2 \\ 2 & 1 & -1 \\ 2 & 3 & 2 \end{pmatrix}$

(2) $\begin{pmatrix} 1 & 2 & -3 \\ 3 & -1 & -2 \\ -2 & 0 & 2 \end{pmatrix}$

(3) $\begin{pmatrix} 1 & 0 & 0 \\ 2 & 1 & 0 \\ 3 & 4 & 1 \end{pmatrix}$

チェック項目

	月　日	月　日
掃き出し法を用いて逆行列を求めることができる。		

63　行列の基本変形と階数

行列 A の階数 $\mathrm{rank}\,A$ を行の基本変形を用いて求めることができる。

行列の基本変形　行列の列についても, 行と同様の基本変形を行うことができる。これを列の基本変形という。

行列の階数　行列 A に行および列の基本変形を施して, $\begin{pmatrix} E_r & O \\ O & O \end{pmatrix}$ の形に変形できるとき, r を行列 A の階数といい, $\mathrm{rank}\,A = r$ と書く。ただし, E_r は r 次の単位行列, O は零行列とする。階数を求めるだけであれば, 行の基本変形のみで求めることができる。

(注意) 行の基本変形については, 項目 60 を参照。

例題 **63.1**　行列 $A = \begin{pmatrix} 3 & 0 & 1 & 1 \\ 4 & 3 & 2 & 3 \\ 1 & 3 & 1 & 2 \end{pmatrix}$ の階数を求めよ。

＜解答＞　まずは行の基本変形を行う。

$$\begin{pmatrix} 3 & 0 & 1 & 1 \\ 4 & 3 & 2 & 3 \\ 1 & 3 & 1 & 2 \end{pmatrix} \sim \begin{pmatrix} 1 & 3 & 1 & 2 \\ 4 & 3 & 2 & 3 \\ 3 & 0 & 1 & 1 \end{pmatrix} \sim \begin{pmatrix} 1 & 3 & 1 & 2 \\ 0 & -9 & -2 & -5 \\ 0 & -9 & -2 & -5 \end{pmatrix} \sim \begin{pmatrix} 1 & 3 & 1 & 2 \\ 0 & -9 & -2 & -5 \\ 0 & 0 & 0 & 0 \end{pmatrix}$$

(第 1 行 ↔ 第 3 行)　(第 2 行 + 第 1 行 × (-4) / 第 3 行 + 第 1 行 × (-3))　(第 3 行 + 第 2 行 × (-1))

$$\sim \begin{pmatrix} 1 & 3 & 1 & 2 \\ 0 & 1 & \frac{2}{9} & \frac{5}{9} \\ 0 & 0 & 0 & 0 \end{pmatrix} \sim \begin{pmatrix} 1 & 0 & \frac{1}{3} & \frac{1}{3} \\ 0 & 1 & \frac{2}{9} & \frac{5}{9} \\ 0 & 0 & 0 & 0 \end{pmatrix} \qquad \cdots (*)$$

(第 2 行 × $(-\frac{1}{9})$)　(第 1 行 + 第 2 行 × (-3))

さらに列の基本変形を行って

$$\sim \begin{pmatrix} 1 & 0 & 0 & 0 \\ 0 & 1 & \frac{2}{9} & \frac{5}{9} \\ 0 & 0 & 0 & 0 \end{pmatrix} \sim \begin{pmatrix} 1 & 0 & 0 & 0 \\ 0 & 1 & 0 & 0 \\ 0 & 0 & 0 & 0 \end{pmatrix}$$

(第 3 列 + 第 1 列 × $(-\frac{1}{3})$ / 第 4 列 + 第 1 列 × $(-\frac{1}{3})$)　(第 3 列 + 第 2 列 × $(-\frac{2}{9})$ / 第 4 列 + 第 2 列 × $(-\frac{5}{9})$)

よって, A の階数は 2 である。($\mathrm{rank}\,A = 2$ である。)

(注意) 階数を求めるだけであれば, $(*)$ の時点で階数が 2 であることがわかる。さらに列の基本変形を行うことで, $\begin{pmatrix} E_2 & O \\ O & O \end{pmatrix}$ の形まで変形できる。

ドリル no.63　class　　no　　name

問題 63.1　次の行列の階数を求めよ。

(1)　$A = \begin{pmatrix} 4 & 2 & -1 & 3 \\ 5 & -3 & 3 & 2 \\ 5 & -1 & 2 & 1 \end{pmatrix}$　　(2)　$A = \begin{pmatrix} 4 & 3 & 4 & 5 \\ 1 & 2 & 3 & 4 \\ -2 & 1 & 2 & 3 \end{pmatrix}$

問題 63.2　行列 $A = \begin{pmatrix} 3 & 1 & -2 & -2 \\ 18 & 8 & -1 & -13 \\ 13 & 2 & -13 & 1 \\ 10 & 4 & -5 & -9 \end{pmatrix}$ の階数を求めよ。

チェック項目

	月　日	月　日
行列 A の階数 rank A を行の基本変形を用いて求めることができる。		

64　連立 1 次方程式と階数

連立 1 次方程式の解と, 係数行列の階数の関係を理解している。

連立 n 元 1 次方程式 $A\boldsymbol{x} = \boldsymbol{b}$ (項目 58 参照) の係数行列 A と, 拡大係数行列 $\widetilde{A} = (A \mid \boldsymbol{b})$ に対して, 不等式

$$\operatorname{rank} A \leqq \operatorname{rank} \widetilde{A} \leqq \operatorname{rank} A + 1$$

が成り立つ。

また, 連立 n 元 1 次方程式の解について, 次のような分類を行うことができる。

[1]　解がただ 1 組 $\iff \operatorname{rank} A = \operatorname{rank} \widetilde{A} = n$

[2]　解が無数にある (不定) $\iff \operatorname{rank} A = \operatorname{rank} \widetilde{A} < n$

[3]　解が存在しない (不能) $\iff \operatorname{rank} A \neq \operatorname{rank} \widetilde{A}$

(注意) 連立 n 元 1 次方程式の n は連立方程式の未知数の個数を表す。

例題 64.1　次の連立 1 次方程式を掃き出し法で解け。また, rank A と rank $\widetilde{A}$ を求めよ。

(1) $\begin{cases} 2x - 9y = 13 \\ x - 2y - z = 1 \\ -5x + 6y + 9z = 11 \end{cases}$　(2) $\begin{cases} x + y + z = 4 \\ 2x - y - 4z = -1 \\ 4x + y - 2z = 7 \end{cases}$

(3) $\begin{cases} x + y + z = 4 \\ 2x - y - 4z = -1 \\ 4x + y - 2z = 3 \end{cases}$

<解答>　拡大係数行列 $\widetilde{A}$ に行の基本変形を行うと次のようになる。

(1) $\left(\begin{array}{ccc|c} 2 & -9 & 0 & 13 \\ 1 & -2 & -1 & 1 \\ -5 & 6 & 9 & 11 \end{array}\right) \sim \left(\begin{array}{ccc|c} 1 & 0 & 0 & 2 \\ 0 & 1 & 0 & -1 \\ 0 & 0 & 1 & 3 \end{array}\right) \longleftrightarrow \begin{cases} x = 2 \\ y = -1 \\ z = 3 \end{cases}$

このとき, rank $A = \operatorname{rank} \widetilde{A} = 3$　よって, $x = 2,\ y = -1,\ z = 3$

(2) $\left(\begin{array}{ccc|c} 1 & 1 & 1 & 4 \\ 2 & -1 & -4 & -1 \\ 4 & 1 & -2 & 7 \end{array}\right) \sim \left(\begin{array}{ccc|c} 1 & 0 & -1 & 1 \\ 0 & 1 & 2 & 3 \\ 0 & 0 & 0 & 0 \end{array}\right) \longleftrightarrow \begin{cases} x - z = 1 \\ y + 2z = 3 \end{cases}$

このとき, rank $A = \operatorname{rank} \widetilde{A} = 2 < 3$

ここで $z = t$ とおくと, 解は $\begin{cases} x = t + 1 \\ y = -2t + 3 \\ z = t \end{cases}$ (t は任意の実数) と表わされる。

(3) $\left(\begin{array}{ccc|c} 1 & 1 & 1 & 4 \\ 2 & -1 & -4 & -1 \\ 4 & 1 & -2 & 3 \end{array}\right) \sim \left(\begin{array}{ccc|c} 1 & 0 & -1 & 1 \\ 0 & 1 & 2 & 3 \\ 0 & 0 & 0 & -4 \end{array}\right) \longleftrightarrow \begin{cases} x - z = 1 \\ y + 2z = 3 \\ 0 = -4 \end{cases}$

このとき, rank $A = 2$, rank $\widetilde{A} = 3$ であるので, この連立方程式の解は存在しない。

ドリル no.64　class　no　name

問題 64.1　次の連立方程式を掃き出し法で解け。また, rank A と rank $\widetilde{A}$ を求めよ。

(1) $$\begin{cases} x - 2y + 3z = 5 \\ -x + y + 4z = 7 \\ 2x - y + 2z = 8 \end{cases}$$

(2) $$\begin{cases} x + y + z - 6w = 2 \\ 2x - y + z - 3w = 6 \\ x - 2y - z + 6w = 3 \\ 4x - 2y + z - 3w = 5 \end{cases}$$

(3) $$\begin{cases} x + y + z - 6w = 2 \\ 2x - y + z - 3w = 6 \\ x - 2y - z + 6w = 3 \\ 4x - 2y + z - 3w = 11 \end{cases}$$

チェック項目

	月　日	月　日
連立 1 次方程式の解と, 係数行列の階数の関係を理解している。		

65　線形空間

線形空間と部分空間の定義を理解している。

線形空間　V を空でない集合, $\mathbb{R}$ を実数全体の集合とする。このとき, $\boldsymbol{x}$, $\boldsymbol{y} \in V$, α, $\beta \in \mathbb{R}$ について, 和 $\boldsymbol{x}+\boldsymbol{y} \in V$ と スカラー倍 $\alpha\boldsymbol{x} \in V$ が定義されていて, 次の [1]〜[8] を満たしているとき, V を $\mathbb{R}$ 上の線形空間という。また, 線形空間の要素をベクトルという。

[1] $\boldsymbol{x}+\boldsymbol{y}=\boldsymbol{y}+\boldsymbol{x}$　(交換法則)　　[2] $(\boldsymbol{x}+\boldsymbol{y})+\boldsymbol{z}=\boldsymbol{x}+(\boldsymbol{y}+\boldsymbol{z})$　(結合法則)

[3] すべての $\boldsymbol{x} \in V$ に対して, $\boldsymbol{x}+\boldsymbol{0}=\boldsymbol{x}$ を成り立たせるベクトル $\boldsymbol{0}$ が存在する。

[4] すべての $\boldsymbol{x} \in V$ に対して, $\boldsymbol{x}+\boldsymbol{x}'=\boldsymbol{0}$ を成り立たせるベクトル $\boldsymbol{x}'$ が存在する。

[5] $1\boldsymbol{x}=\boldsymbol{x}$　　[6] $\alpha(\beta\boldsymbol{x})=(\alpha\beta)\boldsymbol{x}$

[7] $\alpha(\boldsymbol{x}+\boldsymbol{y})=\alpha\boldsymbol{x}+\alpha\boldsymbol{y}$　　[8] $(\alpha+\beta)\boldsymbol{x}=\alpha\boldsymbol{x}+\beta\boldsymbol{x}$

n 次元列ベクトル全体の集合 $\mathbb{R}^n$ は, ベクトルの加法と実数倍に対して線形空間となる。

線形部分空間　線形空間 V の部分集合 W において,

[1] $\boldsymbol{a}$, $\boldsymbol{b} \in W$ ならば $\boldsymbol{a}+\boldsymbol{b} \in W$　　[2] $\boldsymbol{a} \in W$, $\alpha \in \mathbb{R}$ ならば $\alpha\boldsymbol{a} \in W$

が成り立っているとき, W は V の線形部分空間 (または単に部分空間) という。

例題 65.1　次の $\mathbb{R}^3$ の部分集合 W_1, W_2 のうち, $\mathbb{R}^3$ の部分空間となるものはどれか。

(1)　$W_1=\left\{\begin{pmatrix} x_1 \\ x_2 \\ x_3 \end{pmatrix} \in \mathbb{R}^3 \;\middle|\; x_1-x_2=0\right\}$　　(2)　$W_2=\left\{\begin{pmatrix} x_1 \\ x_2 \\ x_3 \end{pmatrix} \in \mathbb{R}^3 \;\middle|\; x_3=1\right\}$

<解答>　(1)　$\boldsymbol{x}=\begin{pmatrix} a \\ a \\ b \end{pmatrix}$, $\boldsymbol{y}=\begin{pmatrix} c \\ c \\ d \end{pmatrix} \in W_1$ と $\alpha \in \mathbb{R}$ に対して,

和 $\boldsymbol{x}+\boldsymbol{y}=\begin{pmatrix} a \\ a \\ b \end{pmatrix}+\begin{pmatrix} c \\ c \\ d \end{pmatrix}=\begin{pmatrix} a+c \\ a+c \\ b+d \end{pmatrix}$ およびスカラー倍 $\alpha\boldsymbol{x}=\alpha\begin{pmatrix} a \\ a \\ b \end{pmatrix}=\begin{pmatrix} \alpha a \\ \alpha a \\ \alpha b \end{pmatrix}$ は

いずれも $x_1-x_2=0$ を満たすので, $\boldsymbol{x}+\boldsymbol{y} \in W_1$, $\alpha\boldsymbol{x} \in W_1$ が成り立つ。

したがって W_1 は $\mathbb{R}^3$ の部分空間である。

(注意) $x_1-x_2=0$ は座標空間 $\mathbb{R}^3$ において原点を通る平面を表す。W_1 は, この平面上にある原点を始点とするベクトルの集合と考えられる。

(2)　$\boldsymbol{x}=\begin{pmatrix} a \\ b \\ 1 \end{pmatrix}$, $\boldsymbol{y}=\begin{pmatrix} c \\ d \\ 1 \end{pmatrix} \in W_2$ に対して, 和 $\boldsymbol{x}+\boldsymbol{y}=\begin{pmatrix} a \\ b \\ 1 \end{pmatrix}+\begin{pmatrix} c \\ d \\ 1 \end{pmatrix}=\begin{pmatrix} a+c \\ b+d \\ 2 \end{pmatrix}$ は,

$x_3=1$ を満たさず, $\boldsymbol{x}+\boldsymbol{y} \notin W_2$ であるので, W_2 は $\mathbb{R}^3$ の部分空間ではない。

(注意 1) 1 でない $\alpha \in \mathbb{R}$ に対してスカラー倍 $\alpha\boldsymbol{x}=\alpha\begin{pmatrix} a \\ b \\ 1 \end{pmatrix}=\begin{pmatrix} \alpha a \\ \alpha b \\ \alpha \end{pmatrix}$ は, $x_3=1$ を満たさず,

$\alpha\boldsymbol{x} \notin W_2$ であるので, W_2 は $\mathbb{R}^3$ の部分空間ではない, としてもよい。

(注意 2) $x_3=1$ は座標空間 $\mathbb{R}^3$ において原点を通らない平面を表す。W_2 は, 原点を始点としこの平面上に終点があるベクトルの集合と考えられる。

ドリル no.65　class　no　name

問題 65.1　次の $\mathbb{R}^3$ の部分集合のうち, $\mathbb{R}^3$ の部分空間となるものはどれか。

(1)　$W_1 = \left\{ \begin{pmatrix} x_1 \\ x_2 \\ x_3 \end{pmatrix} \in \mathbb{R}^3 \;\middle|\; x_1 = 0 \right\}$

(2)　$W_2 = \left\{ \begin{pmatrix} x_1 \\ x_2 \\ x_3 \end{pmatrix} \in \mathbb{R}^3 \;\middle|\; x_2 + x_3 = 2 \right\}$

(3)　$W_3 = \left\{ \begin{pmatrix} x_1 \\ x_2 \\ x_3 \end{pmatrix} \in \mathbb{R}^3 \;\middle|\; x_2 + x_3 = 0 \right\}$

(4)　$W_4 = \left\{ \begin{pmatrix} x_1 \\ x_2 \\ x_3 \end{pmatrix} \in \mathbb{R}^3 \;\middle|\; {x_1}^2 + {x_2}^2 + {x_3}^2 = 1 \right\}$

チェック項目

	月　日	月　日
線形空間と部分空間の定義を理解している。		

66　ベクトルの1次独立・1次従属 (2)

ベクトルの1次独立・1次従属を行列の基本変形を利用して判定することができる。

1次独立・1次従属　零ベクトルでない n 個のベクトル $\boldsymbol{a}_1, \boldsymbol{a}_2, \cdots, \boldsymbol{a}_n$ と実数 $c_1, c_2, \cdots, c_n$ に対して,

$$c_1\boldsymbol{a}_1 + c_2\boldsymbol{a}_2 + \cdots + c_n\boldsymbol{a}_n = \boldsymbol{0} \iff c_1 = c_2 = \cdots = c_n = 0$$

が成り立つとき, ベクトル $\boldsymbol{a}_1, \boldsymbol{a}_2, \cdots, \boldsymbol{a}_n$ は1次独立であるという。ベクトル $\boldsymbol{a}_1, \boldsymbol{a}_2, \cdots, \boldsymbol{a}_n$ が1次独立でないとき, 1次従属であるといい, $c_1\boldsymbol{a}_1+c_2\boldsymbol{a}_2+\cdots+c_n\boldsymbol{a}_n = \boldsymbol{0}$ を $\boldsymbol{a}_1, \boldsymbol{a}_2, \cdots, \boldsymbol{a}_n$ の1次関係という。

列ベクトルの1次関係　$\mathbb{R}^m$ の n 個のベクトル $\boldsymbol{a}_1, \boldsymbol{a}_2, \cdots, \boldsymbol{a}_n$ を並べてできる $m \times n$ 型行列を $A = (\boldsymbol{a}_1\boldsymbol{a}_2\cdots\boldsymbol{a}_n)$ と書く。A に行の基本変形を行って得られる行列 B の列ベクトル $\boldsymbol{b}_1, \boldsymbol{b}_2, \cdots, \boldsymbol{b}_n$ が1次関係 $c_1\boldsymbol{b}_1 + c_2\boldsymbol{b}_2 + \cdots + c_n\boldsymbol{b}_n = \boldsymbol{0}$ を満たすとき, $\boldsymbol{a}_1, \boldsymbol{a}_2, \cdots, \boldsymbol{a}_n$ に対しても同じ1次関係 $c_1\boldsymbol{a}_1 + c_2\boldsymbol{a}_2 + \cdots + c_n\boldsymbol{a}_n = \boldsymbol{0}$ が成り立つ。特に $\boldsymbol{a}_1, \boldsymbol{a}_2, \cdots, \boldsymbol{a}_n$ が1次独立であるためには, 行列 $A = (\boldsymbol{a}_1\boldsymbol{a}_2\cdots\boldsymbol{a}_n)$ の階数が n になればよい。

例題 66.1　次のベクトルの組が1次独立か1次従属であるかを調べよ。1次従属である場合には, 1次独立なベクトルの組を選び出し, 残りのベクトルをその1次結合で表せ。

(1)　$\boldsymbol{a}_1 = \begin{pmatrix} 1 \\ -2 \\ 2 \end{pmatrix}, \boldsymbol{a}_2 = \begin{pmatrix} 3 \\ -1 \\ 2 \end{pmatrix}, \boldsymbol{a}_3 = \begin{pmatrix} 2 \\ 1 \\ -1 \end{pmatrix}$

(2)　$\boldsymbol{a}_1 = \begin{pmatrix} 1 \\ 0 \\ -1 \\ 2 \end{pmatrix}, \boldsymbol{a}_2 = \begin{pmatrix} 1 \\ 1 \\ 0 \\ 2 \end{pmatrix}, \boldsymbol{a}_3 = \begin{pmatrix} 1 \\ 1 \\ 1 \\ 1 \end{pmatrix}, \boldsymbol{a}_4 = \begin{pmatrix} 3 \\ 2 \\ 2 \\ 3 \end{pmatrix}$

<解答>　(1)　$\boldsymbol{a}_1, \boldsymbol{a}_2, \boldsymbol{a}_3$ を並べた行列 $(\boldsymbol{a}_1\boldsymbol{a}_2\boldsymbol{a}_3)$ に行の基本変形を行うと,

$$(\boldsymbol{a}_1\boldsymbol{a}_2\boldsymbol{a}_3) = \begin{pmatrix} 1 & 3 & 2 \\ -2 & -1 & 1 \\ 2 & 2 & -1 \end{pmatrix} \sim \begin{pmatrix} 1 & 0 & 0 \\ 0 & 1 & 0 \\ 0 & 0 & 1 \end{pmatrix}$$

より $\mathrm{rank}\,(\boldsymbol{a}_1\boldsymbol{a}_2\boldsymbol{a}_3) = 3$ となる。よって $\boldsymbol{a}_1, \boldsymbol{a}_2, \boldsymbol{a}_3$ は1次独立である。

(注意) 行列 $(\boldsymbol{a}_1\boldsymbol{a}_2\boldsymbol{a}_3)$ が正則であれば階数は3になるので, 行列式が0にならないことを確認してもよい。

(2)　$\boldsymbol{a}_1, \boldsymbol{a}_2, \boldsymbol{a}_3, \boldsymbol{a}_4$ を並べた行列 $(\boldsymbol{a}_1\boldsymbol{a}_2\boldsymbol{a}_3\boldsymbol{a}_4)$ に行の基本変形を行うと,

$$(\boldsymbol{a}_1\boldsymbol{a}_2\boldsymbol{a}_3\boldsymbol{a}_4) = \begin{pmatrix} 1 & 1 & 1 & 3 \\ 0 & 1 & 1 & 2 \\ -1 & 0 & 1 & 2 \\ 2 & 2 & 1 & 3 \end{pmatrix} \sim \begin{pmatrix} 1 & 0 & 0 & 1 \\ 0 & 1 & 0 & -1 \\ 0 & 0 & 1 & 3 \\ 0 & 0 & 0 & 0 \end{pmatrix}$$

となる。変形した行列を列ベクトルを使って $(\boldsymbol{b}_1\boldsymbol{b}_2\boldsymbol{b}_3\boldsymbol{b}_4)$ と表すとき, $\boldsymbol{b}_1, \boldsymbol{b}_2, \boldsymbol{b}_3, \boldsymbol{b}_4$ には1次関係 $\boldsymbol{b}_4 = \boldsymbol{b}_1 - \boldsymbol{b}_2 + 3\boldsymbol{b}_3$ が成り立つ。

したがって $\boldsymbol{a}_1, \boldsymbol{a}_2, \boldsymbol{a}_3, \boldsymbol{a}_4$ は1次従属であり, $\boldsymbol{a}_4 = \boldsymbol{a}_1 - \boldsymbol{a}_2 + 3\boldsymbol{a}_3$ が成り立つ。

$\boldsymbol{a}_1, \boldsymbol{a}_2, \boldsymbol{a}_3$ は $(\boldsymbol{a}_1\boldsymbol{a}_2\boldsymbol{a}_3) \sim \begin{pmatrix} 1 & 0 & 0 \\ 0 & 1 & 0 \\ 0 & 0 & 1 \\ 0 & 0 & 0 \end{pmatrix}$ より $\mathrm{rank}(\boldsymbol{a}_1\boldsymbol{a}_2\boldsymbol{a}_3) = 3$ となるので, 1次独立である。

ドリル no.66　class　no　name

問題 66.1　次のベクトルの組は1次独立か1次従属であるかを調べよ。1次従属である場合には, 1次独立なベクトルの組を選び出し, 残りのベクトルをその1次結合で表せ。

(1) $\boldsymbol{a}_1 = \begin{pmatrix} 1 \\ 4 \\ 1 \end{pmatrix},\ \boldsymbol{a}_2 = \begin{pmatrix} 4 \\ 1 \\ 2 \end{pmatrix},\ \boldsymbol{a}_3 = \begin{pmatrix} 5 \\ -2 \\ 1 \end{pmatrix}$

(2) $\boldsymbol{a}_1 = \begin{pmatrix} 2 \\ 1 \\ -1 \end{pmatrix},\ \boldsymbol{a}_2 = \begin{pmatrix} 1 \\ -2 \\ 1 \end{pmatrix},\ \boldsymbol{a}_3 = \begin{pmatrix} 4 \\ -3 \\ 1 \end{pmatrix}$

(3) $\boldsymbol{a}_1 = \begin{pmatrix} 1 \\ -1 \\ -2 \\ 1 \end{pmatrix},\ \boldsymbol{a}_2 = \begin{pmatrix} -3 \\ 1 \\ 2 \\ 0 \end{pmatrix},\ \boldsymbol{a}_3 = \begin{pmatrix} -2 \\ -2 \\ 1 \\ 4 \end{pmatrix},\ \boldsymbol{a}_4 = \begin{pmatrix} 1 \\ 9 \\ 3 \\ -14 \end{pmatrix}$

チェック項目

	月　日	月　日
ベクトルの1次独立・1次従属を行列の基本変形を利用して判定することができる。		

67　線形空間の基底と次元

線形空間の基底と次元を求めることができる。

ベクトルの組の生成する部分空間　線形空間 V において, m 個のベクトル $\boldsymbol{a}_1, \boldsymbol{a}_2, \cdots, \boldsymbol{a}_m$ の1次結合全体の集合 $W = \{\boldsymbol{w} | \boldsymbol{w} = \lambda_1 \boldsymbol{a}_1 + \lambda_2 \boldsymbol{a}_2 + \cdots + \lambda_m \boldsymbol{a}_m,\ \lambda_i \in \mathbb{R}\}$ は V の部分空間になる。このとき, W を $\boldsymbol{a}_1, \boldsymbol{a}_2, \cdots, \boldsymbol{a}_m$ の生成する部分空間といい, $W = \langle \boldsymbol{a}_1, \boldsymbol{a}_2, \cdots, \boldsymbol{a}_m \rangle$ と書く。

基底と次元　線形空間 V において, n 個のベクトル $\boldsymbol{a}_1, \boldsymbol{a}_2, \cdots, \boldsymbol{a}_n$ が次の [1], [2] を満たすとき, $\{\boldsymbol{a}_1, \boldsymbol{a}_2, \cdots, \boldsymbol{a}_n\}$ を V の基底という。

[1] $\boldsymbol{a}_1, \boldsymbol{a}_2, \cdots, \boldsymbol{a}_n$ は1次独立　　[2] $V = \langle \boldsymbol{a}_1, \boldsymbol{a}_2, \cdots, \boldsymbol{a}_n \rangle$

また, 基底を構成するベクトルの個数を線形空間 V の次元といい, $\dim V$ と書く。

例題 67.1　次のベクトルの組は $\mathbb{R}^3$ の基底かどうか調べよ。

(1) $\boldsymbol{a}_1 = \begin{pmatrix} 1 \\ 1 \\ -2 \end{pmatrix}, \boldsymbol{a}_2 = \begin{pmatrix} 0 \\ -1 \\ 3 \end{pmatrix}, \boldsymbol{a}_3 = \begin{pmatrix} -1 \\ 0 \\ 2 \end{pmatrix}$　(2) $\boldsymbol{b}_1 = \begin{pmatrix} 2 \\ 1 \\ 3 \end{pmatrix}, \boldsymbol{b}_2 = \begin{pmatrix} -1 \\ 2 \\ 1 \end{pmatrix}, \boldsymbol{b}_3 = \begin{pmatrix} 2 \\ 0 \\ 2 \end{pmatrix}$

＜解答＞ (1) $\boldsymbol{a}_1, \boldsymbol{a}_2, \boldsymbol{a}_3$ を並べた行列の行列式の値を求めると, $\begin{vmatrix} 1 & 0 & -1 \\ 1 & -1 & 0 \\ -2 & 3 & 2 \end{vmatrix} = -3 \neq 0$

よって, $\boldsymbol{a}_1, \boldsymbol{a}_2, \boldsymbol{a}_3$ は1次独立である。また, $\mathbb{R}^3 = \langle \boldsymbol{a}_1, \boldsymbol{a}_2, \boldsymbol{a}_3 \rangle$ となるので基底である。

(2) $\boldsymbol{b}_1, \boldsymbol{b}_2, \boldsymbol{b}_3$ を並べた行列の行列式の値を求めると, $\begin{vmatrix} 2 & -1 & 2 \\ 1 & 2 & 0 \\ 3 & 1 & 2 \end{vmatrix} = 0$

よって, $\boldsymbol{b}_1, \boldsymbol{b}_2, \boldsymbol{b}_3$ は1次従属だから, 基底ではない。

別解　(1) $A = (\boldsymbol{a}_1 \boldsymbol{a}_2 \boldsymbol{a}_3)$ とし, 行の基本変形により $\operatorname{rank} A$ を求める。

$\begin{pmatrix} 1 & 0 & -1 \\ 1 & -1 & 0 \\ -2 & 3 & 2 \end{pmatrix} \sim \begin{pmatrix} 1 & 0 & -1 \\ 0 & 1 & -1 \\ 0 & 0 & 1 \end{pmatrix}$ より $\operatorname{rank} A = 3$ だから, $\boldsymbol{a}_1, \boldsymbol{a}_2, \boldsymbol{a}_3$ は1次独立である。

(2) (1) と同様にして $B = (\boldsymbol{b}_1 \boldsymbol{b}_2 \boldsymbol{b}_3)$ とし, 行の基本変形を行うと $\operatorname{rank} B = 2$ だから, 1次従属である。

例題 67.2　$\mathbb{R}^4$ の部分空間 $W = \left\langle \begin{pmatrix} 1 \\ -1 \\ -2 \\ -1 \end{pmatrix}, \begin{pmatrix} 0 \\ 1 \\ 3 \\ 3 \end{pmatrix}, \begin{pmatrix} 2 \\ 0 \\ 2 \\ 4 \end{pmatrix}, \begin{pmatrix} -1 \\ 1 \\ 2 \\ 1 \end{pmatrix} \right\rangle$ の次元と基底を求めよ。

＜解答＞ $A = \begin{pmatrix} 1 & 0 & 2 & -1 \\ -1 & 1 & 0 & 1 \\ -2 & 3 & 2 & 2 \\ 1 & 3 & 4 & 1 \end{pmatrix}$ とおき, 行の基本変形を行うと $\begin{pmatrix} 1 & 0 & 2 & -1 \\ 0 & 1 & 2 & 0 \\ 0 & 0 & 0 & 0 \\ 0 & 0 & 0 & 0 \end{pmatrix}$ となる。

よって, $\operatorname{rank} A = 2$ だから $\dim W = 2$ である。したがって, 基底は与えられた4つのベクトルの中から, 1次独立な2つのベクトルを取ればよいので, $\left\{ \begin{pmatrix} 1 \\ -1 \\ -2 \\ -1 \end{pmatrix}, \begin{pmatrix} 0 \\ 1 \\ 3 \\ 3 \end{pmatrix} \right\}$ を W の基底とすることができる。

なお, 1次独立な2つのベクトルの組は他にもあり, 基底の取り方は1通りではない。

ドリル no.67　class　no　name

問題 67.1　次のベクトルの組は $\mathbb{R}^4$ の基底かどうか調べよ。

(1) $\boldsymbol{a}_1 = \begin{pmatrix} 1 \\ 2 \\ -3 \\ -1 \end{pmatrix}, \boldsymbol{a}_2 = \begin{pmatrix} -2 \\ -6 \\ 1 \\ 4 \end{pmatrix}, \boldsymbol{a}_3 = \begin{pmatrix} 2 \\ 0 \\ 3 \\ 2 \end{pmatrix}, \boldsymbol{a}_4 = \begin{pmatrix} 3 \\ 1 \\ -1 \\ 2 \end{pmatrix}$

(2) $\boldsymbol{b}_1 = \begin{pmatrix} 2 \\ 1 \\ -2 \\ -3 \end{pmatrix}, \boldsymbol{b}_2 = \begin{pmatrix} -3 \\ 2 \\ 3 \\ -1 \end{pmatrix}, \boldsymbol{b}_3 = \begin{pmatrix} -1 \\ 1 \\ 2 \\ 4 \end{pmatrix}, \boldsymbol{b}_4 = \begin{pmatrix} 4 \\ -5 \\ -1 \\ 1 \end{pmatrix}$

問題 67.2　次の $\mathbb{R}^3$ の部分空間 W_1, $\mathbb{R}^4$ の部分空間 W_2 の次元と基底を求めよ。

(1) $W_1 = \left\langle \begin{pmatrix} 1 \\ 2 \\ 1 \end{pmatrix}, \begin{pmatrix} 2 \\ 1 \\ 3 \end{pmatrix}, \begin{pmatrix} 1 \\ 2 \\ 2 \end{pmatrix} \right\rangle$

(2) $W_2 = \left\langle \begin{pmatrix} 1 \\ 3 \\ 5 \\ 7 \end{pmatrix}, \begin{pmatrix} 3 \\ 1 \\ 3 \\ 6 \end{pmatrix}, \begin{pmatrix} 5 \\ -1 \\ 1 \\ 5 \end{pmatrix}, \begin{pmatrix} 7 \\ -3 \\ -1 \\ 4 \end{pmatrix} \right\rangle$

チェック項目

チェック項目	月　日	月　日
線形空間の基底と次元を求めることができる。		

68　連立 1 次方程式の解空間

連立 1 次方程式の解空間の次元と基底を求めることができる。

連立 1 次方程式の解空間と次元　連立 1 次方程式

$$\begin{cases} a_{11}x_1 + a_{12}x_2 + \cdots + a_{1n}x_n = 0 \\ a_{21}x_1 + a_{22}x_2 + \cdots + a_{2n}x_n = 0 \\ \quad\vdots \qquad\quad \vdots \qquad\quad \ddots \qquad \vdots \qquad\; \vdots \\ a_{m1}x_1 + a_{m2}x_2 + \cdots + a_{mn}x_n = 0 \end{cases}$$

の解 $\boldsymbol{x} = \begin{pmatrix} x_1 \\ x_2 \\ \vdots \\ x_n \end{pmatrix}$ 全体は線形空間となる。これを連立 1 次方程式の解空間という。

連立 1 次方程式の係数行列を A とするとき, その解空間の次元は $n - \mathrm{rank}\,A$ である。

例題 68.1　連立方程式 $\begin{cases} 2x + 3y + z + 4w = 0 \\ x + y + 3z + w = 0 \\ 3x + 5y - z + 7w = 0 \end{cases}$ の解空間の次元と基底を求めよ。

＜解答＞　係数行列 A に行の基本変形を行うと

$$A = \begin{pmatrix} 2 & 3 & 1 & 4 \\ 1 & 1 & 3 & 1 \\ 3 & 5 & -1 & 7 \end{pmatrix} \sim \begin{pmatrix} 1 & 0 & 8 & 1 \\ 0 & 1 & -5 & 2 \\ 0 & 0 & 0 & 0 \end{pmatrix}$$

となり, $\mathrm{rank}\,A = 2$ である。$n - \mathrm{rank}\,A = 4 - 2 = 2$ より解空間の次元は 2 である。

また, 最後の行列は連立方程式 $\begin{cases} x + 8z - w = 0 \\ y - 5z + 2w = 0 \end{cases}$ に対応する。

ここで, $z = c_1$, $w = c_2$ (c_1, c_2 は任意の実数) とおけば

$$\begin{cases} x = -8c_1 + c_2 \\ y = 5c_1 - 2c_2 \\ z = c_1 \\ w = c_2 \end{cases}$$

となる。よって解は $\begin{pmatrix} x \\ y \\ z \\ w \end{pmatrix} = c_1 \begin{pmatrix} -8 \\ 5 \\ 1 \\ 0 \end{pmatrix} + c_2 \begin{pmatrix} 1 \\ -2 \\ 0 \\ 1 \end{pmatrix}$ となり, 解空間の基底として

$\left\{ \begin{pmatrix} -8 \\ 5 \\ 1 \\ 0 \end{pmatrix}, \begin{pmatrix} 1 \\ -2 \\ 0 \\ 1 \end{pmatrix} \right\}$ をとることができる。

ドリル no.68	class	no	name

問題 68.1　次の連立方程式の解空間の次元と基底を求めよ。

(1) $\begin{cases} x + 2y + z + 2w = 0 \\ 2x + 4y + 2z + 4w = 0 \\ -3x - 6y - 3z - 6w = 0 \end{cases}$

(2) $\begin{cases} x + 2y - 2z + 2w = 0 \\ x + 3y + z + w = 0 \\ 2x + 5y - z + 3w = 0 \end{cases}$

チェック項目

	月　日	月　日
連立 1 次方程式の解空間の次元と基底を求めることができる。		

69　線形写像の核と像

線形写像の核と像の定義を理解し, その次元と基底を求めることができる。

線形写像の定義　V, W を $\mathbb{R}^n$ 上の線形空間とする。V の各元に対して, W の元をただ1つ対応させる対応 f を写像という。$\boldsymbol{v} \in V$ が f により $\boldsymbol{w} \in W$ に対応しているとき, $f(\boldsymbol{v}) = \boldsymbol{w}$ と書く。V から W への写像 f が, 任意の $\boldsymbol{x}, \boldsymbol{y} \in V$ と $k \in \mathbb{R}$ に対して, 次の [1], [2] を満たすとき, 線形写像という。

[1] $f(\boldsymbol{x}+\boldsymbol{y}) = f(\boldsymbol{x}) + f(\boldsymbol{y})$　　　　[2] $f(k\boldsymbol{x}) = k\,f(\boldsymbol{x})$

線形写像の核と像　V から W への線形写像 f に対して, $\mathrm{Ker}\,f = \{\boldsymbol{x} \in V | f(\boldsymbol{x}) = \boldsymbol{0}\}$ を f の核, $\mathrm{Im}\,f = \{f(\boldsymbol{x}) | \boldsymbol{x} \in V\}$ を f の像という。$\mathrm{Ker}\,f$ は V の, $\mathrm{Im}\,f$ は W の部分空間である。

核と像の次元　V から W への線形写像 f に対して, 次の等式が成り立つ。

$$\dim V = \dim \mathrm{Ker}\,f + \dim \mathrm{Im}\,f$$

線形写像と行列　V を $\mathbb{R}^n$ の部分空間, W を $\mathbb{R}^m$ の部分空間とする。V から W への線形写像 f は, 行列 A を使って $f(\boldsymbol{x}) = A\boldsymbol{x}\ (\boldsymbol{x} \in V)$ と表せる。このとき, 次の等式が成り立つ。

$$\dim \mathrm{Im}\,f = \mathrm{rank}\,A$$

例題 **69.1**　$\boldsymbol{x} = \begin{pmatrix} x \\ y \\ z \end{pmatrix}, A = \begin{pmatrix} 1 & 1 & 1 \\ 1 & -1 & 1 \\ 0 & 2 & 0 \end{pmatrix}$ に対して, $\mathbb{R}^3$ から $\mathbb{R}^3$ への線形写像 f を $f(\boldsymbol{x}) = A\boldsymbol{x}$ と定めるとき, f の核と像の次元および基底を求めよ。

＜解答＞　行列 A に行の基本変形を行うと,

$$A = \begin{pmatrix} 1 & 1 & 1 \\ 1 & -1 & 1 \\ 0 & 2 & 0 \end{pmatrix} \sim \begin{pmatrix} 1 & 0 & 1 \\ 0 & 1 & 0 \\ 0 & 0 & 0 \end{pmatrix}$$

となり, $\dim \mathrm{Im}\,f = \mathrm{rank}\,A = 2$ である。よって, $\mathrm{Im}\,f$ の基底は A の1次独立な2つの列ベクトルを選べばよいので, $\left\{ \begin{pmatrix} 1 \\ 1 \\ 0 \end{pmatrix}, \begin{pmatrix} 1 \\ -1 \\ 2 \end{pmatrix} \right\}$ をとることができる。

また, $\dim \mathrm{Ker}\,f = \dim \mathbb{R}^3 - \dim \mathrm{Im}\,f = 3 - 2 = 1$ である。

$\begin{pmatrix} x \\ y \\ z \end{pmatrix} \in \mathrm{Ker}\,f$ とすると $\begin{pmatrix} 1 & 1 & 1 \\ 1 & -1 & 1 \\ 0 & 2 & 0 \end{pmatrix}\begin{pmatrix} x \\ y \\ z \end{pmatrix} = \begin{pmatrix} 0 \\ 0 \\ 0 \end{pmatrix}$ だから, 上の基本変形により

$$\begin{pmatrix} 1 & 0 & 1 \\ 0 & 1 & 0 \\ 0 & 0 & 0 \end{pmatrix}\begin{pmatrix} x \\ y \\ z \end{pmatrix} = \begin{pmatrix} 0 \\ 0 \\ 0 \end{pmatrix} \quad \text{すなわち} \quad \begin{cases} x \quad + z = 0 \\ \quad y \quad = 0 \end{cases}$$

となる。ここで $z = t$ (t は任意の実数) とおくと, $\begin{pmatrix} x \\ y \\ z \end{pmatrix} = \begin{pmatrix} -t \\ 0 \\ t \end{pmatrix} = t\begin{pmatrix} -1 \\ 0 \\ 1 \end{pmatrix}$

したがって, $\mathrm{Ker}\,f$ の基底は $\left\{ \begin{pmatrix} -1 \\ 0 \\ 1 \end{pmatrix} \right\}$ をとることができる。

ドリル no.69	class	no	name

問題 69.1 $\boldsymbol{x} = \begin{pmatrix} x \\ y \\ z \end{pmatrix}$, $A = \begin{pmatrix} 1 & 3 & 1 \\ 3 & 10 & 4 \\ 2 & 8 & 4 \\ 5 & 14 & 4 \end{pmatrix}$ に対して, $\mathbb{R}^3$ から $\mathbb{R}^4$ への線形写像 f を $f(\boldsymbol{x}) = A\boldsymbol{x}$ と定めるとき, f の核と像の次元および基底を求めよ。

問題 69.2 $\boldsymbol{x} = \begin{pmatrix} x \\ y \\ z \\ w \end{pmatrix}$, $A = \begin{pmatrix} 1 & 3 & -1 & 8 \\ -2 & -5 & 1 & -14 \\ 1 & 6 & -4 & 14 \end{pmatrix}$ に対して, $\mathbb{R}^4$ から $\mathbb{R}^3$ への線形写像 f を $f(\boldsymbol{x}) = A\boldsymbol{x}$ と定めるとき, f の核と像の次元および基底を求めよ。

チェック項目

	月　日	月　日
線形写像の核と像の定義を理解し, その次元と基底を求めることができる。		

70　n 次元ベクトルの内積

n 次元ベクトルの内積が計算できる。

内積の定義　$\mathbb{R}^n$ のベクトル $\boldsymbol{a}$ は列ベクトルであるが，表示上の都合により，ここでは $\mathbb{R}^n$ のベクトル $\boldsymbol{a}$ の成分表示を行ベクトル $(a_1\ a_2\ \cdots\ a_n)$ を転置した ${}^t(a_1\ a_2\ \cdots\ a_n)$ で書くことにする。

$\mathbb{R}^n$ の 2 つのベクトル $\boldsymbol{a} = {}^t(a_1\ a_2\ \cdots\ a_n)$, $\boldsymbol{b} = {}^t(b_1\ b_2\ \cdots\ b_n)$ に対して

$a_1b_1 + a_2b_2 + \cdots + a_nb_n = \displaystyle\sum_{i=1}^{n} a_ib_i$ を $\boldsymbol{a}$ と $\boldsymbol{b}$ の内積といい $\boldsymbol{a}\cdot\boldsymbol{b}$ と書く。

また，$|\boldsymbol{a}| = \sqrt{\boldsymbol{a}\cdot\boldsymbol{a}} = \sqrt{{a_1}^2 + {a_2}^2 + \cdots + {a_n}^2}$ をベクトル $\boldsymbol{a}$ の大きさという。

内積の定義から次の性質が成り立つ。(ただし，$\boldsymbol{a}, \boldsymbol{b}, \boldsymbol{c} \in \mathbb{R}^n, \alpha \in \mathbb{R}$ とする。)

［1］ $\boldsymbol{a}\cdot\boldsymbol{b} = \boldsymbol{b}\cdot\boldsymbol{a}$　　［2］ $(\alpha\boldsymbol{a})\cdot\boldsymbol{b} = \boldsymbol{a}\cdot(\alpha\boldsymbol{b}) = \alpha(\boldsymbol{a}\cdot\boldsymbol{b})$

［3］ $(\boldsymbol{a}+\boldsymbol{b})\cdot\boldsymbol{c} = \boldsymbol{a}\cdot\boldsymbol{c} + \boldsymbol{b}\cdot\boldsymbol{c}$　　［4］ $\boldsymbol{c}\cdot(\boldsymbol{a}+\boldsymbol{b}) = \boldsymbol{c}\cdot\boldsymbol{a} + \boldsymbol{c}\cdot\boldsymbol{a}$

［5］ $\boldsymbol{a}\cdot\boldsymbol{a} = |\boldsymbol{a}|^2 \geqq 0$　(ただし，等号成立は $\boldsymbol{a} = \boldsymbol{0}$ のときに限る。)

ベクトルのなす角　$\mathbb{R}^n$ の零ベクトルでない 2 つのベクトル $\boldsymbol{a}, \boldsymbol{b}$ に対して，

$$\cos\theta = \frac{\boldsymbol{a}\cdot\boldsymbol{b}}{|\boldsymbol{a}||\boldsymbol{b}|} \quad (0 \leqq \theta \leqq \pi)$$

を満たす θ を $\boldsymbol{a}$ と $\boldsymbol{b}$ のなす角という。特に，$\theta = \dfrac{\pi}{2}$ となるとき，すなわち $\boldsymbol{a}\cdot\boldsymbol{b} = 0$ が成り立つとき，$\boldsymbol{a}$ と $\boldsymbol{b}$ は直交するといい，$\boldsymbol{a} \perp \boldsymbol{b}$ と書く。

例題 **70.1**　$\boldsymbol{a} \perp \boldsymbol{b}$ のとき，$|\boldsymbol{a}+\boldsymbol{b}|^2 = |\boldsymbol{a}|^2 + |\boldsymbol{b}|^2$ を示せ。

＜解答＞　内積の性質を使って $|\boldsymbol{a}+\boldsymbol{b}|^2$ を展開すると，

$$|\boldsymbol{a}+\boldsymbol{b}|^2 = (\boldsymbol{a}+\boldsymbol{b})\cdot(\boldsymbol{a}+\boldsymbol{b}) = \boldsymbol{a}\cdot\boldsymbol{a} + \boldsymbol{a}\cdot\boldsymbol{b} + \boldsymbol{b}\cdot\boldsymbol{a} + \boldsymbol{b}\cdot\boldsymbol{b} = |\boldsymbol{a}|^2 + 2\boldsymbol{a}\cdot\boldsymbol{b} + |\boldsymbol{b}|^2$$

ここで，$\boldsymbol{a} \perp \boldsymbol{b}$ より $\boldsymbol{a}\cdot\boldsymbol{b} = 0$ となるので，$|\boldsymbol{a}+\boldsymbol{b}|^2 = |\boldsymbol{a}|^2 + |\boldsymbol{b}|^2$ が成り立つ。

例題 **70.2**　$\mathbb{R}^4$ において，次の 3 つのベクトルに直交する大きさ 2 のベクトルを求めよ。

$$\boldsymbol{a} = {}^t(1\quad -2\quad 0\quad -1),\ \boldsymbol{b} = {}^t(-2\quad 0\quad 3\quad 1),\ \boldsymbol{c} = {}^t(1\quad 1\quad -2\quad 0)$$

＜解答＞　求めるベクトルを $\boldsymbol{x} = {}^t(x\quad y\quad z\quad w)$ とおく。条件 $\boldsymbol{a} \perp \boldsymbol{x}, \boldsymbol{b} \perp \boldsymbol{x}, \boldsymbol{c} \perp \boldsymbol{x}$ より $\boldsymbol{a}\cdot\boldsymbol{x} = 0, \boldsymbol{b}\cdot\boldsymbol{x} = 0, \boldsymbol{c}\cdot\boldsymbol{x} = 0$ となる。また，条件 $|\boldsymbol{a}| = 2$ より $|\boldsymbol{a}|^2 = 4$ となる。よって，

$$\begin{cases} x - 2y \qquad\quad - w = 0 \\ -2x \qquad + 3z + w = 0 \\ x + y - 2z \qquad = 0 \\ x^2 + y^2 + z^2 + w^2 = 4 \end{cases}$$

この連立方程式を解いて，$\boldsymbol{x} = {}^t(\pm1,\quad \pm1,\quad \pm1,\quad \mp1)$ (複号同順)

例題 **70.3**　$\mathbb{R}^4$ の 2 つのベクトル $\boldsymbol{a} = {}^t(1\quad 0\quad k\quad 0)$, $\boldsymbol{b} = {}^t(3\quad 1\quad 1\quad 3)$ のなす角が $\dfrac{\pi}{3}$ となるように定数 k の値を定めよ。

＜解答＞　$\dfrac{\boldsymbol{a}\cdot\boldsymbol{b}}{|\boldsymbol{a}||\boldsymbol{b}|} = \cos\dfrac{\pi}{3}$ より，$\dfrac{3+k}{\sqrt{1+k^2}\sqrt{20}} = \dfrac{1}{2}$ となる。変形すると $2(3+k) = \sqrt{1+k^2}\sqrt{20}$ より，2 次方程式 $4(3+k)^2 = 20(1+k^2)$ となる。この方程式を解いて，$k = -\dfrac{1}{2}$, 2 を得る。

ドリル no.70	class	no	name

問題 70.1 $\mathbb{R}^4$ において, 次の 3 つのベクトルに直交する大きさ 3 のベクトルを求めよ。

$$\boldsymbol{a} = {}^t(1 \quad -1 \quad -1 \quad 1),\ \boldsymbol{b} = {}^t(0 \quad 2 \quad 1 \quad -1),\ \boldsymbol{c} = {}^t(2 \quad -2 \quad 3 \quad -1)$$

問題 70.2 $\mathbb{R}^4$ の 2 つのベクトル $\boldsymbol{a} = {}^t(2 \quad k \quad -1 \quad 1)$, $\boldsymbol{b} = {}^t(-1 \quad 3 \quad 3 \quad -1)$ のなす角が $\frac{5}{6}\pi$ となるように定数 k の値を定めよ。

問題 70.3 4 次元線形空間 $\mathbb{R}^4$ の零ベクトルでない 3 個のベクトル $\boldsymbol{a}_1, \boldsymbol{a}_2, \boldsymbol{a}_3$ が互いに直交しているとき, これらのベクトルは 1 次独立であることを証明せよ。(ヒント : $c_1\boldsymbol{a}_1 + c_2\boldsymbol{a}_2 + c_3\boldsymbol{a}_3 = \boldsymbol{0}$ と仮定すると, $(c_1\boldsymbol{a}_1 + c_2\boldsymbol{a}_2 + c_3\boldsymbol{a}_3) \cdot \boldsymbol{a}_1 = \boldsymbol{0} \cdot \boldsymbol{a}_1$ より $c_1(\boldsymbol{a}_1 \cdot \boldsymbol{a}_1) + c_2(\boldsymbol{a}_2 \cdot \boldsymbol{a}_1) + c_3(\boldsymbol{a}_3 \cdot \boldsymbol{a}_1) = 0$ となる。ベクトルが互いに直交している条件を使って $c_1 = 0$ を示し, 同様にして $c_2 = c_3 = 0$ を示す。)

チェック項目

	月　日	月　日
n 次元ベクトルの内積が計算できる。		

71　グラム・シュミットの正規直交化法

与えられたベクトルの組から正規直交基底を作ることができる。

正規直交基底　$\mathbb{R}^n$ の互いに直交している n 個の単位ベクトルを $\mathbb{R}^n$ の正規直交基底という。

グラム・シュミットの正規直交化法　$\mathbb{R}^3$ の1次独立なベクトル $\boldsymbol{a}_1, \boldsymbol{a}_2, \boldsymbol{a}_3$ に対して, 次のような手順で正規直交基底 $\boldsymbol{e}_1, \boldsymbol{e}_2, \boldsymbol{e}_3$ を作ることができる。

[1]　$\boldsymbol{e}_1 = \dfrac{\boldsymbol{a}_1}{|\boldsymbol{a}_1|}$ とする。

[2]　$\boldsymbol{a}_2{}' = \boldsymbol{a}_2 - (\boldsymbol{a}_2 \cdot \boldsymbol{e}_1)\boldsymbol{e}_1$ として $\boldsymbol{e}_2 = \dfrac{\boldsymbol{a}_2{}'}{|\boldsymbol{a}_2{}'|}$ とする。

[3]　$\boldsymbol{a}_3{}' = \boldsymbol{a}_3 - (\boldsymbol{a}_3 \cdot \boldsymbol{e}_1)\boldsymbol{e}_1 - (\boldsymbol{a}_3 \cdot \boldsymbol{e}_2)\boldsymbol{e}_2$ として $\boldsymbol{e}_3 = \dfrac{\boldsymbol{a}_3{}'}{|\boldsymbol{a}_3{}'|}$ とする。

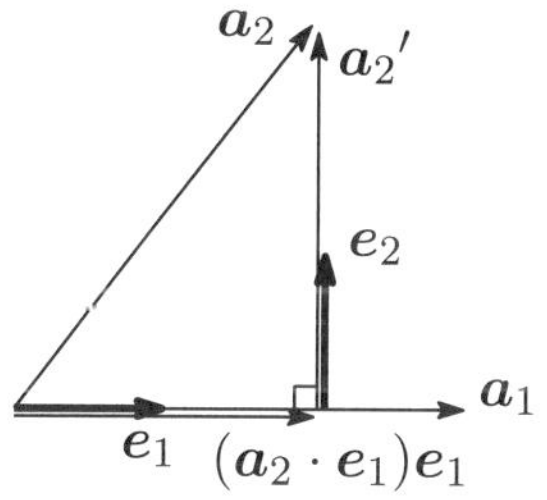

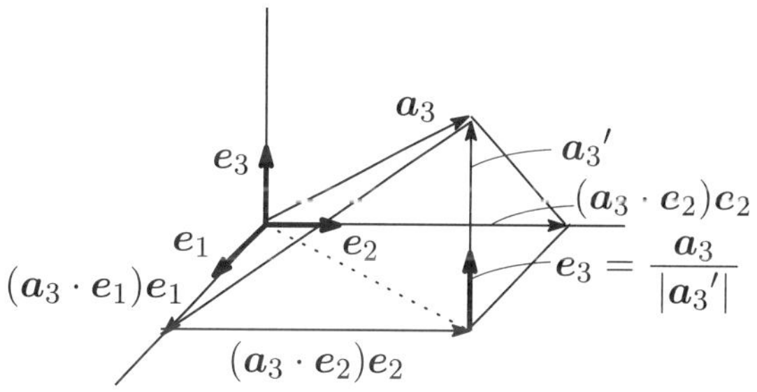

(注意) 与えられた基底から正規直交基底を作ることを, 正規直交化という。同様の方法で $\mathbb{R}^n$ の正規直交基底を作ることができる。

例題 **71.1**　1次独立なベクトル $\boldsymbol{a}_1 = \begin{pmatrix} 1 \\ 1 \\ 0 \end{pmatrix}$, $\boldsymbol{a}_2 = \begin{pmatrix} 0 \\ 1 \\ 1 \end{pmatrix}$, $\boldsymbol{a}_3 = \begin{pmatrix} 1 \\ 0 \\ 1 \end{pmatrix}$ を正規直交化せよ。

＜解答＞　[1] $\boldsymbol{a}_1 = \begin{pmatrix} 1 \\ 1 \\ 0 \end{pmatrix}$ より, $|\boldsymbol{a}_1| = \sqrt{2}$ だから, $\boldsymbol{e}_1 = \dfrac{\boldsymbol{a}_1}{|\boldsymbol{a}_1|} = \dfrac{1}{\sqrt{2}}\begin{pmatrix} 1 \\ 1 \\ 0 \end{pmatrix}$ となる。

[2] $\boldsymbol{a}_2 \cdot \boldsymbol{e}_1 = \begin{pmatrix} 0 \\ 1 \\ 1 \end{pmatrix} \cdot \left(\dfrac{1}{\sqrt{2}}\begin{pmatrix} 1 \\ 1 \\ 0 \end{pmatrix}\right) = \dfrac{1}{\sqrt{2}}\begin{pmatrix} 0 \\ 1 \\ 1 \end{pmatrix} \cdot \begin{pmatrix} 1 \\ 1 \\ 0 \end{pmatrix} = \dfrac{1}{\sqrt{2}}$ より, $(\boldsymbol{a}_2 \cdot \boldsymbol{e}_1)\boldsymbol{e}_1 = \dfrac{1}{2}\begin{pmatrix} 1 \\ 1 \\ 0 \end{pmatrix}$

なので, $\boldsymbol{a}_2{}' = \begin{pmatrix} 0 \\ 1 \\ 1 \end{pmatrix} - \dfrac{1}{2}\begin{pmatrix} 1 \\ 1 \\ 0 \end{pmatrix} = \dfrac{1}{2}\begin{pmatrix} -1 \\ 1 \\ 2 \end{pmatrix}$,　$|\boldsymbol{a}_2{}'| = \dfrac{1}{2} \times \sqrt{(-1)^2 + 1^2 + 2^2} = \dfrac{\sqrt{6}}{2}$ となる。

よって, $\boldsymbol{e}_2 = \dfrac{\boldsymbol{a}_2{}'}{|\boldsymbol{a}_2{}'|} = \dfrac{1}{\sqrt{6}}\begin{pmatrix} -1 \\ 1 \\ 2 \end{pmatrix}$ となる。

[3] $\boldsymbol{a}_3 \cdot \boldsymbol{e}_1 = \dfrac{1}{\sqrt{2}}$,　$\boldsymbol{a}_3 \cdot \boldsymbol{e}_2 = \dfrac{1}{\sqrt{6}}$ より, $(\boldsymbol{a}_3 \cdot \boldsymbol{e}_1)\boldsymbol{e}_1 = \dfrac{1}{2}\begin{pmatrix} 1 \\ 1 \\ 0 \end{pmatrix}$, $(\boldsymbol{a}_3 \cdot \boldsymbol{e}_2)\boldsymbol{e}_2 = \dfrac{1}{6}\begin{pmatrix} -1 \\ 1 \\ 2 \end{pmatrix}$ なので,

$\boldsymbol{a}_3{}' = \begin{pmatrix} 1 \\ 0 \\ 1 \end{pmatrix} - \dfrac{1}{2}\begin{pmatrix} 1 \\ 1 \\ 0 \end{pmatrix} - \dfrac{1}{6}\begin{pmatrix} -1 \\ 1 \\ 2 \end{pmatrix} = \dfrac{2}{3}\begin{pmatrix} 1 \\ -1 \\ 1 \end{pmatrix}$, $|\boldsymbol{a}_3{}'| = \dfrac{2}{3} \times \sqrt{1^2 + (-1)^2 + 1^2} = \dfrac{2\sqrt{3}}{3}$

となる。よって, $\boldsymbol{e}_3 = \dfrac{\boldsymbol{a}_3{}'}{|\boldsymbol{a}_3{}'|} = \dfrac{1}{\sqrt{3}}\begin{pmatrix} 1 \\ -1 \\ 1 \end{pmatrix}$ となる。この $\boldsymbol{e}_1, \boldsymbol{e}_2, \boldsymbol{e}_3$ が求める正規直交基底である。

ドリル no.71	class	no	name

問題 71.1　次の1次独立な3つのベクトルを正規直交化せよ。

(1) $\boldsymbol{a}_1 = \begin{pmatrix} 1 \\ -1 \\ 0 \end{pmatrix}, \boldsymbol{a}_2 = \begin{pmatrix} 0 \\ -1 \\ 1 \end{pmatrix}, \boldsymbol{a}_3 = \begin{pmatrix} -1 \\ 1 \\ 1 \end{pmatrix}$

(2) $\boldsymbol{a}_1 = \begin{pmatrix} 0 \\ 1 \\ -1 \end{pmatrix}, \boldsymbol{a}_2 = \begin{pmatrix} 1 \\ -2 \\ 0 \end{pmatrix}, \boldsymbol{a}_3 = \begin{pmatrix} 3 \\ 1 \\ -1 \end{pmatrix}$

チェック項目	月　日	月　日
与えられたベクトルの組から正規直交基底を作ることができる。		

72　固有値と固有ベクトル

行列の固有値, 固有ベクトル, 固有方程式の定義を理解している。
2次または3次の正方行列に対して, 固有値と固有ベクトルを求めることができる。

固有値と固有ベクトル　正方行列 A に対して, $A\boldsymbol{x} = \lambda\boldsymbol{x}$ $\cdots$ ① を満たす λ を A の固有値, $\boldsymbol{x}$ を λ に対する固有ベクトルという。① は $(A - \lambda E)\boldsymbol{x} = \boldsymbol{0}$ $\cdots$ ② に変形することができる。
固有方程式　λ を変数とした方程式 $|A - \lambda E| = 0$ $\cdots$ ③ を A の固有方程式という。A の固有値は, 固有方程式 ③を解くことで求められる。さらに, それぞれの固有値 λ に対して, 連立方程式 ② を解くことで固有ベクトルを求めることができる。

例題 **72.1**　行列 $A = \begin{pmatrix} 5 & 2 & -8 \\ 2 & 4 & -6 \\ 2 & 1 & -3 \end{pmatrix}$ の固有値と固有ベクトルを求めよ。

＜解答＞　固有方程式は,

$$\begin{aligned} |A - \lambda E| &= \begin{vmatrix} 5-\lambda & 2 & -8 \\ 2 & 4-\lambda & -6 \\ 2 & 1 & -3-\lambda \end{vmatrix} \\ &= (5-\lambda)(4-\lambda)(-3-\lambda) + 2\cdot(-6)\cdot 2 + (-8)\cdot 2\cdot 1 \\ &\quad - (5-\lambda)\cdot(-6)\cdot 1 - 2\cdot 2\cdot(-3-\lambda) - (-8)\cdot(4-\lambda)\cdot 2 \\ &= -\lambda^3 + 6\lambda^2 - 11\lambda + 6 = -(\lambda-1)(\lambda-2)(\lambda-3) = 0 \end{aligned}$$

となり, A の固有値は $\lambda = 1,\ 2,\ 3$ である。

$\lambda = 1$ のとき, 固有ベクトルを $\boldsymbol{x}_1 = \begin{pmatrix} x \\ y \\ z \end{pmatrix}$ とすると, $\boldsymbol{x}_1$ は $(A - 1E)\boldsymbol{x}_1 = \boldsymbol{0}$ の解なので,

$$\begin{pmatrix} 4 & 2 & -8 \\ 2 & 3 & -6 \\ 2 & 1 & -4 \end{pmatrix}\begin{pmatrix} x \\ y \\ z \end{pmatrix} = \begin{pmatrix} 0 \\ 0 \\ 0 \end{pmatrix}$$

が成り立つ。掃き出し法で変形してこの連立方程式の解を求めると,

$$\left(\begin{array}{ccc|c} 4 & 2 & -8 & 0 \\ 2 & 3 & -6 & 0 \\ 2 & 1 & -4 & 0 \end{array}\right) \sim \left(\begin{array}{ccc|c} 2 & 1 & -4 & 0 \\ 2 & 3 & -6 & 0 \\ 2 & 1 & -4 & 0 \end{array}\right) \sim \left(\begin{array}{ccc|c} 2 & 1 & -4 & 0 \\ 0 & 2 & -2 & 0 \\ 0 & 0 & 0 & 0 \end{array}\right) \sim \left(\begin{array}{ccc|c} 2 & 0 & -3 & 0 \\ 0 & 1 & -1 & 0 \\ 0 & 0 & 0 & 0 \end{array}\right)$$

より,

$$2x - 3z = 0,\ y - z = 0$$

なので, $z = 2c_1$ とおくと, $\boldsymbol{x}_1 = \begin{pmatrix} 3c_1 \\ 2c_1 \\ 2c_1 \end{pmatrix} = c_1\begin{pmatrix} 3 \\ 2 \\ 2 \end{pmatrix}$ となる。(c_1 は 0 でない任意の実数)

$\lambda = 2, 3$ のとき, 上と同様にそれぞれの固有ベクトル $\boldsymbol{x}_2, \boldsymbol{x}_3$ を求めると,

$\boldsymbol{x}_2 = c_2\begin{pmatrix} 2 \\ 1 \\ 1 \end{pmatrix}$, $\boldsymbol{x}_3 = c_3\begin{pmatrix} 2 \\ 2 \\ 1 \end{pmatrix}$ となる。($c_2,\ c_3$ は 0 でない任意の実数)

ドリル no.72　class　no　name

問題 72.1　次の行列の固有値と固有ベクトルを求めよ。

(1) $A = \begin{pmatrix} 2 & 4 \\ 3 & -2 \end{pmatrix}$

(2) $A = \begin{pmatrix} 5 & -4 & 4 \\ 1 & 2 & 0 \\ -1 & 3 & -1 \end{pmatrix}$

チェック項目

	月　日	月　日
行列の固有値, 固有ベクトル, 固有方程式の定義を理解している。		
2次または3次の正方行列に対して, 固有値と固有ベクトルを求めることができる。		

73　行列の固有空間

正方行列に対して, 固有空間を求めることができる。

行列の固有空間　λ を n 次正方行列 A の固有値とする。連立 1 次方程式 $(A-\lambda E)\boldsymbol{x}=\boldsymbol{0}$ の $\mathbb{R}^n$ における解空間を, λ に対する A の固有空間といい, W_λ で表す。

固有空間の次元　$\dim W_\lambda = n - \operatorname{rank}(A-\lambda E)$ が成り立つ。

固有値の重複度　固有値 λ が固有多項式の k 重解のとき, λ の重複度は k であるという。

例題 73.1　$A=\begin{pmatrix} 1 & 3 \\ -1 & 5 \end{pmatrix}$ の固有値 λ と固有空間 W_λ, その次元 $\dim W_\lambda$ を求めよ。

＜解答＞　A の固有方程式は

$$|A-\lambda E| = (1-\lambda)(5-\lambda)-(-1)\cdot 3 = \lambda^2-6\lambda+8 = (\lambda-2)(\lambda-4)=0$$

これより固有値は $\lambda=2,4$ である。

$\lambda=2$ のとき, $(A-2E)\begin{pmatrix} x \\ y \end{pmatrix}=\begin{pmatrix} -1 & 3 \\ -1 & 3 \end{pmatrix}\begin{pmatrix} x \\ y \end{pmatrix}=\begin{pmatrix} 0 \\ 0 \end{pmatrix}$ とすると, $x=3y$ となる。$y=c_1$ (c_1 は任意の実数) とおくと $\begin{pmatrix} x \\ y \end{pmatrix}=\begin{pmatrix} 3c_1 \\ c_1 \end{pmatrix}=c_1\begin{pmatrix} 3 \\ 1 \end{pmatrix}$ と表せるので, 固有空間は $W_2=\left\{c_1\begin{pmatrix} 3 \\ 1 \end{pmatrix} \,\middle|\, c_1\in\mathbb{R}\right\}$, $\dim W_2=1$ となる。

$\lambda=4$ のとき, $(A-4E)\begin{pmatrix} x \\ y \end{pmatrix}=\begin{pmatrix} -3 & 3 \\ -1 & 1 \end{pmatrix}\begin{pmatrix} x \\ y \end{pmatrix}=\begin{pmatrix} 0 \\ 0 \end{pmatrix}$ とすると, $x=y$ となる。$y=c_2$ (c_2 は任意の実数) とおくと $\begin{pmatrix} x \\ y \end{pmatrix}=\begin{pmatrix} c_2 \\ c_2 \end{pmatrix}=c_2\begin{pmatrix} 1 \\ 1 \end{pmatrix}$ と表せるので, 固有空間は $W_4=\left\{c_2\begin{pmatrix} 1 \\ 1 \end{pmatrix} \,\middle|\, c_2\in\mathbb{R}\right\}$, $\dim W_4=1$ となる。

例題 73.2　$A=\begin{pmatrix} 2 & -1 & 1 \\ 1 & 0 & 1 \\ 1 & -1 & 2 \end{pmatrix}$ の固有値 λ と固有空間 W_λ, その次元 $\dim W_\lambda$ を求めよ。

＜解答＞　A の固有方程式は

$$|A-\lambda E| = \begin{vmatrix} 2-\lambda & -1 & 1 \\ 1 & -\lambda & 1 \\ 1 & -1 & 2-\lambda \end{vmatrix} = -\lambda^3+4\lambda^2-5\lambda+2 = -(\lambda-1)^2(\lambda-2)=0$$

これより固有値は $\lambda=1$ (重複度 2), 2 となる。

$\lambda=1$ のとき, $(A-E)\boldsymbol{x}=\begin{pmatrix} 1 & -1 & 1 \\ 1 & -1 & 1 \\ 1 & -1 & 1 \end{pmatrix}\begin{pmatrix} x \\ y \\ z \end{pmatrix}=\begin{pmatrix} 0 \\ 0 \\ 0 \end{pmatrix}$ とすると, $x-y+z=0$ となる。

$x=c_1,\ z=c_2$ とおくと $\begin{pmatrix} x \\ y \\ z \end{pmatrix}=\begin{pmatrix} c_1 \\ c_1+c_2 \\ c_2 \end{pmatrix}=c_1\begin{pmatrix} 1 \\ 1 \\ 0 \end{pmatrix}+c_2\begin{pmatrix} 0 \\ 1 \\ 1 \end{pmatrix}$ と表せるので, 固有空間は

$W_1=\left\{c_1\begin{pmatrix} 1 \\ 1 \\ 0 \end{pmatrix}+c_2\begin{pmatrix} 0 \\ 1 \\ 1 \end{pmatrix} \,\middle|\, c_1,c_2\in\mathbb{R}\right\}$, $\dim W_1=2$ となる。

$\lambda=2$ のとき, $(A-2E)\boldsymbol{x}=\begin{pmatrix} 0 & -1 & 1 \\ 1 & -2 & 1 \\ 1 & -1 & 0 \end{pmatrix}\begin{pmatrix} x \\ y \\ z \end{pmatrix}=\begin{pmatrix} 0 \\ 0 \\ 0 \end{pmatrix}$ とすると, $x=y=z$ となる。$x=c_3$ とすると $\begin{pmatrix} x \\ y \\ z \end{pmatrix}=c_3\begin{pmatrix} 1 \\ 1 \\ 1 \end{pmatrix}$ と表せるので, 固有空間は $W_2=\left\{c_3\begin{pmatrix} 1 \\ 1 \\ 1 \end{pmatrix} \,\middle|\, c_3\in\mathbb{R}\right\}$, $\dim W_2=1$ となる。

ドリル no.73	class	no	name

問題 73.1 次の各行列の固有値 λ と固有空間 W_λ, その次元 $\dim W_\lambda$ を求めよ。

(1) $A = \begin{pmatrix} 2 & 0 \\ 3 & 2 \end{pmatrix}$

(2) $B = \begin{pmatrix} 8 & 5 \\ -10 & -7 \end{pmatrix}$

(3) $C = \begin{pmatrix} -5 & 0 & 6 \\ 1 & -2 & -1 \\ -3 & 0 & 4 \end{pmatrix}$

チェック項目

	月　日	月　日
正方行列に対して, 固有空間を求めることができる。		

74　正則行列による対角化

与えられた行列を正則行列によって対角化することができる。

対角成分, 対角行列　n 次正方行列 A の (i,i) 成分 $(i=1,2,\cdots,n)$ を A の対角成分といい, 対角成分以外の成分がすべて 0 である正方行列を対角行列という。

正則行列による対角化　n 次正方行列 A に対して, n 個の 1 次独立な固有ベクトルがあるとき, それらをすべて並べた行列を P とする。P は正則で, $P^{-1}AP$ は固有値を対角成分とする対角行列になる。このように A を対角行列に変形することを A の対角化といい, 行列 P を対角化行列という。対角化を利用して, 正方行列のべき乗の計算ができる。

(注意) 行列 A の各固有値 λ に対して,

$$(\lambda \text{ の固有空間の次元}) < (\text{固有方程式における } \lambda \text{ の重複度})$$

を満たす λ が 1 つでもあるときは, A は対角化できない。

例題 **74.1**　例題 72.1 で得られた固有ベクトル $\boldsymbol{x}_1=\begin{pmatrix}3\\2\\2\end{pmatrix}$, $\boldsymbol{x}_2=\begin{pmatrix}2\\1\\1\end{pmatrix}$, $\boldsymbol{x}_3=\begin{pmatrix}2\\2\\1\end{pmatrix}$ から作られる正則行列 $P=\begin{pmatrix}3&2&2\\2&1&2\\2&1&1\end{pmatrix}$ を使って, 行列 $A=\begin{pmatrix}5&2&-8\\2&4&-6\\2&1&-3\end{pmatrix}$ が対角化できることを確かめよ。

＜解答＞　$|P|=1\neq 0$ なので, P は正則であり, $P^{-1}=\begin{pmatrix}-1&0&2\\2&-1&-2\\0&1&-1\end{pmatrix}$ である。

このとき, 次のように $P^{-1}AP$ は A の固有値を対角成分とする対角行列になる。

$$P^{-1}AP=\begin{pmatrix}-1&0&2\\2&-1&-2\\0&1&-1\end{pmatrix}\begin{pmatrix}5&2&-8\\2&4&-6\\2&1&-3\end{pmatrix}\begin{pmatrix}3&2&2\\2&1&2\\2&1&1\end{pmatrix}=\begin{pmatrix}1&0&0\\0&2&0\\0&0&3\end{pmatrix}$$

例題 **74.2**　行列 $A=\begin{pmatrix}4&6\\-1&-3\end{pmatrix}$ を対角化せよ。また, 対角化を用いて A^n を求めよ。ただし, n は自然数とする。

＜解答＞　行列 A の固有値と固有ベクトルを求める。固有値は $\lambda=-2,\ 3$ で,
$\lambda=-2$ のとき固有ベクトルは $c_1\begin{pmatrix}1\\-1\end{pmatrix}$, $\lambda=3$ のとき固有ベクトルは $c_2\begin{pmatrix}6\\-1\end{pmatrix}$ となる (c_1, c_2 は 0 でない任意の実数)。対角化行列として $P=\begin{pmatrix}1&6\\-1&-1\end{pmatrix}$ とすると, $P^{-1}AP=\begin{pmatrix}-2&0\\0&3\end{pmatrix}$ と対角化される。このとき, 両辺の n 乗を計算すると

左辺 $=(P^{-1}AP)^n=(P^{-1}AP)(P^{-1}AP)\cdots(P^{-1}AP)=P^{-1}A^nP$

右辺 $=\begin{pmatrix}-2&0\\0&3\end{pmatrix}^n=\begin{pmatrix}(-2)^n&0\\0&3^n\end{pmatrix}$

よって, $A^n=P\begin{pmatrix}(-2)^n&0\\0&3^n\end{pmatrix}P^{-1}=\dfrac{1}{5}\begin{pmatrix}-(-2)^n+6\cdot 3^n&-6\cdot(-2)^n+6\cdot 3^n\\(-2)^n-3^n&6\cdot(-2)^n-3^n\end{pmatrix}$

ドリル no.74　　class　　no　　name

問題 74.1　行列 $A=\begin{pmatrix} -1 & 2 & 1 \\ 0 & 4 & 2 \\ 0 & -1 & 1 \end{pmatrix}$ を対角化せよ。

問題 74.2　行列 $A=\begin{pmatrix} 4 & -3 \\ 2 & -1 \end{pmatrix}$ を対角化せよ。また, 対角化を用いて A^n を求めよ。ただし, n は自然数とする。

チェック項目

	月　日	月　日
与えられた行列を正則行列によって対角化することができる。		

75　対称行列の固有ベクトル

対称行列に対して, 固有値と固有ベクトルの性質を理解している。

対称行列の固有値・固有ベクトル　対称行列の異なる固有値に対する固有ベクトルは互いに直交する。

例題 **75.1**　対称行列 $A=\begin{pmatrix} 2 & 2 \\ 2 & -1 \end{pmatrix}$ の固有値, 固有ベクトルを求めよ。また, 固有ベクトルが互いに直交していることを確かめよ。

＜解答＞ $\begin{vmatrix} 2-\lambda & 2 \\ 2 & -1-\lambda \end{vmatrix} = 0$ より $\lambda = -2, 3$ である。

$\lambda = -2$ のとき, 固有ベクトルは $c_1 \begin{pmatrix} 1 \\ -2 \end{pmatrix}$, $\lambda = 3$ のとき, 固有ベクトルは $c_2 \begin{pmatrix} 2 \\ 1 \end{pmatrix}$ である。(c_1, c_2 は 0 でない任意の実数)

また, 固有ベクトルが互いに直交していることを確認するには $\boldsymbol{x}_1 = \begin{pmatrix} 1 \\ 2 \end{pmatrix}$ と $\boldsymbol{x}_2 = \begin{pmatrix} 2 \\ 1 \end{pmatrix}$ の内積が 0 となることを確認すればよい。

$\boldsymbol{x}_1 \cdot \boldsymbol{x}_2 = 2 - 2 = 0$ となるので, 固有ベクトルは互いに直交している。

例題 **75.2**　対称行列 $A=\begin{pmatrix} 2 & -1 & 1 \\ -1 & 2 & 1 \\ 1 & 1 & 0 \end{pmatrix}$ の 固有値, 固有ベクトルを求めよ。また, 固有ベクトルが互いに直交していることを確かめよ。

＜解答＞ $\begin{vmatrix} 2-\lambda & -1 & 1 \\ -1 & 2-\lambda & 1 \\ 1 & 1 & -\lambda \end{vmatrix} = -(\lambda+1)(\lambda-2)(\lambda-3) = 0$ より $\lambda = -1, 2, 3$ が得られる。

$\lambda = -1$ のとき, 固有ベクトルは $c_1 \begin{pmatrix} 1 \\ 1 \\ -2 \end{pmatrix}$, $\lambda = 2$ のとき, 固有ベクトルは $c_2 \begin{pmatrix} 1 \\ 1 \\ 1 \end{pmatrix}$,

$\lambda = 3$ のとき, 固有ベクトルは $c_3 \begin{pmatrix} 1 \\ -1 \\ 0 \end{pmatrix}$ となる。(c_1, c_2, c_3 は 0 でない任意の実数)

また, 固有ベクトルが互いに直交していることを確認するには $\boldsymbol{x}_1 = \begin{pmatrix} 1 \\ 1 \\ -2 \end{pmatrix}$, $\boldsymbol{x}_2 = \begin{pmatrix} 1 \\ 1 \\ 1 \end{pmatrix}$,

$\boldsymbol{x}_3 = \begin{pmatrix} 1 \\ -1 \\ 0 \end{pmatrix}$ として, 内積 $\boldsymbol{x}_1 \cdot \boldsymbol{x}_2$, $\boldsymbol{x}_2 \cdot \boldsymbol{x}_3$, $\boldsymbol{x}_1 \cdot \boldsymbol{x}_3$ が 0 となることを確認すればよい。

$\boldsymbol{x}_1 \cdot \boldsymbol{x}_2 = 1 + 1 - 2 = 0$, $\boldsymbol{x}_2 \cdot \boldsymbol{x}_3 = 1 - 1 + 0 = 0$, $\boldsymbol{x}_1 \cdot \boldsymbol{x}_3 = 1 - 1 + 0 = 0$ となるので, 固有ベクトルは互いに直交している。

ドリル no.75　class　no　name

問題 75.1　対称行列 $A = \begin{pmatrix} 5 & -3 \\ -3 & 5 \end{pmatrix}$ の固有値, 固有ベクトルを求めよ。また, 固有ベクトルが互いに直交していることを確かめよ。

問題 75.2　対称行列 $A = \begin{pmatrix} 3 & 2 & 2 \\ 2 & 2 & 0 \\ 2 & 0 & 4 \end{pmatrix}$ の固有値, 固有ベクトルを求めよ。また, 固有ベクトルが互いに直交していることを確かめよ。

チェック項目

	月　日	月　日
対称行列に対して, 固有値と固有ベクトルの性質を理解している。		

76　対称行列の対角化

与えられた対称行列を直交行列によって対角化することができる。

対称行列の対角化

[1]　対称行列 A の異なる固有値に対する固有ベクトルは互いに直交する (項目 75 参照)。

[2]　固有ベクトルで, 大きさが 1 であるものを並べてできる行列 P は直交行列になる。

[3]　$P^{-1} = {}^tP$ より, ${}^tPAP$ によって対称行列 A は対角化できる。

一般に, 任意の対称行列は, 直交行列により対角化されることが知られている。

例題 **76.1**　対称行列 $\mathrm{A}=\begin{pmatrix} 2 & 2 \\ 2 & -1 \end{pmatrix}$ を直交行列により対角化せよ。

＜解答＞　例題 75.1 より, 固有値は $\lambda = -2,\ 3$ である。それぞれの固有値に対する大きさ 1 の固有ベクトルとして, $\boldsymbol{x}_1 = \dfrac{1}{\sqrt{5}}\begin{pmatrix} 1 \\ -2 \end{pmatrix}$, $\boldsymbol{x}_2 = \dfrac{1}{\sqrt{5}}\begin{pmatrix} 2 \\ 1 \end{pmatrix}$ をとると, $\boldsymbol{x}_1 \perp \boldsymbol{x}_2$ で, $|\boldsymbol{x}_1| = |\boldsymbol{x}_2| = 1$ である。これらを並べて $P = \begin{pmatrix} \dfrac{1}{\sqrt{5}} & \dfrac{2}{\sqrt{5}} \\ -\dfrac{2}{\sqrt{5}} & \dfrac{1}{\sqrt{5}} \end{pmatrix}$ とすると, P は直交行列であり, $P^{-1} = {}^tP$ より, ${}^tPAP = \begin{pmatrix} -2 & 0 \\ 0 & 3 \end{pmatrix}$ と対角化される。

例題 **76.2**　対称行列 $A = \begin{pmatrix} 1 & 1 & -1 \\ 1 & 1 & 1 \\ -1 & 1 & 1 \end{pmatrix}$ を直交行列により対角化せよ。

＜解答＞　$|A - \lambda E| = -(\lambda+1)(\lambda-2)^2 = 0$ から, 固有値は $\lambda = -1, 2$ (2 重解) となる。

$\lambda = -1$ の固有ベクトルは $\boldsymbol{x}_1 = c_1\begin{pmatrix} 1 \\ -1 \\ 1 \end{pmatrix}$ (c_1 は 0 でない任意の実数) であり, $\lambda = 2$ の固有ベクトルは $\boldsymbol{x}_2 = \begin{pmatrix} c_2 \\ c_2 + c_3 \\ c_3 \end{pmatrix}$ (c_2 と c_3 は同時には 0 とならない任意の実数) である。

ここで, $\lambda = 2$ の固有ベクトルで直交するものを 2 つ選ぶ。まず 1 つは $\boldsymbol{p} = \begin{pmatrix} 1 \\ 1 \\ 0 \end{pmatrix}$ とする。

もう 1 つを $\boldsymbol{q} = \begin{pmatrix} c_2 \\ c_2 + c_3 \\ c_3 \end{pmatrix}$ とし, $\boldsymbol{p} \cdot \boldsymbol{q} = 0$ となるためには, $2c_2 + c_3 = 0$ であればよい。

そこで, $c_2 = -1,\ c_3 = 2$ とおき $\boldsymbol{q} = \begin{pmatrix} 1 \\ 1 \\ 2 \end{pmatrix}$ をとる。これらの固有ベクトルの大きさを 1 にして並べると, $P = \begin{pmatrix} \dfrac{1}{\sqrt{3}} & \dfrac{1}{\sqrt{2}} & -\dfrac{1}{\sqrt{6}} \\ -\dfrac{1}{\sqrt{3}} & \dfrac{1}{\sqrt{2}} & \dfrac{1}{\sqrt{6}} \\ \dfrac{1}{\sqrt{3}} & 0 & \dfrac{2}{\sqrt{6}} \end{pmatrix}$ は直交行列であり, ${}^tPAP = \begin{pmatrix} -1 & 0 & 0 \\ 0 & 2 & 0 \\ 0 & 0 & 2 \end{pmatrix}$ と対角化できる。

(注意) 固有値 $\lambda = 2$ に対する 1 次独立な 2 つの固有ベクトルから, グラム・シュミットの正規直交化法を使って互いに直交する大きさ 1 の固有ベクトルを求めてもよい (項目 71 参照)。

ドリル no.76　class　no　name

問題 76.1　対称行列 $A = \begin{pmatrix} 0 & -2 \\ -2 & 3 \end{pmatrix}$ を直交行列により対角化せよ。

問題 76.2　対称行列 $A = \begin{pmatrix} 1 & 2 & -2 \\ 2 & 1 & -2 \\ -2 & -2 & 1 \end{pmatrix}$ を直交行列により対角化せよ。

チェック項目

	月　日	月　日
与えられた対称行列を直交行列によって対角化することができる。		

77　2次形式の係数行列

2次形式を, 対称行列を用いて表すことができる。

2次形式　変数 $x_1, x_2, \cdots, x_n$ についての2次式 $F(x_1, x_2, \cdots, x_n) = \sum_{i,j=1}^{n} a_{ij}x_ix_j$ (ただし $a_{ij} = a_{ji}$) を2次形式という。2変数の2次形式は $F(x, y) = ax^2 + 2bxy + cy^2$ となる。

2次形式の係数行列　2次形式 $F(x_1, x_2, \cdots, x_n) = \sum_{i,j=1}^{n} a_{ij}x_ix_j$ $(a_{ij} = a_{ji})$ に対して,

$A = \begin{pmatrix} a_{11} & a_{12} & \cdots & a_{1n} \\ a_{21} & a_{22} & \cdots & a_{2n} \\ \vdots & \vdots & \ddots & \vdots \\ a_{n1} & a_{n2} & \cdots & a_{nn} \end{pmatrix}$, $\boldsymbol{x} = \begin{pmatrix} x_1 \\ x_2 \\ \vdots \\ x_n \end{pmatrix}$ とおくと A は対称行列で,

$$F(x_1, x_2, \cdots, x_n) = \begin{pmatrix} x_1 & x_2 & \cdots & x_n \end{pmatrix} \begin{pmatrix} a_{11} & a_{12} & \cdots & a_{1n} \\ a_{21} & a_{22} & \cdots & a_{2n} \\ \vdots & \vdots & \ddots & \vdots \\ a_{n1} & a_{n2} & \cdots & a_{nn} \end{pmatrix} \begin{pmatrix} x_1 \\ x_2 \\ \vdots \\ x_n \end{pmatrix} = {}^t\boldsymbol{x}A\boldsymbol{x}$$

と表すことができる。対称行列 A を2次形式の係数行列という。

2変数の2次形式の係数行列　2変数の2次形式 $F(x, y) = ax^2 + 2bxy + cy^2$ の係数行列は $A = \begin{pmatrix} a & b \\ b & c \end{pmatrix}$ という対称行列である。

例題 77.1　次の行列で表された2次形式を, x, y, z の多項式で表せ。

(1)　$F(x, y) = \begin{pmatrix} x & y \end{pmatrix} \begin{pmatrix} 1 & 2 \\ 2 & -3 \end{pmatrix} \begin{pmatrix} x \\ y \end{pmatrix}$

(2)　$F(x, y, z) = \begin{pmatrix} x & y & z \end{pmatrix} \begin{pmatrix} 1 & 0 & 0 \\ 0 & -2 & 2 \\ 0 & 2 & 0 \end{pmatrix} \begin{pmatrix} x \\ y \\ z \end{pmatrix}$

＜解答＞　行列の積を計算すればよい。

(1)　$F(x, y) = x^2 + 4xy - 3y^2$　　(2)　$F(x, y, z) = x^2 - 2y^2 + 4yz$

例題 77.2　次の2次形式を, 対称行列を用いて表せ。

(1)　$F(x, y) = x^2 - 2y^2$　　(2)　$F(x, y, z) = xy + yz + zx$

＜解答＞

(1)　$F(x, y) = x^2 + 0 \cdot xy + 0 \cdot yx - 2y^2 = \begin{pmatrix} x & y \end{pmatrix} \begin{pmatrix} 1 & 0 \\ 0 & -2 \end{pmatrix} \begin{pmatrix} x \\ y \end{pmatrix}$

(2)　$F(x, y, z) = 0 \cdot x^2 + \frac{1}{2}xy + \frac{1}{2}xz + \frac{1}{2}yx + 0 \cdot y^2 + \frac{1}{2}yz + \frac{1}{2}zx + \frac{1}{2}zy + 0 \cdot z^2$

$$= \begin{pmatrix} x & y & z \end{pmatrix} \begin{pmatrix} 0 & \frac{1}{2} & \frac{1}{2} \\ \frac{1}{2} & 0 & \frac{1}{2} \\ \frac{1}{2} & \frac{1}{2} & 0 \end{pmatrix} \begin{pmatrix} x \\ y \\ z \end{pmatrix}$$

ドリル no.77 class no name

問題 77.1 次の行列で表された 2 次形式を, x, y, z の多項式で表せ。

(1) $F(x,y) = \begin{pmatrix} x & y \end{pmatrix} \begin{pmatrix} 3 & -1 \\ -1 & 5 \end{pmatrix} \begin{pmatrix} x \\ y \end{pmatrix}$

(2) $F(x,y,z) = \begin{pmatrix} x & y & z \end{pmatrix} \begin{pmatrix} 2 & -3 & 0 \\ -3 & 5 & 1 \\ 0 & 1 & -7 \end{pmatrix} \begin{pmatrix} x \\ y \\ z \end{pmatrix}$

問題 77.2 次の 2 次形式を, 対称行列を用いて表せ。

(1) $F(x,y) = -x^2 + 10xy + 5y^2$

(2) $F(x,y,z) = 2x^2 + 5y^2 - z^2 + 3xy - 4yz + zx$

チェック項目

	月 日	月 日
2 次形式を, 対称行列を用いて表すことができる。		

78　2次形式の標準形

与えられた2次形式を標準形に直すことができる。

2次形式の標準形　2変数の2次形式 $F(x,y)=ax^2+2bxy+cy^2$ の係数行列 $A=\begin{pmatrix} a & b \\ b & c \end{pmatrix}$ は対称行列なので, A の固有値を α, β とするとき, ある直交行列 P により

$$ {}^tPAP=\begin{pmatrix} \alpha & 0 \\ 0 & \beta \end{pmatrix} $$

と対角化することができる (項目76参照)。

ここで, $\boldsymbol{x}=\begin{pmatrix} x \\ y \end{pmatrix}$, $\boldsymbol{x}'=\begin{pmatrix} x' \\ y' \end{pmatrix}={}^tP\boldsymbol{x}$ とおくと ${}^tP=P^{-1}$ より, $\boldsymbol{x}=P\boldsymbol{x}'$ である。

よって

$$ \begin{aligned} F(x,y) &= {}^t\boldsymbol{x}A\boldsymbol{x}={}^t(P\boldsymbol{x}')A(P\boldsymbol{x}')={}^t\boldsymbol{x}'({}^tPAP)\boldsymbol{x}' \\ &= \begin{pmatrix} x' & y' \end{pmatrix}\begin{pmatrix} \alpha & 0 \\ 0 & \beta \end{pmatrix}\begin{pmatrix} x' \\ y' \end{pmatrix}=\alpha x'^2+\beta y'^2 \end{aligned} $$

と簡単な形の式に変形できる。これを2次形式の標準形という。

一般に, 任意の対称行列は, 直交行列により対角化されるので, 2次形式は必ず標準形に変形することができる。

例題 78.1　2次形式 $F(x,y)=2x^2+4xy-y^2$ の係数行列を対角化する直交行列 P と, $F(x,y)$ の標準形を求めよ。

＜解答＞　係数行列は $A=\begin{pmatrix} 2 & 2 \\ 2 & -1 \end{pmatrix}$ となる。A の固有値は $\begin{vmatrix} 2-\lambda & 2 \\ 2 & -1-\lambda \end{vmatrix}=0$ を解いて, $\lambda=3,\ -2$ である。固有ベクトルは, $\lambda=3$ のとき, $c_1\begin{pmatrix} 2 \\ 1 \end{pmatrix}$, $\lambda=-2$ のとき, $c_2\begin{pmatrix} -1 \\ 2 \end{pmatrix}$ ($c_1,\ c_2$ は0でない任意の実数) となる。

それぞれの固有ベクトルの大きさを1にして, $P=\dfrac{1}{\sqrt{5}}\begin{pmatrix} 2 & -1 \\ 1 & 2 \end{pmatrix}$ とおくと P は直交行列で, ${}^tPAP=\begin{pmatrix} 3 & 0 \\ 0 & -2 \end{pmatrix}$ となる。

$\begin{pmatrix} x' \\ y' \end{pmatrix}={}^tP\begin{pmatrix} x \\ y \end{pmatrix}$ として, $F(x,y)$ に $\begin{pmatrix} x \\ y \end{pmatrix}=P\begin{pmatrix} x' \\ y' \end{pmatrix}=\dfrac{1}{\sqrt{5}}\begin{pmatrix} 2x'-y' \\ x'+2y' \end{pmatrix}$ を代入すると,

$F(x,y)=\begin{pmatrix} x' & y' \end{pmatrix}\begin{pmatrix} 3 & 0 \\ 0 & -2 \end{pmatrix}\begin{pmatrix} x' \\ y' \end{pmatrix}=3x'^2-2y'^2$ となる。

ゆえに, 対角化行列は $P=\dfrac{1}{\sqrt{5}}\begin{pmatrix} 2 & -1 \\ 1 & 2 \end{pmatrix}$, 標準形は $F(x,y)=3x'^2-2y'^2$ である。

ドリル no.78　class　　no　　name

問題 78.1　次の 2 次形式 $F(x,y)$ の係数行列を対角化する直交行列 P と，$F(x,y)$ の標準形を求めよ。

(1)　$F(x,y) = x^2 + 4xy - 2y^2$

(2)　$F(x,y) = 4x^2 - 6xy + 4y^2$

チェック項目

	月　日	月　日
与えられた 2 次形式を標準形に直すことができる。		

79　2次曲線の標準形

与えられた2次曲線の式を標準形に直し, 曲線の概形を描くことができる。

2次曲線の標準形　2次形式 $ax^2+2bxy+cy^2$ は, 直交行列 P による変換で標準形 $\alpha x'^2+\beta y'^2$ に変形される。このとき, $P=\begin{pmatrix}\cos\theta & -\sin\theta \\ \sin\theta & \cos\theta\end{pmatrix}$ とすることができる。

したがって, 2次曲線 $C:\ ax^2+2bxy+cy^2+d=0$ に $\begin{pmatrix}x\\y\end{pmatrix}=P\begin{pmatrix}x'\\y'\end{pmatrix}$ を代入すると,

$\alpha x'^2+\beta y'^2+d=0$ となる。$\alpha\neq0,\ \beta\neq0,\ d\neq0$ のとき, これをさらに $\dfrac{x'^2}{p^2}\pm\dfrac{y'^2}{q^2}=\pm1$ と変形したものが C の標準形である。C のグラフは2次曲線 $\dfrac{x^2}{p^2}\pm\dfrac{y^2}{q^2}=\pm1$ のグラフを原点の周りに θ だけ回転させたものとなる。

例題 79.1　2次曲線 $C:3x^2-2\sqrt{3}xy+5y^2-18=0$ を標準形に変形して, グラフの概形を図示せよ。

＜解答＞　$F(x,y)=3x^3-2\sqrt{3}xy+5y^2$, $A=\begin{pmatrix}3 & -\sqrt{3}\\ -\sqrt{3} & 5\end{pmatrix}$ とする。

A の固有値は, $|A-\lambda E|=0$ より, $\lambda=2,\ 6$ となる。$\lambda=2$ に対する固有ベクトルは $c_1\begin{pmatrix}\sqrt{3}\\1\end{pmatrix}$, $\lambda=6$ に対する固有ベクトルは $c_2\begin{pmatrix}-1\\\sqrt{3}\end{pmatrix}$ ($c_1,\ c_2$ は0でない任意の実数) である。

ここで, 固有ベクトルの大きさを1にして並べ, $P=\dfrac{1}{2}\begin{pmatrix}\sqrt{3} & -1\\ 1 & \sqrt{3}\end{pmatrix}$ とすると P は直交行列であり, ${}^tPAP=\begin{pmatrix}2 & 0\\ 0 & 6\end{pmatrix}$ となる。さらに, $\begin{pmatrix}x\\y\end{pmatrix}=P\begin{pmatrix}x'\\y'\end{pmatrix}=\dfrac{1}{2}\begin{pmatrix}\sqrt{3}x'-y'\\ x'+\sqrt{3}y'\end{pmatrix}$ を $F(x,y)$ に代入すれば, $F(x,y)=2x'^2+6y'^2$ と変形できる。

したがって, C の標準形は $2x'^2+6y'^2-18=0$ より, $\dfrac{x'^2}{9}+\dfrac{y'^2}{3}=1$ となる。

よって, $P=\begin{pmatrix}\frac{\sqrt{3}}{2} & -\frac{1}{2}\\ \frac{1}{2} & \frac{\sqrt{3}}{2}\end{pmatrix}=\begin{pmatrix}\cos\frac{\pi}{6} & -\sin\frac{\pi}{6}\\ \sin\frac{\pi}{6} & \cos\frac{\pi}{6}\end{pmatrix}$ なので, C のグラフは楕円 $\dfrac{x^2}{9}+\dfrac{y^2}{3}=1$ を原点の周りに $\dfrac{\pi}{6}$ 回転させたものになる。

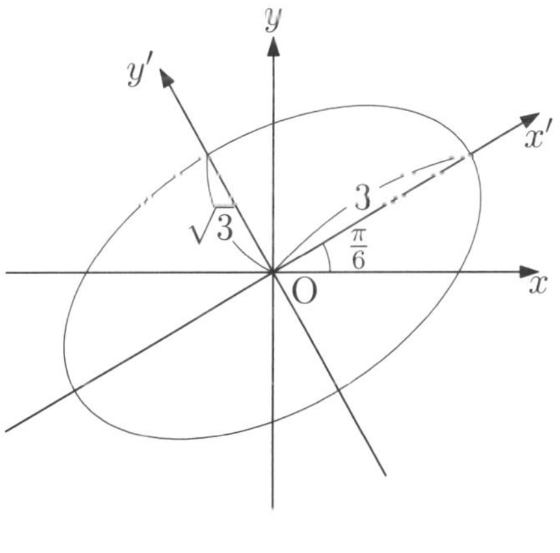

ドリル no.79	class	no	name

問題 79.1　2 次曲線 C : $5x^2 + 2\sqrt{3}xy + 7y^2 - 16 = 0$ を標準形に変形してグラフの概形を図示せよ。

問題 79.2　2 次曲線 C : $3x^2 - 10xy + 3y^2 + 8 = 0$ を標準形に変形してグラフの概形を図示せよ。

チェック項目	月　日	月　日
与えられた 2 次曲線の式を標準形に直し, 曲線の概形を描くことができる。		

80　複素数と複素数平面

与えられた複素数に対して, 実部, 虚部, 絶対値, 共役複素数などを求めることができる。
複素数が等しくなる条件を理解している。

虚数単位　2 乗すると -1 となる数を虚数単位といい, i で表す。

複素数, 実部, 虚部, 虚数, 純虚数　実数 a, b を用いて $z = a + bi$ と表される数を複素数という。このとき, a を z の実部, b を z の虚部といい, $\mathrm{Re}(z) = a$, $\mathrm{Im}(z) = b$ と表す。

$b = 0$ のとき, $z = a + 0i = a$ となるので, 複素数の集合は実数の集合を含んでいる。

$b \neq 0$ のとき, $z = a + bi$ を虚数という。特に $a = 0$ のとき, $z = 0 + bi = bi$ を純虚数という。

複素数の相等　実部も虚部も一致するとき, 2 つの複素数は等しいという。

複素数平面　複素数 $z = a + bi$ に対して, 座標平面上の点 (a, b) を対応させることで, 複素数は平面上の点と 1 対 1 にもれなく対応をつけることができる。この平面を複素数平面という。横軸を実軸, 縦軸を虚軸といい, 実軸を Re, 虚軸を Im で表す。

共役複素数　$z = a + bi$ に対し, $a - bi$ を z の共役複素数といい, $\overline{z}$ で表す。z と $\overline{z}$ は, 複素数平面上では実軸に関して対称な位置にある。$\overline{\overline{z}} = z$ である。

複素数の絶対値　複素数平面において, $z = a + bi$ の原点からの距離を z の絶対値といい, $|z|$ と書く。$|z| = \sqrt{a^2 + b^2}$ である。

例題 **80.1**　複素数 $z = 5 - 6i$ について次の問に答えよ。

(1)　z の実部と虚部を求めよ。　　(2)　$|z|$ を求めよ。

(3)　$\overline{z}$ を求めよ。　　(4)　z と $\overline{z}$ を複素数平面上に表せ。

＜解答＞

(1) 実部は 5, 虚部は -6

(2) $|z| = |5 - 6i| = \sqrt{5^2 + (-6)^2} = \sqrt{61}$

(3) $\overline{z} = \overline{5 - 6i} = \overline{5 + (-6)i} = 5 - (-6)i = 5 + 6i$

(4)

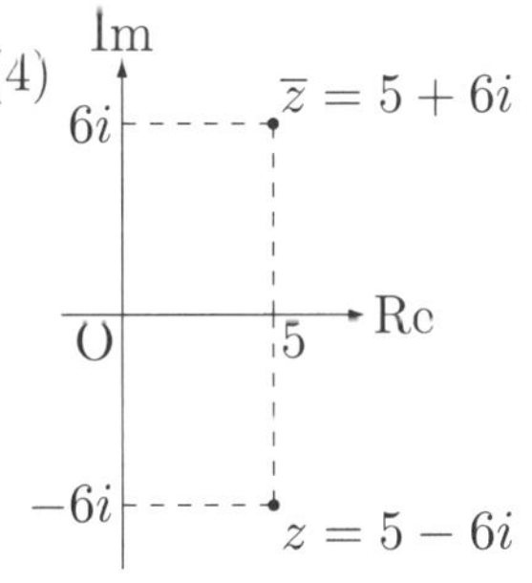

例題 **80.2**　a, b を実数とする。$z_1 = 2 + 3a + 4bi + ai$, $z_2 = 1 + b + 3i + 5ai$ について $z_1 = \overline{z_2}$ となるような a, b の値を求めよ。

＜解答＞　z_1, z_2 を整理して, $z_1 = (2 + 3a) + (a + 4b)i$, $z_2 = (1 + b) + (3 + 5a)i$ である。
よって, $\overline{z_2} = \overline{(1 + b) + (3 + 5a)i} = (1 + b) - (3 + 5a)i$ となる。ここで $z_1 = \overline{z_2}$ より,

$$(2 + 3a) + (a + 4b)i = (1 + b) - (3 + 5a)i$$

実部と虚部が一致するから, $\begin{cases} 2 + 3a = 1 + b \\ a + 4b = -3 - 5a \end{cases}$ となる。これより, $a = -\dfrac{7}{18}$, $b = -\dfrac{1}{6}$ となる。

例題 **80.3**　$|4 + ai| = 5$ となる実数 a の値を求めよ。

＜解答＞　$|4 + ai| = \sqrt{4^2 + a^2} = 5$ より, 両辺を 2 乗すると, $16 + a^2 = 25$ となる。
$a^2 = 9$ より, $a = \pm 3$ である。

ドリル no.80　class　no　name

問題 80.1　$z = -6 - 2i$ について次の問に答えよ。

(1)　z の実部と虚部を答えよ。

(2)　z の絶対値を求めよ。

(3)　z の共役複素数を求めよ。

(4)　z と $\overline{z}$ を複素数平面上に表せ。

問題 80.2　次の問に答えよ。

(1) $(a + 2b) + (2a - b)i = 3 - 7i$ となる実数 a, b の値を求めよ。

(2) $|-5 + ai| = 13$ となる実数 a の値を求めよ。

チェック項目

チェック項目	月　日	月　日
与えられた複素数に対して, 実部, 虚部, 絶対値, 共役複素数などを求めることができる。		
複素数が等しくなる条件を理解している。		

81　複素数の計算 (1)

複素数の和, 差, 積の計算ができる。

複素数の和, 差, 積　複素数の四則計算は, 複素数を文字 i についての式と考えることにより, 整式の場合と同様に計算できる。ただし, i^2 が現れたときには -1 に置き換える。
2 つの複素数 $\alpha = a + bi$, $\beta = c + di$ に対する加法, 減法, 乗法は次のようになる。

$$\begin{aligned} \alpha \pm \beta &= (a+bi) \pm (c+di) = (a \pm c) + (b \pm d)i \quad (\text{複号同順}) \\ \alpha\beta &= (a+bi)(c+di) = ac + (ad+bc)i + bdi^2 = ac + (ad+bc)i - bd \\ &= (ac-bd) + (ad+bc)i \end{aligned}$$

例題 81.1　2 つの複素数 $\alpha = 4 + 3i$, $\beta = 2 - 5i$ について, 次を計算せよ。

(1)　$\alpha + \beta$　　(2)　$\alpha - \beta$　　(3)　$\alpha\beta$　　(4)　$\alpha^2 - \beta^2$

(5)　$\alpha^2 + \beta^2$

＜解答＞

(1)　$\alpha + \beta = (4+3i) + (2-5i) = (4+2) + (3-5)i = 6 - 2i$

(2)　$\alpha - \beta = (4+3i) - (2-5i) = (4-2) + (3+5)i = 2 + 8i$

(3)　$\alpha\beta = (4+3i)(2-5i) = 8 + (-20+6)i - 15i^2 = 23 - 14i$

(4)　$\alpha^2 - \beta^2 = (\alpha+\beta)(\alpha-\beta) = (6-2i)(2+8i) = 12 + (48-4)i - 16i^2 = 28 + 44i$

(5)　$\alpha^2 + \beta^2 = (\alpha+\beta)^2 - 2\alpha\beta = (6-2i)^2 - 2(23-14i) = 36 - 24i + 4i^2 - 46 + 28i = -14 + 4i$

別解　直接代入して計算してもよい。
(4)　$\alpha^2 - \beta^2 = (4+3i)^2 - (2-5i)^2 = 16 + 24i + 9i^2 - (4 - 20i + 25i^2) = 28 + 44i$
(5)　$\alpha^2 + \beta^2 = (4+3i)^2 + (2-5i)^2 = 16 + 24i + 9i^2 + (4 - 20i + 25i^2) = -14 + 4i$

例題 81.2　次の複素数を計算せよ。

(1)　$(4-3i) + (-5+2i)$　　(2)　$(6-5i) - 3(4-3i)$

(3)　$(2-3i)(3+4i)$　　(4)　$(3+2i)^2$

(5)　$(1+4i)(1-4i)$　　(6)　$(2+i)^3$

＜解答＞

(1)　$(4-3i) + (-5+2i) = (4-5) + (-3+2)i = -1 - i$

(2)　$(6-5i) - 3(4-3i) = (6-5i) + (-12+9i) = -6 + 4i$

(3)　$(2-3i)(3+4i) = 6 + (8-9)i - 12i^2 = 6 - i + 12 = 18 - i$

(4)　$(3+2i)^2 = 9 + 12i + 4i^2 = 9 + 12i - 4 = 5 + 12i$

(5)　$(1+4i)(1-4i) = 1 - (4i)^2 = 1 - 16i^2 = 1 + 16 = 17$

(6)　$(2+i)^3 = 2^3 + 3 \cdot 2^2 \cdot i + 3 \cdot 2 \cdot i^2 + i^3 = 8 + 12i - 6 - i = 2 + 11i$

ドリル no.81　class　no　name

問題 81.1　2 つの複素数 $\alpha = 3 + \sqrt{3}i$, $\beta = -3 + \sqrt{3}i$ について, 次を計算せよ。

(1) $\alpha + \beta$

(2) $\alpha\beta$

(3) $\alpha^2 + \beta^2$

(4) $\alpha^3 + \beta^3$

問題 81.2　次の複素数を計算せよ。

(1) $3(2-5i) - 2(3+4i)$

(2) $2(5+i) + (-6+2i) - 3(3-4i)$

(3) $\dfrac{2}{3}\left(\dfrac{2}{3} + \dfrac{3}{4}i\right) - \dfrac{3}{4}\left(\dfrac{1}{3} - \dfrac{2}{9}i\right)$

(4) $(2\sqrt{2} + 3i)(\sqrt{2} - 4i)$

(5) $(4+7i)^2$

(6) $(3+i)(2-i)(3-i)$

(7) $(3-2i)^3$

(8) $(1+i)^6$

チェック項目

	月　日	月　日
複素数の和, 差, 積の計算ができる。		

82　複素数の計算 (2)

複素数の分母の実数化ができる。
様々な四則演算ができる。

複素数の分母の実数化　複素数 $z=a+bi$ とその共役複素数 $\overline{z}=a-bi$ の積 $z\overline{z}$ が実数になることを利用して, $z\neq 0$ のとき

$$\frac{1}{z}=\frac{\overline{z}}{z\overline{z}},\qquad \frac{1}{a+bi}=\frac{a-bi}{(a+bi)(a-bi)}=\frac{a-bi}{a^2+b^2}$$

と分母を実数化できる。また, 純虚数 $z=bi$ については, $i^2=-1$ を利用して, $b\neq 0$ のとき

$$\frac{1}{bi}=\frac{1}{bi}\times\frac{i}{i}=-\frac{i}{b}$$

と分母を実数化できる。複素数の商は分母の実数化により計算する。

例題 **82.1**　次の複素数の分母を実数化して, 計算せよ。

(1) $\dfrac{1+2i}{3-2i}+\dfrac{1}{13i}$　　(2) $\dfrac{1}{1+i}+\dfrac{1}{1-i}$

＜解答＞

(1) $\dfrac{1+2i}{3-2i}+\dfrac{1}{13i}=\dfrac{1+2i}{3-2i}\times\dfrac{3+2i}{3+2i}+\dfrac{1}{13i}\times\dfrac{i}{i}=\dfrac{-1+8i}{13}-\dfrac{i}{13}=\dfrac{-1+7i}{13}$

(2) $\dfrac{1}{1+i}+\dfrac{1}{1-i}=\dfrac{1}{1+i}\times\dfrac{1-i}{1-i}+\dfrac{1}{1-i}\times\dfrac{1+i}{1+i}=\dfrac{1-i}{2}+\dfrac{1+i}{2}=1$

例題 **82.2**　$i^4=1$ を使って, 次の計算をせよ。

(1) i^{99}　　(2) $\dfrac{1}{i^{35}}$　　(3) $\left(\dfrac{1-i}{1+i}\right)^5$

＜解答＞

(1) $i^{99}=i^{4\times 24+3}=(i^4)^{24}\times i^3=i^3=-i$

(2) $\dfrac{1}{i^{35}}=\dfrac{i}{i^{36}}=\dfrac{i}{(i^4)^9}=i$

(3) $\left(\dfrac{1-i}{1+i}\right)^5=\left(\dfrac{1-i}{1+i}\times\dfrac{1-i}{1-i}\right)^5=\left(\dfrac{-2i}{2}\right)^5=(-i)^5=-i^5=-i\cdot i^4=-i$

例題 **82.3**　$\alpha=\dfrac{5}{3+4i}$, $\beta=\dfrac{5}{4+3i}$ のとき, 次の計算をせよ。

(1) $\alpha+\beta$　　(2) $\alpha\beta$　　(3) $\alpha^2+\beta^2$

＜解答＞　$\alpha=\dfrac{5}{3+4i}\times\dfrac{3-4i}{3-4i}=\dfrac{3-4i}{5}$, $\beta=\dfrac{5}{4+3i}\times\dfrac{4-3i}{4-3i}=\dfrac{4-3i}{5}$

(1) $\alpha+\beta=\dfrac{3-4i}{5}+\dfrac{4-3i}{5}=\dfrac{7-7i}{5}$

(2) $\alpha\beta=\dfrac{3-4i}{5}\times\dfrac{4-3i}{5}=-i$

(3) $\alpha^2+\beta^2=(\alpha+\beta)^2-2\alpha\beta=-\dfrac{48}{25}i$

ドリル no.82　class　　no　　name

問題 82.1　次の複素数を計算せよ。分数については分母を実数化せよ。必要であれば $i^4=1$ を使え。

(1) $\dfrac{1}{1+3i}+\dfrac{1}{1-3i}$　　(2) $\dfrac{2-4i}{1+i}+\dfrac{3+2i}{i}$

(3) $\dfrac{3+i}{2-3i}\times\dfrac{4-3i}{1+2i}$　　(4) i^{202}

(5) $\dfrac{1}{i^{73}}$　　(6) $\left(\dfrac{3+6i}{2-i}\right)^3$

問題 82.2　$\alpha=\dfrac{5}{2+i},\ \beta=\dfrac{5}{1+2i}$ のとき, 次の計算をせよ。

(1) $\alpha+\beta$　　(2) $\alpha\beta$

(3) $\alpha^2+\beta^2$　　(4) $\alpha^3+\beta^3$

チェック項目

	月　日	月　日
複素数の分母の実数化ができる。		
様々な四則演算ができる。		

83　複素数の極形式

複素数を複素数平面上に表し, 絶対値や偏角を求めて極形式で表すことができる。

複素数の極形式　z を複素数とするとき, 複素数平面で線分 Oz が実軸の正の方向と作る角を z の偏角といい, $\arg z$ で表す。複素数 $z=x+yi$ の絶対値を r, 偏角を θ とするとき

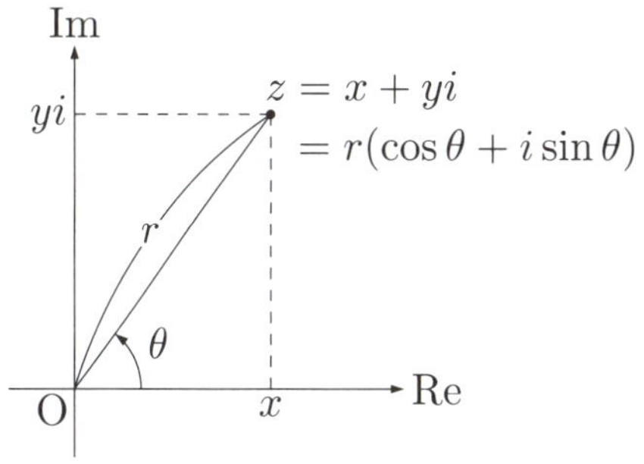

$$\begin{aligned} z &= x+yi = r\cos\theta + ir\sin\theta \\ &= r(\cos\theta+i\sin\theta) \end{aligned}$$

と表される。これを複素数 z の極形式という。

(注意 1) 複素数 z の 1 つの偏角を θ とすると, $\theta+2n\pi$ (n は整数) も z の偏角である。しかし通常, θ は $0 \leqq \theta < 2\pi$ または $-\pi < \theta \leqq \pi$ の範囲とすることが多い。

(注意 2) $z=0$ のとき, $r=0$ である。この場合, z の偏角は定義されない。

例題 83.1　$z=1+i$ を極形式で表せ。ただし, $0 \leqq \arg z < 2\pi$ とする。

＜解答＞　$|z|=|1+i|=\sqrt{1^2+1^2}=\sqrt{2}$

右図より $\arg z = \arg(1+i) = \dfrac{\pi}{4}$

よって $z=\sqrt{2}\left(\cos\dfrac{\pi}{4}+i\sin\dfrac{\pi}{4}\right)$

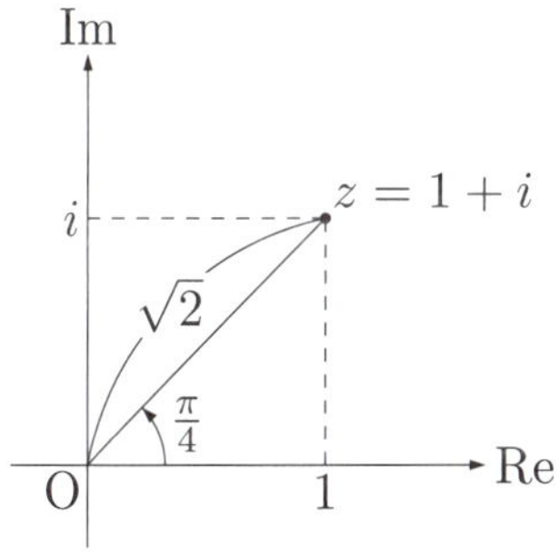

別解　$|z|=\sqrt{2}$ だから

$z=1+i=\sqrt{2}\left(\dfrac{1}{\sqrt{2}}+\dfrac{1}{\sqrt{2}}i\right)=\sqrt{2}\left(\cos\dfrac{\pi}{4}+i\sin\dfrac{\pi}{4}\right)$

これより $\arg z = \dfrac{\pi}{4}$

例題 83.2　$z=r(\cos\theta+i\sin\theta)$ のとき, $\overline{z}$ の絶対値と偏角を求め, $\overline{z}$ を極形式で表せ。

＜解答＞　$z=r(\cos\theta+i\sin\theta)=r\cos\theta+ir\sin\theta$ より

$\overline{z}=r\cos\theta-ir\sin\theta$ である。

$|\overline{z}|=\sqrt{(r\cos\theta)^2+(-r\sin\theta)^2}=\sqrt{r^2(\cos^2\theta+\sin^2\theta)}$

$\quad =\sqrt{r^2}=r$

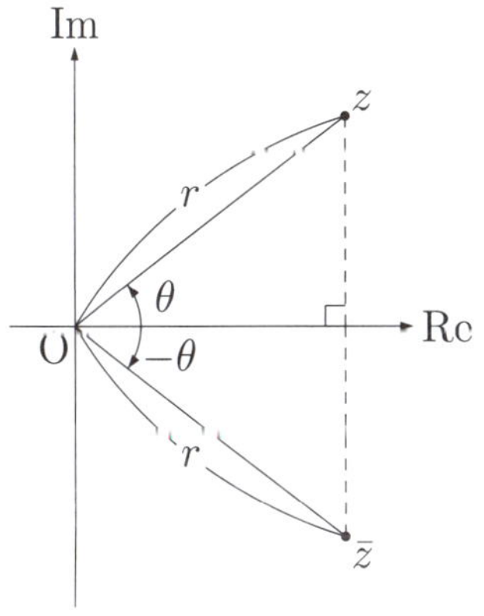

z と $\overline{z}$ は実軸に関して対称なので　$\arg\overline{z}=-\theta$

よって $\overline{z}$ の極形式は $\overline{z}=r\left(\cos(-\theta)+i\sin(-\theta)\right)$ となる。

別解　$z=r(\cos\theta+i\sin\theta)=r\cos\theta+ir\sin\theta$ より

$$\begin{aligned} \overline{z} &= r\cos\theta-ir\sin\theta = r(\cos\theta-i\sin\theta) \\ &= r\left(\cos(-\theta)+i\sin(-\theta)\right) \end{aligned}$$

これより　$|\overline{z}|=r,\ \arg\overline{z}=-\theta$

例題 83.3　$|z|=4,\ \arg z=\dfrac{2}{3}\pi$ のとき, z を $a+bi$ の形で表せ。

＜解答＞　$z=4\left(\cos\dfrac{2}{3}\pi+i\sin\dfrac{2}{3}\pi\right)=4\left(-\dfrac{1}{2}+\dfrac{\sqrt{3}}{2}i\right)=-2+2\sqrt{3}i$

ドリル no.83　class　no　name

問題 83.1　次の複素数を極形式で表せ。ただし, $0 \leqq \arg z < 2\pi$ とする。

(1)　$z = \sqrt{3} + i$

(2)　$z = -3i$

(3)　$z = -2\sqrt{3} + 2i$

(4)　$z = \dfrac{1}{\sqrt{3}} - i$

問題 83.2　絶対値と偏角が次で与えられた複素数 z を $a + bi$ の形で表せ。

(1)　$|z| = 2,\ \arg z = \dfrac{3}{4}\pi$

(2)　$|z| = 5,\ \arg z = \pi$

(3)　$|z| = 6,\ \arg z = \dfrac{7}{6}\pi$

(4)　$|z| = 4,\ \arg z = \dfrac{\pi}{4} + \dfrac{\pi}{6}$

チェック項目

チェック項目	月　日	月　日
複素数を複素数平面上に表し, 絶対値や偏角を求めて極形式で表すことができる。		

84　複素数の積の図形的意味

複素数の積の図形的意味を理解している。

複素数の積の図形的意味　複素数 $z_1 = r_1(\cos\theta_1 + i\sin\theta_1)$, $z_2 = r_2(\cos\theta_2 + i\sin\theta_2)$ に対して,

$$z_1 z_2 = r_1 r_2 \left(\cos(\theta_1+\theta_2) + i\sin(\theta_1+\theta_2)\right)$$

となるので, 積 $z_1 z_2$ の絶対値は $r_1 r_2$, 偏角は $\theta_1+\theta_2$ である。

$$|z_1 z_2| = |z_1||z_2|, \ \arg(z_1 z_2) = \arg z_1 + \arg z_2$$

複素数 $z_1 z_2$ を表す複素数平面上の点は, 複素数 z_1 を表す点を原点の周りに $\arg z_2$ だけ回転移動し, さらに原点からの距離を $|z_2|$ 倍に拡大・縮小して移る点である。

例題 **84.1**　次の 2 つの複素数の積 $z_1 z_2$ を求めよ。

$$z_1 = 2\left(\cos\frac{\pi}{3} + i\sin\frac{\pi}{3}\right), \quad z_2 = \sqrt{3}\left(\cos\frac{5}{6}\pi + i\sin\frac{5}{6}\pi\right)$$

＜解答＞

$$z_1 z_2 = 2\cdot\sqrt{3}\left(\cos\left(\frac{\pi}{3}+\frac{5}{6}\pi\right) + i\sin\left(\frac{\pi}{3}+\frac{5}{6}\pi\right)\right) = 2\sqrt{3}\left(\cos\frac{7}{6}\pi + i\sin\frac{7}{6}\pi\right)$$

$$= 2\sqrt{3}\left(-\frac{\sqrt{3}}{2} - \frac{1}{2}i\right) = -3 - \sqrt{3}i$$

例題 **84.2**　次の複素数 z_1, z_2 について, 積 $z_1 z_2$ の絶対値と偏角を求めよ。

$$z_1 = 2 + 2\sqrt{3}i, \quad z_2 = \sqrt{3} + i$$

＜解答＞　極形式で表すと, $z_1 = 4\left(\cos\frac{\pi}{3} + i\sin\frac{\pi}{3}\right)$, $z_2 = 2\left(\cos\frac{\pi}{6} + i\sin\frac{\pi}{6}\right)$ であるから,

$|z_1 z_2| = |z_1||z_2| = 4\times 2 = 8$, 　$\arg(z_1 z_2) = \arg z_1 + \arg z_2 = \frac{\pi}{3} + \frac{\pi}{6} = \frac{\pi}{2}$

よって, $z_1 z_2$ の絶対値は 8, 偏角は $\frac{\pi}{2}$ である。

(注意) $z_1 z_2 = 8\left(\cos\frac{\pi}{2} + i\sin\frac{\pi}{2}\right) = 8i$ である。

例題 **84.3**　複素数平面上の点 $(1+i)z$ は, 点 z をどのように移動した点であるか。

＜解答＞　　$1 + i = \sqrt{2}\left(\cos\frac{\pi}{4} + i\sin\frac{\pi}{4}\right)$ であるから, 点 $(1+i)z$ は点 z を原点の周りに $\frac{\pi}{4}$ 回転移動し, 原点からの距離を $\sqrt{2}$ 倍に拡大した点である。

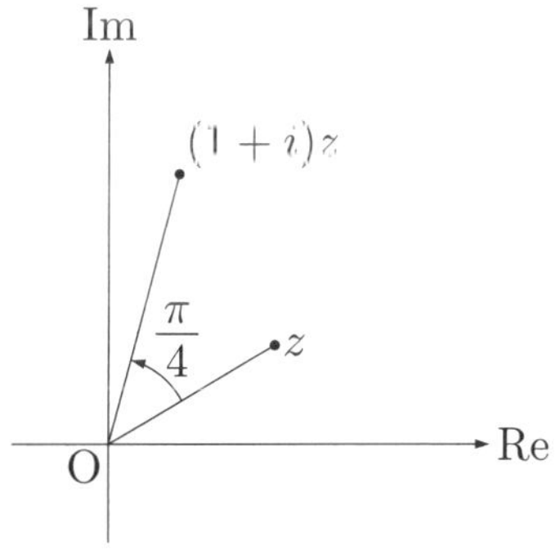

ドリル no.84　class　　no　　name

問題 84.1　次の 2 つの複素数の積 z_1z_2 を求めよ。

(1) $z_1 = 3\left(\cos\dfrac{\pi}{3} + i\sin\dfrac{\pi}{3}\right)$, $z_2 = 4\left(\cos\dfrac{2}{3}\pi + i\sin\dfrac{2}{3}\pi\right)$

(2) $z_1 = \cos\dfrac{\pi}{4} + i\sin\dfrac{\pi}{4}$, $z_2 = \cos\dfrac{5}{12}\pi + i\sin\dfrac{5}{12}\pi$

問題 84.2　次の 2 つの複素数をそれぞれ極形式で表せ。また, それを用いて積 z_1z_2 を求めよ。

$$z_1 = -3 + \sqrt{3}i, \quad z_2 = 1 + \sqrt{3}i$$

問題 84.3　複素数平面上の点 $(\sqrt{3} + i)z$ は, 点 z をどのように移動した点であるか。

問題 84.4　複素数平面上の点 $z = 4 + 2i$ を原点の周りに $\dfrac{3}{4}\pi$ 回転移動し, 原点からの距離を $\dfrac{1}{2}$ 倍に縮小した点を表す複素数を求めよ。

チェック項目

チェック項目	月　日	月　日
複素数の積の図形的意味を理解している。		

85　ド・モアブルの公式

ド・モアブルの公式を使って複素数の n 乗の計算ができる。

ド・モアブルの公式　整数 n に対して，

$$(\cos\theta + i\sin\theta)^n = \cos n\theta + i\sin n\theta$$

が成り立つ。

例題 85.1　ド・モアブルの公式を使って次の値を求めよ。

(1)　$(1+\sqrt{3}i)^6$　　(2)　$(1+\sqrt{3}i)^{-4}$

<解答>　(1)　$|1+\sqrt{3}i| = \sqrt{1^2+(\sqrt{3})^2} = 2$，$\arg(1+\sqrt{3}i) = \dfrac{\pi}{3}$ だから，$1+\sqrt{3}i$ を極形式で表すと，$2\left(\cos\dfrac{\pi}{3} + i\sin\dfrac{\pi}{3}\right)$ となる。ド・モアブルの公式より，

$$\begin{aligned}(1+\sqrt{3}i)^6 &= \left(2\left(\cos\frac{\pi}{3} + i\sin\frac{\pi}{3}\right)\right)^6 = 2^6\left(\cos\frac{\pi}{3} + i\sin\frac{\pi}{3}\right)^6 \\ &= 64\left(\cos\left(6\times\frac{\pi}{3}\right) + i\sin\left(6\times\frac{\pi}{3}\right)\right) = 64(\cos 2\pi + i\sin 2\pi) \\ &= 64(1+0i) = 64\end{aligned}$$

(2)　(1) と 同様に，

$$\begin{aligned}(1+\sqrt{3}i)^{-4} &= \left(2\left(\cos\frac{\pi}{3} + i\sin\frac{\pi}{3}\right)\right)^{-4} = 2^{-4}\left(\cos\frac{\pi}{3} + i\sin\frac{\pi}{3}\right)^{-4} \\ &= \frac{1}{16}\left(\cos\left(-4\times\frac{\pi}{3}\right) + i\sin\left(-4\times\frac{\pi}{3}\right)\right) = \frac{1}{16}\left(\cos\left(-\frac{4}{3}\pi\right) + i\sin\left(-\frac{4}{3}\pi\right)\right) \\ &= \frac{1}{16}\left(-\frac{1}{2} + \frac{\sqrt{3}}{2}i\right) = -\frac{1}{32} + \frac{\sqrt{3}}{32}i\end{aligned}$$

例題 85.2　ド・モアブルの公式を使って，三角関数の 2 倍角の公式

$$\sin 2\theta = 2\sin\theta\cos\theta,\quad \cos 2\theta = \cos^2\theta - \sin^2\theta$$

を証明せよ。

<解答>　ド・モアブルの公式で $n=2$ とすると，$(\cos\theta + i\sin\theta)^2 = \cos 2\theta + i\sin 2\theta$
左辺を展開して整理すると，

$$(\cos\theta + i\sin\theta)^2 = \cos^2\theta + 2\cos\theta\cdot i\sin\theta - \sin^2\theta = (\cos^2\theta - \sin^2\theta) + i\cdot 2\sin\theta\cos\theta$$

よって，

$$(\cos^2\theta - \sin^2\theta) + i\cdot 2\sin\theta\cos\theta = \cos 2\theta + i\sin 2\theta$$

実部と虚部を比べて

$$\sin 2\theta = 2\sin\theta\cos\theta,\quad \cos 2\theta = \cos^2\theta - \sin^2\theta$$

となる。

ドリル no.85　class　no　name

問題 85.1　ド・モアブルの公式を使って次の値を求めよ。

(1) $\left(\dfrac{\sqrt{3}}{2}+\dfrac{1}{2}i\right)^8$

(2) $\left(-\dfrac{1}{\sqrt{2}}+\dfrac{1}{\sqrt{2}}i\right)^6$

(3) $\left(-1+\sqrt{3}i\right)^{-6}$

問題 85.2　ド・モアブルの公式を使って三角関数の 3 倍角の公式

$$\sin 3\theta = 3\sin\theta - 4\sin^3\theta, \quad \cos 3\theta = 4\cos^3\theta - 3\cos\theta$$

を証明せよ。(ヒント：$(\cos\theta + i\sin\theta)^3$ を展開して実部と虚部に分けたら, $\cos^2\theta + \sin^2\theta = 1$ を使って実部は $\cos\theta$, 虚部は $\sin\theta$ のみの式に変形せよ。)

チェック項目

	月　日	月　日
ド・モアブルの公式を使って複素数の n 乗の計算ができる。		

86　複素数の n 乗根

複素数の n 乗根を求め, 複素数平面上に図示することができる。

複素数の n 乗根　n を2以上の自然数, α を複素数とし, $|\alpha|=r,\ \arg\alpha=\theta\ (0\leqq\theta<2\pi)$ とする。方程式 $z^n=\alpha$ の解を α の n 乗根という。α の n 乗根はちょうど n 個ある。
α の n 乗根を $z_k\ (k=0,1,2,\cdots,n-1)$ とすると,

$$|z_k|=\sqrt[n]{r},\quad \arg z_k=\frac{\theta+2k\pi}{n}\quad (k=0,1,2,\cdots,n-1)$$

と表せる。これより z_k は以下の式で表すことができる。

$$z_k=\sqrt[n]{r}\left(\cos\frac{\theta+2k\pi}{n}+i\sin\frac{\theta+2k\pi}{n}\right)\quad (k=0,1,2,\cdots,n-1)$$

複素数平面上で z_k を表す点は, 原点を中心とする半径 $\sqrt[n]{|\alpha|}$ の円周を n 等分する点となる。

例題 86.1　$z^6=1$ の解を求め, 解を複素数平面上に図示せよ。

<解答>　解を $z_k\ (k=0,1,2,\cdots,5)$ とすると, $|1|=1$, $\arg 1=0$ より, $|z_k|=\sqrt[6]{1}=1$, $\arg z_k=\dfrac{0+2k\pi}{6}=\dfrac{k}{3}\pi$ であり, 解は $z_k=\cos\dfrac{k}{3}\pi+i\sin\dfrac{k}{3}\pi\ (k=0,1,2,\cdots,5)$ と表せる。

$k=0$ のとき, $z_0=\cos 0+i\sin 0=1$

$k=1$ のとき, $z_1=\cos\dfrac{\pi}{3}+i\sin\dfrac{\pi}{3}=\dfrac{1}{2}+\dfrac{\sqrt{3}}{2}i$

$k=2$ のとき, $z_2=\cos\dfrac{2}{3}\pi+i\sin\dfrac{2}{3}\pi=-\dfrac{1}{2}+\dfrac{\sqrt{3}}{2}i$

$k=3$ のとき, $z_3=\cos\pi+i\sin\pi=-1$

$k=4$ のとき, $z_4=\cos\dfrac{4}{3}\pi+i\sin\dfrac{4}{3}\pi=-\dfrac{1}{2}-\dfrac{\sqrt{3}}{2}i$

$k=5$ のとき, $z_5=\cos\dfrac{5}{3}\pi+i\sin\dfrac{5}{3}\pi=\dfrac{1}{2}-\dfrac{\sqrt{3}}{2}i$

以上より, 解は $z=\pm1,\ \pm\dfrac{1}{2}\pm\dfrac{\sqrt{3}}{2}i$ の6個あり,
複素数平面上では, 右図の点で表される。

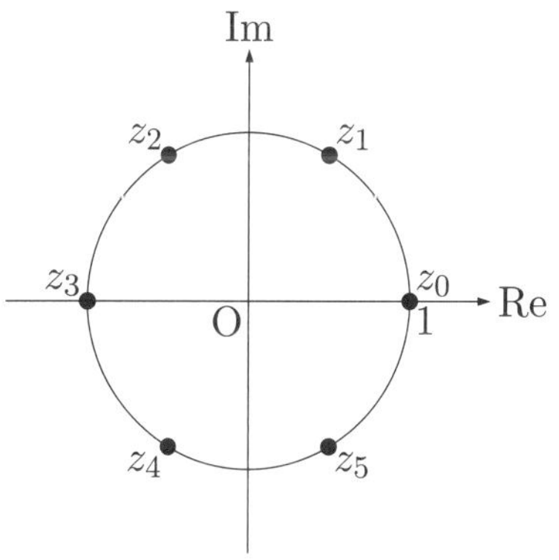

例題 86.2　$z^4=-8+8\sqrt{3}i$ の解を求め, 解を複素数平面上に図示せよ。

<解答>　解を $z_k\ (k=0,1,2,3)$ とすると, $\left|-8+8\sqrt{3}i\right|=\sqrt{64+192}=16$, $\arg\left(-8+8\sqrt{3}i\right)=\dfrac{2}{3}\pi$ より, $|z_k|=\sqrt[4]{16}=2,\ \arg z_k=\dfrac{\frac{2}{3}\pi+2k\pi}{4}=\dfrac{\pi}{6}+\dfrac{k}{2}\pi$ であり, 解は
$z_k=2\left(\cos\left(\dfrac{\pi}{6}+\dfrac{k}{2}\pi\right)+i\sin\left(\dfrac{\pi}{6}+\dfrac{k}{2}\pi\right)\right)\quad (k=0,1,2,3)$ と表せる。

$k=0$ のとき, $z_0=2\left(\cos\dfrac{\pi}{6}+i\sin\dfrac{\pi}{6}\right)=\sqrt{3}+i$

$k=1$ のとき, $z_1=2\left(\cos\dfrac{2}{3}\pi+i\sin\dfrac{2}{3}\pi\right)=-1+\sqrt{3}i$

$k=2$ のとき, $z_2=2\left(\cos\dfrac{7}{6}\pi+i\sin\dfrac{7}{6}\pi\right)=-\sqrt{3}-i$

$k=3$ のとき, $z_3=2\left(\cos\dfrac{5}{3}\pi+i\sin\dfrac{5}{3}\pi\right)=1-\sqrt{3}i$

以上より, 解は $z=\pm\sqrt{3}\pm i,\ \pm1\mp\sqrt{3}i$ (複号同順)
の4個あり, 複素数平面上では, 右図の点で表される。

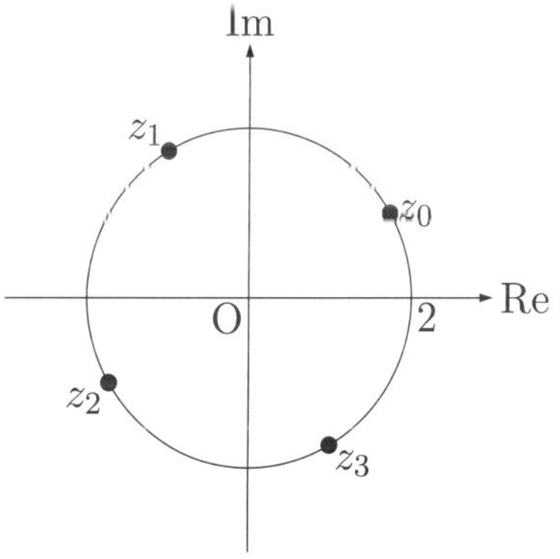

ドリル no.86 class no name

問題 86.1　$z^4 = -1$ の解を求め, 解を複素数平面上に図示せよ。

問題 86.2　$z^3 = -8i$ の解を求め, 解を複素数平面上に図示せよ。

チェック項目

	月　日	月　日
複素数の n 乗根を求め, 複素数平面上に図示することができる。		

ドリルと演習『線形代数』解答

1.1

(1) $\overrightarrow{\mathrm{ED}},\ \overrightarrow{\mathrm{OC}},\ \overrightarrow{\mathrm{FO}}$

(2) $\overrightarrow{\mathrm{CB}},\ \overrightarrow{\mathrm{EF}},\ \overrightarrow{\mathrm{DO}}$

(3) $\overrightarrow{\mathrm{AC}},\ \overrightarrow{\mathrm{CA}},\ \overrightarrow{\mathrm{AE}},\ \overrightarrow{\mathrm{EA}},\ \overrightarrow{\mathrm{CE}},\ \overrightarrow{\mathrm{EC}},\ \overrightarrow{\mathrm{BF}},\ \overrightarrow{\mathrm{FB}},\ \overrightarrow{\mathrm{BD}},\ \overrightarrow{\mathrm{DB}},\ \overrightarrow{\mathrm{DF}},\ \overrightarrow{\mathrm{FD}}$

1.2

(1) $\overrightarrow{\mathrm{AO}},\ \overrightarrow{\mathrm{SR}},\ \overrightarrow{\mathrm{PQ}}$

(2) $\overrightarrow{\mathrm{SD}},\ \overrightarrow{\mathrm{PO}},\ \overrightarrow{\mathrm{OR}},\ \overrightarrow{\mathrm{BQ}},\ \overrightarrow{\mathrm{QC}}$

(3) $|\overrightarrow{\mathrm{OA}}| = 1,\ |\overrightarrow{\mathrm{OB}}| = \sqrt{3}$

2.1

(1)

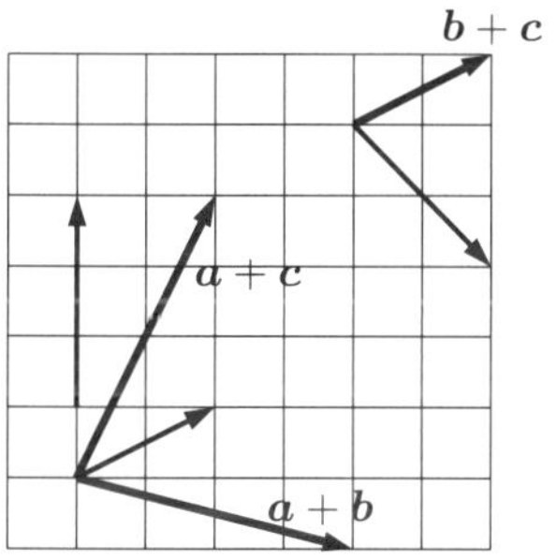

(2)

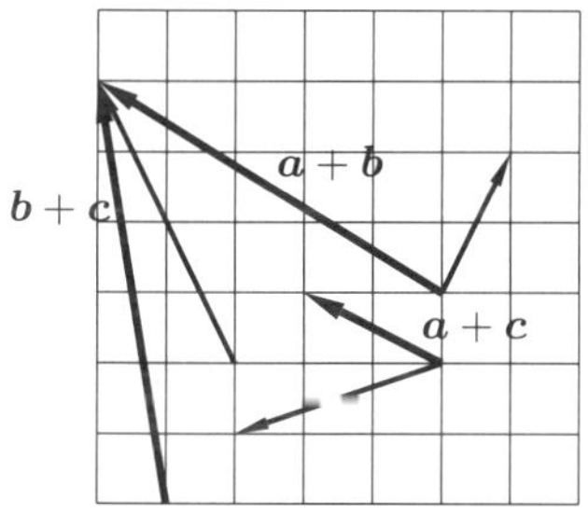

2.2

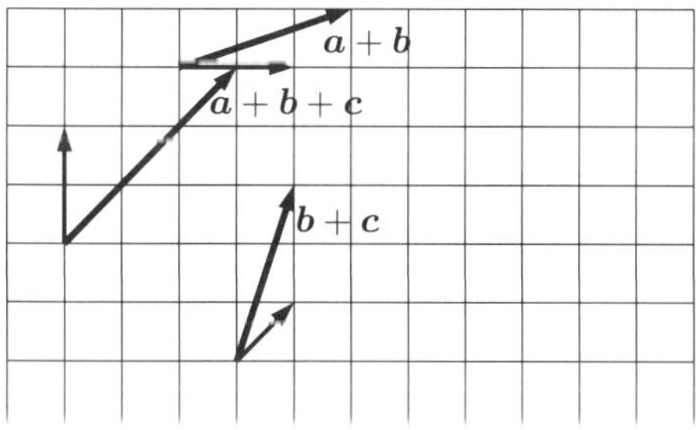

3.1

(1)

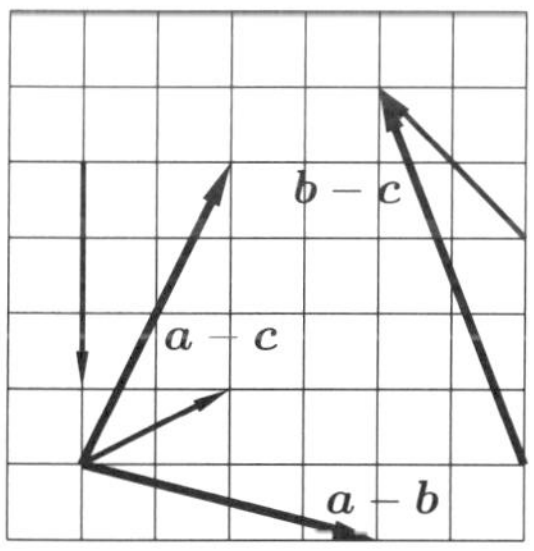

(2)

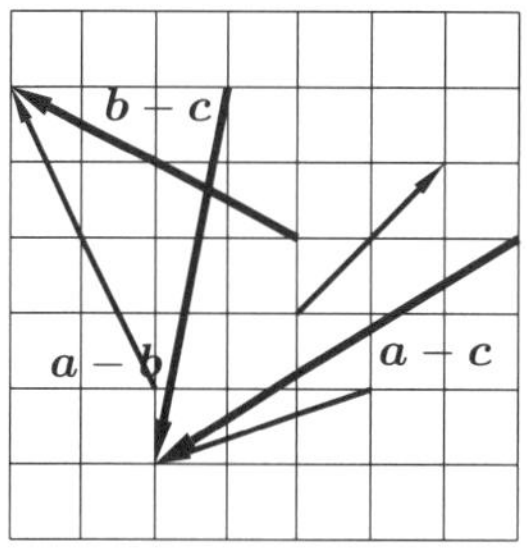

3.2

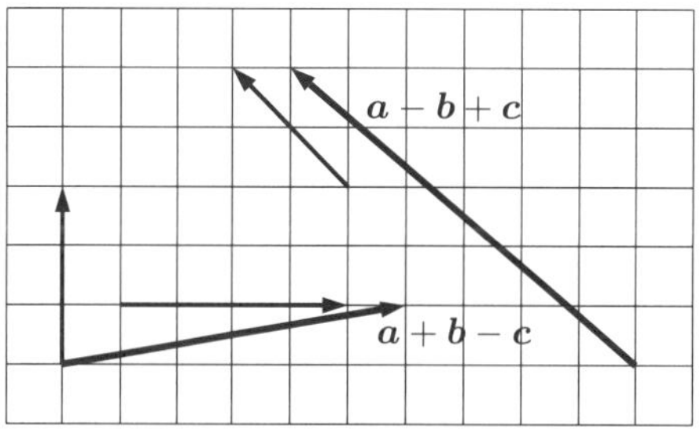

4.1

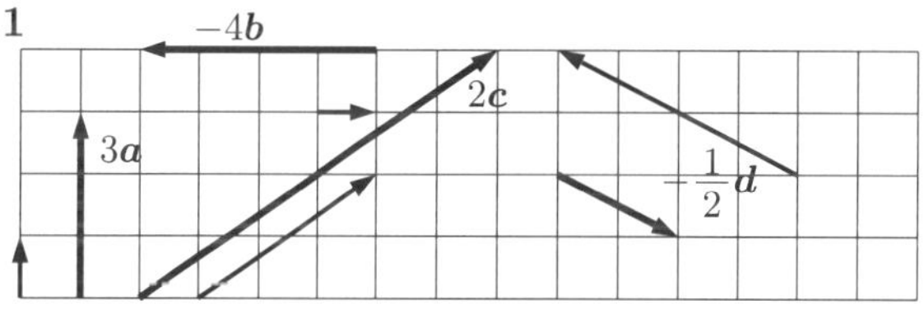

4.2

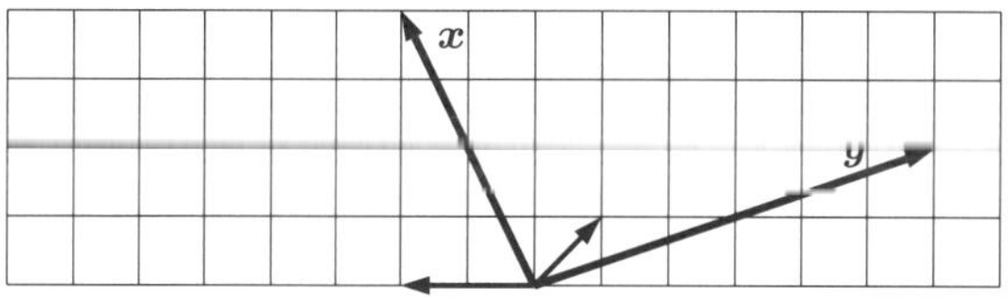

4.3

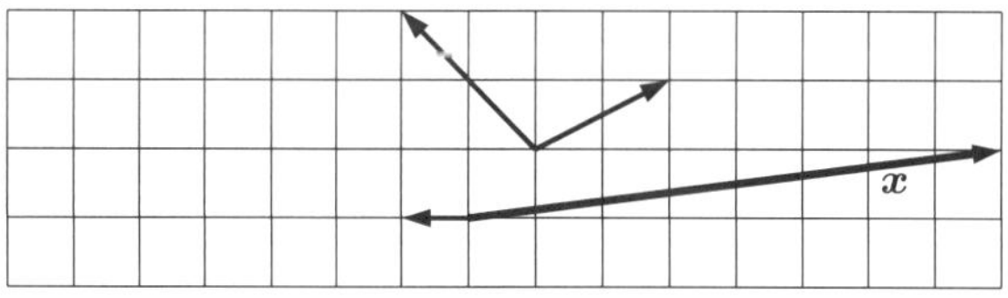

5.1 $\boldsymbol{x} = 2\boldsymbol{a} + 4\boldsymbol{b},\ \boldsymbol{y} = 3\boldsymbol{a} - 2\boldsymbol{b}$

5.2 $\boldsymbol{x} = -\boldsymbol{a} + \boldsymbol{b},\ \boldsymbol{y} = -3\boldsymbol{a} - 3\boldsymbol{b}$

5.3 $\boldsymbol{x} = 2\boldsymbol{a} + \boldsymbol{b},\ \boldsymbol{y} = -\boldsymbol{a} + \boldsymbol{b}$

6.1

(1) $\frac{1}{3}\overrightarrow{\mathrm{OA}} + \frac{2}{3}\overrightarrow{\mathrm{OB}}$ (2) $\frac{1}{5}\overrightarrow{\mathrm{OA}} + \frac{2}{5}\overrightarrow{\mathrm{OB}}$

(3) $-\frac{4}{5}\overrightarrow{\mathrm{OA}} + \frac{2}{5}\overrightarrow{\mathrm{OB}}$ (4) $\frac{1}{5}\overrightarrow{\mathrm{OA}} - \frac{3}{5}\overrightarrow{\mathrm{OB}}$

6.2

(1) $\boldsymbol{p} = 3\boldsymbol{a} - 2\boldsymbol{b}$ (2) $\boldsymbol{q} = -\dfrac{3}{2}\boldsymbol{a} + \dfrac{5}{2}\boldsymbol{b}$

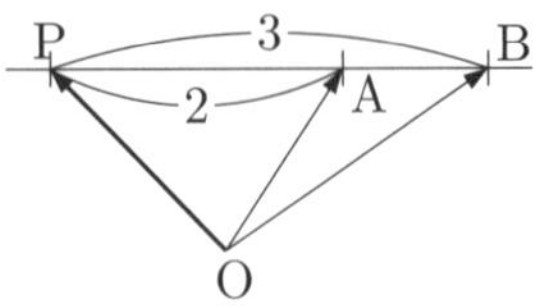

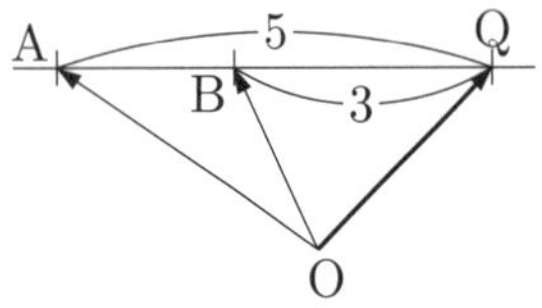

7.1

(1) $\dfrac{\pi}{3}$ (2) $\dfrac{5}{6}\pi$

7.2

(1) $3\sqrt{2}$ (2) $-\dfrac{3}{2}\sqrt{2}$

7.3

(1) -1 (2) 3

(3) 3 (4) 0

8.1 $8\sqrt{3}$

8.2

(1) $-\dfrac{3}{8}$ (2) $\dfrac{\sqrt{23}}{2}$

8.3 $\sqrt{14}$

9.1

(1) $\dfrac{\pi}{2}$ (2) π (3) $\dfrac{\pi}{6}$

9.2 $\dfrac{2}{3}\pi$

10.1 $\boldsymbol{a} \perp \boldsymbol{b}$ なので, $\boldsymbol{a} \cdot \boldsymbol{b} = 0$

$|\boldsymbol{a}+\boldsymbol{b}|^2 - |\boldsymbol{a}-\boldsymbol{b}|^2$

$= (\boldsymbol{a}+\boldsymbol{b}) \cdot (\boldsymbol{a}+\boldsymbol{b}) - (\boldsymbol{a}-\boldsymbol{b}) \cdot (\boldsymbol{a}-\boldsymbol{b})$

$= |\boldsymbol{a}|^2 + 2\boldsymbol{a} \cdot \boldsymbol{b} + |\boldsymbol{b}|^2 - (|\boldsymbol{a}|^2 - 2\boldsymbol{a} \cdot \boldsymbol{b} + |\boldsymbol{b}|^2)$

$= 4\boldsymbol{a} \cdot \boldsymbol{b} = 0$ より, $|\boldsymbol{a}+\boldsymbol{b}|^2 = |\boldsymbol{a}-\boldsymbol{b}|^2$

$|\boldsymbol{a}+\boldsymbol{b}| \geqq 0$, $|\boldsymbol{a}-\boldsymbol{b}| \geqq 0$ なので, $|\boldsymbol{a}+\boldsymbol{b}| = |\boldsymbol{a}-\boldsymbol{b}|$

したがって, 2 つのベクトルの大きさは等しい。

10.2 $\overrightarrow{\mathrm{AB}} = \boldsymbol{b}$, $\overrightarrow{\mathrm{AD}} = \boldsymbol{d}$ とすると, $|\boldsymbol{b}| = |\boldsymbol{d}|$ となる。

$\overrightarrow{\mathrm{AC}} \cdot \overrightarrow{\mathrm{BD}} = (\overrightarrow{\mathrm{AB}} + \overrightarrow{\mathrm{BC}}) \cdot (\overrightarrow{\mathrm{BC}} + \overrightarrow{\mathrm{CD}})$

$= (\boldsymbol{b}+\boldsymbol{d}) \cdot (\boldsymbol{d}-\boldsymbol{b}) = |\boldsymbol{d}|^2 - |\boldsymbol{b}|^2 = 0$

したがって $\overrightarrow{\mathrm{AC}} \perp \overrightarrow{\mathrm{BD}}$ が成り立つ。

ゆえに, 対角線 AC と BD 直交する。

11.1

(1) $\overrightarrow{\mathrm{AB}} = \boldsymbol{b} - \boldsymbol{a}$

$\overrightarrow{\mathrm{DC}} = \overrightarrow{\mathrm{OC}} - \overrightarrow{\mathrm{OD}} = -\dfrac{2}{3}\boldsymbol{a} - (-\dfrac{2}{3}\boldsymbol{b})$

$= \dfrac{2}{3}(\boldsymbol{b} - \boldsymbol{a})$

(2) (1) より, $\overrightarrow{\mathrm{DC}} = \dfrac{2}{3}\overrightarrow{\mathrm{AB}}$ が成り立つ。

よって, AB // DC

(3) AB : DC = 3 : 2

11.2

(1) $\overrightarrow{\mathrm{AB}} = k\overrightarrow{\mathrm{AC}}$ $(k \neq 0)$ を示す。

仮定より, $\overrightarrow{\mathrm{OB}} = \dfrac{3}{4}\overrightarrow{\mathrm{OC}} + \dfrac{1}{4}\overrightarrow{\mathrm{OA}}$ なので,

$\overrightarrow{\mathrm{AB}} = \overrightarrow{\mathrm{OB}} - \overrightarrow{\mathrm{OA}}$

$= \left(\dfrac{3}{4}\overrightarrow{\mathrm{OC}} + \dfrac{1}{4}\overrightarrow{\mathrm{OA}}\right) - \overrightarrow{\mathrm{OA}}$

$= \dfrac{3}{4}\overrightarrow{\mathrm{OC}} - \dfrac{3}{4}\overrightarrow{\mathrm{OA}}$

$= \dfrac{3}{4}\left(\overrightarrow{\mathrm{OC}} - \overrightarrow{\mathrm{OA}}\right)$

$= \dfrac{3}{4}\overrightarrow{\mathrm{AC}}$

よって, $\overrightarrow{\mathrm{AB}} \mathbin{/\!/} \overrightarrow{\mathrm{AC}}$

ゆえに 3 点 A, B, C は一直線上にある。

(2) AB : AC = 3 : 4

12.1

(1) $(4, -1)$ (2) $(11, 0)$

(3) $\left(-2, \dfrac{7}{3}\right)$ (4) $\sqrt{13}$

(5) $\sqrt{74}$

12.2

(1) $(5, -4)$ (2) $\sqrt{41}$

(3) $\sqrt{17}$ (4) $(8, 0)$

(5) $\left(\dfrac{5}{\sqrt{41}}, -\dfrac{4}{\sqrt{41}}\right)$

13.1

(1) -20 (2) 43 (3) -147

13.2

(1) $\dfrac{5}{6}\pi$ (2) $\dfrac{\pi}{4}$

13.3 $\left(\pm\dfrac{3}{5}, \pm\dfrac{4}{5}\right)$ (複号同順)

14.1 $3\sqrt{3}$

14.2 17

14.3 9

15.1

(1) 1 次従属 (2) 1 次独立 (3) 1 次従属

15.2 $\boldsymbol{c} = 4\boldsymbol{a} - 7\boldsymbol{b}$

15.3

(1) $x = -\dfrac{1}{5}$, $y = \dfrac{1}{3}$ (2) $x = \dfrac{1}{8}$, $y = \dfrac{5}{8}$

16.1 $\dfrac{3}{7}\boldsymbol{a} + \dfrac{2}{7}\boldsymbol{b}$

16.2

(1) $\dfrac{1}{3}(\boldsymbol{a} + \boldsymbol{b})$

(2) AE : EB = 1 : 1, OG : GE = 2 : 1

17.1

(1) $\boldsymbol{p} = \boldsymbol{a} + t\boldsymbol{b}$

(2) $\boldsymbol{p} = t\boldsymbol{a}$

(3) $\boldsymbol{p} = \dfrac{1}{2}\boldsymbol{a} + t(\boldsymbol{b} - \boldsymbol{a})$

(4) $\boldsymbol{p} = \boldsymbol{b} + t\left(\dfrac{1}{3}\boldsymbol{a} - \boldsymbol{b}\right)$

(5) $\boldsymbol{p} = t(3\boldsymbol{a} + 2\boldsymbol{b})$

(6) $\boldsymbol{b} \cdot (\boldsymbol{p} - \boldsymbol{a}) = 0$

(7) $(\boldsymbol{b} - \boldsymbol{a}) \cdot (\boldsymbol{p} - \boldsymbol{a}) = 0$

(8) $\boldsymbol{a} \cdot \left(\boldsymbol{p} - \dfrac{1}{2}\boldsymbol{a}\right) = 0$

18.1

(1) $\begin{cases} x = 1 + 3t \\ y = 4 + 2t \end{cases}$, $\dfrac{x-1}{3} = \dfrac{y-4}{2}$ $\left(y = \dfrac{2}{3}x + \dfrac{10}{3}\right)$

(2) $\begin{cases} x = 3 + 2t \\ y = t \end{cases}$, $\dfrac{x-3}{2} = y$ $\left(y = \dfrac{1}{2}x - \dfrac{3}{2}\right)$

(3) $\begin{cases} x = 5 - 7t \\ y = 3 \end{cases}$, $y = 3$

18.2 $(-1, 1)$

19.1

(1) $\boldsymbol{v} = (3, 2)$, $\boldsymbol{n} = (2, -3)$

(2) $\boldsymbol{v} = (-3, 4)$, $\boldsymbol{n} = (4, 3)$

19.2

平行な直線 $\begin{cases} x = 1 - 3t \\ y = 2 + 2t \end{cases}$

垂直な直線 $\begin{cases} x = 1 + 2t \\ y = 2 + 3t \end{cases}$

19.3

平行な直線 $x - 4 = \dfrac{y+6}{2}$ $(y = 2x - 14)$

垂直な直線 $\dfrac{x-4}{-2} = y + 6$ $\left(y = -\dfrac{1}{2}x - 4\right)$

19.4

(1) $a = 2,\ -3$ (2) $a = -\dfrac{1}{7}$

20.1

(1) $\dfrac{18}{5}$ (2) $\dfrac{\sqrt{10}}{5}$

20.2 $\dfrac{\sqrt{10}}{2}$

20.3 $\dfrac{19}{2}$

21.1

(1) $(x-3)^2 + (y+4)^2 = 49$

(2) $x^2 + 5x + y^2 - 2y = 0$

21.2 $(x-1)^2 + (y+4)^2 = 8$ より, 中心は $(1, -4)$, 半径は $2\sqrt{2}$ である。

21.3 点 A を中心とする半径 OA の円。

22.1

(1) $\boldsymbol{a} + \boldsymbol{b}$ (2) $-\boldsymbol{a} + \boldsymbol{c}$

(3) $\boldsymbol{b} + \boldsymbol{c}$ (4) $-\boldsymbol{a} + \boldsymbol{b} + \boldsymbol{c}$

(5) $\dfrac{1}{2}\boldsymbol{a} + \boldsymbol{b}$ (6) $\dfrac{1}{2}\boldsymbol{a} + \dfrac{1}{2}\boldsymbol{b} + \dfrac{1}{2}\boldsymbol{c}$

(7) $-\dfrac{1}{2}\boldsymbol{a} + \boldsymbol{c}$ (8) $-\dfrac{1}{2}\boldsymbol{b} + \dfrac{1}{2}\boldsymbol{c}$

(9) $-\dfrac{3}{7}\boldsymbol{a} + \dfrac{5}{7}\boldsymbol{b} + \dfrac{5}{7}\boldsymbol{c}$

23.1

(1) $(0, 4, 7)$ (2) $(15, 6, 3)$

(3) $\sqrt{5}$ (4) $\sqrt{65}$

23.2

(1) $(2, -1, 5)$ (2) $\sqrt{30}$ (3) $(-9, 1, 16)$

24.1

(1) 4 (2) 4

(3) 2 (4) 32

24.2 $\dfrac{12}{7}$

24.3 $(x-2)^2 + (y+1)^2 + (z-4)^2 = 3^2$

この方程式は, 中心 $(2,\ -1,\ 4)$, 半径 3 の球を表す。

2 点 A, B はこの球の直径の両端である。

25.1

(1) $(x, y, z) = (-3, 1, 5) + t(2, 5, -2)$,

$\begin{cases} x = -3 + 2t \\ y = 1 + 5t \\ z = 5 - 2t \end{cases}$, $\dfrac{x+3}{2} = \dfrac{y-1}{5} = \dfrac{z-5}{-2}$

(2) $(x, y, z) = (-3, 1, 5) + t(0, -3, 5)$,

$\begin{cases} x = -3 \\ y = 1 - 3t \\ z = 5 + 5t \end{cases}$, $x = -3$, $\dfrac{y-1}{-3} = \dfrac{z-5}{5}$

25.2

(1) $\begin{cases} x = -2 + 3t \\ y = 1 + 2t \\ z = 5 - 3t \end{cases}$, $\dfrac{x+2}{3} = \dfrac{y-1}{2} = \dfrac{z-5}{-3}$

(2) $\begin{cases} x = 3 - 5t \\ y = 1 - 6t \\ z = -1 + 4t \end{cases}$, $\dfrac{x-3}{-5} = \dfrac{y-1}{-6} = \dfrac{z+1}{4}$

26.1 $\dfrac{x+1}{2}=\dfrac{y-2}{-1}=\dfrac{z-3}{-2}$

26.2 $k=-\dfrac{4}{5}$

26.3 交点 $(1,-2,-1)$, $\theta=\dfrac{\pi}{4}$

27.1
(1) $x+4y-3z=0$ (2) $x-2y-z=-7$
(3) $5x+4y-2z=-9$ (4) $y=2$
(5) $7x+5y-z=2$

28.1 $3x-4y-z=-4$

28.2 $4x+y+5z=12$

28.3 $5x+3y-14z=-12$

29.1 α_1 と α_2 は垂直, α_2 と α_3 は平行, α_1 と α_3 は垂直。

29.2 $8x-y+2z=-15$

29.3 $\dfrac{\pi}{3}$

30.1 $(3,1,-1)$

30.2 $(\sqrt{3},1,\sqrt{2})$

30.3 $(5,-3,4)$

31.1
(1) $(x-2)^2+(y+3)^2+(z+3)^2=5$
(2) $(x-3)^2+(y-1)^2+(z+4)^2=9$

31.2 中心 $(-3,2,-1)$, 半径 4

31.3 中心 $(0,-5,7)$, 半径 3

32.1
(1) $(x+2)^2+(y-4)^2+(z-2)^2=13$
(2) $x^2+y^2+z^2=8$
(3) $(x+5)^2+(y-2)^2+(z-2)^2=25$
(4) $(x-1)^2+\left(y+\dfrac{3}{2}\right)^2+\left(z-\dfrac{5}{2}\right)^2=\dfrac{19}{2}$

33.1
(1) $\dfrac{15\sqrt{38}}{38}$ (2) $\dfrac{7}{3}$

33.2
(1) $\dfrac{3\sqrt{34}}{34}$ (2) $\dfrac{13\sqrt{33}}{33}$

33.3
(1) $\dfrac{6}{5}$ (2) 1

34.1
(1) $(-9,7,11)$ (2) $(0,0,1)$

34.2
(1) $(2,-9,-4)$ (2) $\dfrac{1}{2}\sqrt{101}$
(3) $\pm\dfrac{1}{\sqrt{101}}(2,-9,-4)$

35.1 $x+1=\dfrac{y-1}{-2}=z$

35.2
(1) $(2,-3,1)$ (2) $x+2y+z=-3$

35.3 中心 $(2,-1,1)$, 半径 $\sqrt{2}$

36.1 A は 3×2 型, B は 3×4 型, A では順に $-5,3,7$, B では順に $11,7,-4$

36.2 $a_{13}a_{22}a_{31}=12$, $a_{11}+a_{22}+a_{33}=0$

36.3
$$\begin{pmatrix} 1 & \frac{1}{2} \\ \frac{1}{2} & \frac{1}{3} \\ \frac{1}{3} & \frac{1}{4} \\ \frac{1}{4} & \frac{1}{5} \end{pmatrix}$$

36.4
(1) $\begin{pmatrix} 1 & 8 \\ 6 & 17 \end{pmatrix}$ (2) $\begin{pmatrix} -9 & 5 \\ 9 & 1 \end{pmatrix}$
(3) $\begin{pmatrix} -\frac{19}{2} & \frac{13}{2} \\ \frac{21}{2} & \frac{7}{2} \end{pmatrix}$

37.1
(1) $\begin{pmatrix} -5 \\ -21 \\ -12 \end{pmatrix}$ (2) $\begin{pmatrix} 19 & 15 & 13 \\ 5 & 8 & 10 \\ 2 & 6 & 14 \end{pmatrix}$
(3) $\begin{pmatrix} -x+2y+z & -s+2t+u \\ 3x+6y+2z & 3s+6t+2u \end{pmatrix}$
(4) $\begin{pmatrix} 5 & -8 \\ -8 & 13 \end{pmatrix}$

37.2 $AB=\begin{pmatrix} 5 & 7 \\ -13 & -8 \end{pmatrix}$, $BA=\begin{pmatrix} 4 & -1 & -5 \\ 2 & 5 & -3 \\ 7 & 34 & -12 \end{pmatrix}$,
$BC=\begin{pmatrix} -2 & -5 \\ 0 & -1 \\ 3 & 1 \end{pmatrix}$, $CA=\begin{pmatrix} 3 & 13 & -5 \\ -2 & -5 & 3 \end{pmatrix}$

38.1 $AB = \begin{pmatrix} 8 & -2 \\ 5 & -3 \end{pmatrix}, BA = \begin{pmatrix} 2 & 4 \\ 5 & 3 \end{pmatrix}$

また, $(A+B)^2 = \begin{pmatrix} 11 & 10 \\ 5 & 6 \end{pmatrix}$,

$A^2 + 2AB + B^2 = \begin{pmatrix} 17 & 4 \\ 5 & 0 \end{pmatrix}$

よって, $(A+B)^2 \neq A^2 + 2AB + B^2$ である。

38.2

(1) $AB = \begin{pmatrix} a+c & b+d \\ c & d \end{pmatrix}, BA = \begin{pmatrix} a & a+b \\ c & c+d \end{pmatrix}$

よって, $a = d,\ c = 0$ かつ b は任意の実数であればよい。

(2) $AB = \begin{pmatrix} a-c & b-d \\ -a+c & -b+d \end{pmatrix}$

よって, $a = c,\ b = d$ であればよい。

38.3 $A^2 = \begin{pmatrix} a^2+bc & b(a+d) \\ c(a+d) & d^2+bc \end{pmatrix}$ より,

$a^2 + bc = 0,\ b(a+d) = 0,\ c(a+d) = 0,\ d^2 + bc = 0$

このとき, $bc \neq 0$ より $b \neq 0$ かつ $c \neq 0$ である。

よって, $a + d = 0$ となる。$d = -a$ より,

$ad - bc = a(-d) - bc = -a^2 - bc = -(a^2 + bc) = 0$

39.1

(1) $\begin{pmatrix} -7 & -4 \\ -9 & 9 \end{pmatrix}$

(2) $\begin{pmatrix} 10 & 2 & -8 \\ -11 & -11 & 8 \\ -4 & -3 & 3 \end{pmatrix}$

39.2 $a = -3,\ b = 4,\ c = 5$

39.3

(1) 直交行列　　(2) 直交行列でない

39.4 $a = 2,\ b = 2,\ c = -2$

40.1

(1) $|A| = 10 - 6 = 4 \neq 0$ より正則

$A^{-1} = \frac{1}{4}\begin{pmatrix} 2 & 2 \\ -3 & 5 \end{pmatrix}$

(2) $|B| = 4 - (-12) = 16 \neq 0$ より正則

$B^{-1} = \frac{1}{16}\begin{pmatrix} 1 & -3 \\ 4 & 4 \end{pmatrix}$

(3) $|C| = 12 - 12 = 0$ より正則でない

(4) $|D| = -6 - (-5) = -1 \neq 0$ より正則

$D^{-1} = \begin{pmatrix} -2 & 1 \\ -5 & 3 \end{pmatrix}$

40.2 $X = \frac{1}{8}\begin{pmatrix} 6 & 12 \\ 5 & 10 \end{pmatrix}$

40.3 $a \neq -6,\ A^{-1} = \frac{1}{a+6}\begin{pmatrix} a & -2 \\ 3 & 1 \end{pmatrix}$

41.1

(1) $x = -1,\ y = 2$

(2) $x = 3\sin\theta + 2\cos\theta,\ y = -3\cos\theta + 2\sin\theta$

(3) $x - 4y = 3$ を満たすすべての実数 x, y の組

(4) 解は存在しない

42.1

(1) $\begin{cases} x' = -x \\ y' = y \end{cases}, (-2, -3), \begin{pmatrix} -1 & 0 \\ 0 & 1 \end{pmatrix}$

(2) $\begin{cases} x' = x - 2 \\ y' = y + 6 \end{cases}, (0, 3)$, 1 次変換でない

(3) $\begin{cases} x' = \frac{1}{2}x \\ y' = \frac{1}{2}y \end{cases}, \left(1, -\frac{3}{2}\right), \begin{pmatrix} \frac{1}{2} & 0 \\ 0 & \frac{1}{2} \end{pmatrix}$

(4) $\begin{cases} x' = -x \\ y' = -y \end{cases}, (-2, 3), \begin{pmatrix} -1 & 0 \\ 0 & -1 \end{pmatrix}$

(5) $\begin{cases} x' = -x - 2 \\ y' = -y + 8 \end{cases}, (-4, 11)$, 1 次変換でない

42.2 $(-5, -7)$

43.1

(1) $\begin{pmatrix} -\frac{3}{5} & \frac{4}{5} \\ \frac{4}{5} & \frac{3}{5} \end{pmatrix}$　　(2) $\begin{pmatrix} 0 & -1 \\ -1 & 0 \end{pmatrix}$

(3) $\begin{pmatrix} 1 & 2 \\ -2 & 3 \end{pmatrix}$

44.1

(1) $\begin{pmatrix} -10 \\ 4 \end{pmatrix}$　　(2) $\begin{pmatrix} -1 \\ 3 \end{pmatrix}$

(3) $\begin{pmatrix} -23 \\ 4 \end{pmatrix}$

44.2 $(-23, 10)$

44.3 $\begin{pmatrix} 0 & -1 \\ -1 & 0 \end{pmatrix}, (-5, 2)$

45.1

(1) $\begin{pmatrix} -\frac{\sqrt{3}}{2} & -\frac{1}{2} \\ \frac{1}{2} & -\frac{\sqrt{3}}{2} \end{pmatrix}$　　(2) $\begin{pmatrix} \frac{\sqrt{2}}{2} & \frac{\sqrt{2}}{2} \\ -\frac{\sqrt{2}}{2} & \frac{\sqrt{2}}{2} \end{pmatrix}$

(3) $\begin{pmatrix} 0 & 1 \\ -1 & 0 \end{pmatrix}$

45.2 $\left(-\frac{5\sqrt{2}}{2}, -\frac{\sqrt{2}}{2}\right)$

45.3 $(-3, \sqrt{3})$

46.1

(1) $C = \begin{pmatrix} -3 & 1 \\ 12 & 1 \end{pmatrix}$, $D = \begin{pmatrix} 3 & 0 \\ -3 & -5 \end{pmatrix}$

(2) $(0, 15)$

(3) $\begin{pmatrix} 7 & 1 \\ 3 & 4 \end{pmatrix}$, $\begin{pmatrix} 17 & 6 \\ 18 & -1 \end{pmatrix}$

46.2 $\begin{pmatrix} -\frac{1}{2} & -\frac{\sqrt{3}}{2} \\ -\frac{\sqrt{3}}{2} & \frac{1}{2} \end{pmatrix}$

47.1

(1) 逆変換をもつ。$\frac{1}{2}\begin{pmatrix} -5 & 3 \\ -4 & 2 \end{pmatrix}$

(2) 逆変換をもたない。

47.2 逆変換をもたない。

47.3 $P(-8, 5)$

48.1 直線 $y = \frac{4}{3}x$

48.2 直線 $y = x - 3$

48.3 直線 $y = \frac{1}{3}x + \frac{\sqrt{2}}{3}$

49.1

(1) 直線 $y = -\frac{1}{2}x$　　(2) 1 点 $(-6, 3)$

(3) 直線 $y = -\frac{1}{2}x$　　(4) 直線 $y = x$

49.2 $A = \begin{pmatrix} 1 & 3 \\ 2 & 6 \end{pmatrix}$

50.1 $x'^2 - \frac{y'^2}{4} = 1$

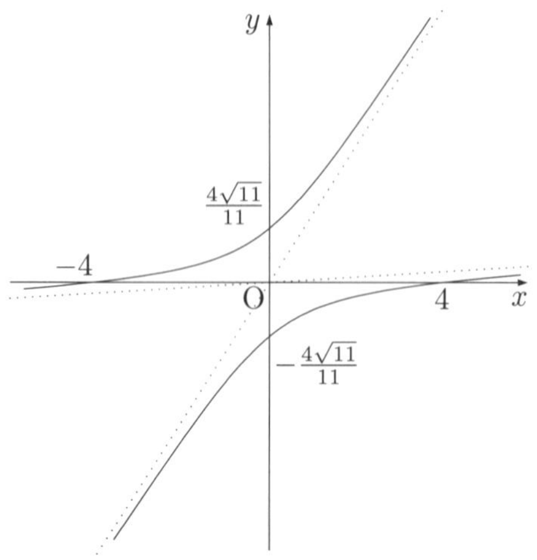

50.2 $y'^2 = 3x'$

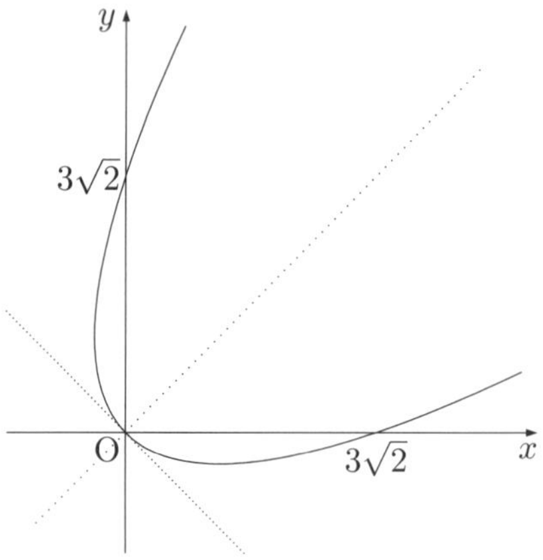

51.1

(1) 偶順列, $\varepsilon_P = +1$　　(2) 奇順列, $\varepsilon_Q = -1$

(3) 奇順列, $\varepsilon_R = -1$　　(4) 偶順列, $\varepsilon_S = +1$

(5) 奇順列, $\varepsilon_T = -1$

52.1

(1) -14　　(2) 5　　(3) 1

52.2

(1) 0　　(2) 33　　(3) -26

52.3

(1) $x^2 - 6x + 5$　　(2) 0

(3) $bf - ce$

53.1

(1) 40　　(2) 12

54.1 $AB = \begin{pmatrix} 0 & -3 \\ 14 & 1 \end{pmatrix}$, $|AB| = 42$

$|A||B| = 7 \times 6 = 42$

54.2 2

54.3 ${}^tAA = E$ より $|{}^tAA| = |E|$

$|{}^tA| = |A|, |E| = 1$ なので $|{}^tAA| = |A|^2 = 1$

よって $|A| = \pm 1$ が成り立つ。

55.1 $A_{31} = 5,\ A_{32} = -6,\ A_{33} = -9,\ A_{34} = 9$

55.2 $A_{41} = 13,\ A_{42} = 15,\ A_{43} = 8,\ A_{44} = -32$

56.1 $1 \cdot (-1)^{3+1}\begin{vmatrix} 1 & 1 \\ 1 & 2 \end{vmatrix} + (-3) \cdot (-1)^{3+2}\begin{vmatrix} 3 & 1 \\ 0 & 2 \end{vmatrix}$

$+4 \cdot (-1)^{3+3}\begin{vmatrix} 3 & 1 \\ 0 & 1 \end{vmatrix} = 31$

56.2

(1) $1 \cdot (-1)^{4+2} \begin{vmatrix} 1 & 3 & 2 \\ -1 & 2 & -2 \\ 2 & 5 & 4 \end{vmatrix}$

$$+(-2) \cdot (-1)^{4+4} \begin{vmatrix} 1 & -2 & 3 \\ -1 & 0 & 2 \\ 2 & -3 & 5 \end{vmatrix} = 6$$

(2)

$$\begin{vmatrix} 1 & -2 & 3 & 2 \\ -1 & 0 & 2 & -2 \\ 2 & -3 & 5 & 4 \\ 0 & 1 & 0 & -2 \end{vmatrix}$$ 第 2 行＋第 1 行
第 3 行＋第 1 行 ×(−2)

$$= \begin{vmatrix} 1 & -2 & 3 & 2 \\ 0 & -2 & 5 & 0 \\ 0 & 1 & -1 & 0 \\ 0 & 1 & 0 & -2 \end{vmatrix}$$ (1, 1) 成分と 3 次の行列式の積にする

$$= 1 \cdot \begin{vmatrix} -2 & 5 & 0 \\ 1 & -1 & 0 \\ 1 & 0 & -2 \end{vmatrix}$$ 第 1 行 ⟷ 第 3 行

$$= -\begin{vmatrix} 1 & 0 & -2 \\ 1 & -1 & 0 \\ -2 & 5 & 0 \end{vmatrix}$$ 第 3 列＋第 1 列 ×2

$$= -\begin{vmatrix} 1 & 0 & 0 \\ 1 & -1 & 2 \\ -2 & 5 & -4 \end{vmatrix}$$ (1, 1) 成分と 2 次の行列式の積にする

$$= -1 \cdot \begin{vmatrix} -1 & 2 \\ 5 & -4 \end{vmatrix}$$

$= -1 \cdot (4 - 10) = 6$ サラスの方法で計算する

57.1 $\dfrac{1}{18}\begin{pmatrix} -5 & 7 & 1 \\ 1 & -5 & 7 \\ 7 & 1 & -5 \end{pmatrix}$

57.2 $x = -2, y = 1, z = 2$

58.1

(1) $x_1 = 1, x_2 = -2, x_3 = -1$

(2) $x_1 = 1, x_2 = \dfrac{1}{2}, x_3 = \dfrac{1}{3}$

59.1 $(a + b + c)(a^2 + b^2 + c^2 - ab - bc - ca)$

59.2 $x = 1,\ 2,\ 4$

59.3 $x = 0,\ 2$

60.1 $x = 1,\ y = -2,\ z = 3$

60.2 $x = 6,\ y = 1,\ z = -5,\ w = 4$

61.1

(1) $\begin{cases} x = -7t + 5 \\ y = -2t + 1 \\ z = t \end{cases}$

または $\begin{pmatrix} x \\ y \\ z \end{pmatrix} = t \begin{pmatrix} -7 \\ -2 \\ 1 \end{pmatrix} + \begin{pmatrix} 5 \\ 1 \\ 0 \end{pmatrix}$

(t は任意の実数)

(2) $\begin{cases} x = s + t - 1 \\ y = 2s - t + 3 \\ z = s \\ w = t \end{cases}$

または $\begin{pmatrix} x \\ y \\ z \\ w \end{pmatrix} = s \begin{pmatrix} 1 \\ 2 \\ 1 \\ 0 \end{pmatrix} + t \begin{pmatrix} 1 \\ -1 \\ 0 \\ 1 \end{pmatrix} + \begin{pmatrix} -1 \\ 3 \\ 0 \\ 0 \end{pmatrix}$

(s, t は任意の実数)

(3) 解なし

62.1

(1) $\begin{pmatrix} 5 & 2 & -4 \\ -6 & -2 & 5 \\ 4 & 1 & -3 \end{pmatrix}$ (2) 存在しない

(3) $\begin{pmatrix} 1 & 0 & 0 \\ -2 & 1 & 0 \\ 5 & -4 & 1 \end{pmatrix}$

63.1

(1) 3 (2) 2

63.2 3

64.1

(1) $x = 3,\ y = 2,\ z = 2,\quad \text{rank}\ A = \text{rank}\ \widetilde{A} = 3$

(2) 解なし $\text{rank}\ A = 3,\ \text{rank}\ \widetilde{A} = 4$

(3) $x = t + 2,\ y = 2t - 1,\ z = 3t + 1,\ w = t$
(t は任意の実数)
$\text{rank}\ A = \text{rank}\ \widetilde{A} = 3$

65.1 部分空間となるのは (1), (3)

66.1

(1) $\boldsymbol{a}_1, \boldsymbol{a}_2, \boldsymbol{a}_3$ は 1 次独立である。

(2) $\boldsymbol{a}_1, \boldsymbol{a}_2, \boldsymbol{a}_3$ は 1 次従属である。
$\boldsymbol{a}_1, \boldsymbol{a}_2$ は 1 次独立で, $\boldsymbol{a}_3 = \boldsymbol{a}_1 + 2\boldsymbol{a}_2$

(3) $\boldsymbol{a}_1, \boldsymbol{a}_2, \boldsymbol{a}_3, \boldsymbol{a}_4$ は 1 次従属である。
$\boldsymbol{a}_1, \boldsymbol{a}_2, \boldsymbol{a}_3$ は 1 次独立で, $\boldsymbol{a}_4 = -2\boldsymbol{a}_1 + \boldsymbol{a}_2 - 3\boldsymbol{a}_3$

67.1

(1) 基底でない。 (2) 基底である。

67.2

(1) 次元は 3

基底として $\left\{ \begin{pmatrix} 1 \\ 2 \\ 1 \end{pmatrix}, \begin{pmatrix} 2 \\ 1 \\ 3 \end{pmatrix}, \begin{pmatrix} 1 \\ 2 \\ 2 \end{pmatrix} \right\}$ をとることができる。

(2) 次元は 2

基底として $\left\{ \begin{pmatrix} 1 \\ 3 \\ 5 \\ 7 \end{pmatrix}, \begin{pmatrix} 3 \\ 1 \\ 3 \\ 6 \end{pmatrix} \right\}$ をとることができる。

68.1

(1) 次元は 3

基底として $\left\{\begin{pmatrix}-2\\1\\0\\0\end{pmatrix}, \begin{pmatrix}-1\\0\\1\\0\end{pmatrix}, \begin{pmatrix}-2\\0\\0\\1\end{pmatrix}\right\}$

をとることができる。

(2) 次元は 2

基底として $\left\{\begin{pmatrix}8\\-3\\1\\0\end{pmatrix}, \begin{pmatrix}-4\\1\\0\\1\end{pmatrix}\right\}$ をとること

ができる。

69.1 $A \sim \begin{pmatrix}1&0&-2\\0&1&1\\0&0&0\\0&0&0\end{pmatrix}$

$\dim \mathrm{Im}\, f = 2, \quad \dim \mathrm{Ker}\, f = 1$

像の基底として $\left\{\begin{pmatrix}1\\3\\2\\5\end{pmatrix}, \begin{pmatrix}1\\4\\4\\4\end{pmatrix}\right\}$ をとることが

できる。

核の基底として $\left\{\begin{pmatrix}2\\-1\\1\end{pmatrix}\right\}$ をとることができる。

69.2 $A \sim \begin{pmatrix}1&0&2&2\\0&1&-1&2\\0&0&0&0\end{pmatrix}$

$\dim \mathrm{Im}\, f = 2, \quad \dim \mathrm{Ker}\, f = 2$

像の基底として $\left\{\begin{pmatrix}1\\-2\\1\end{pmatrix}, \begin{pmatrix}-1\\1\\-4\end{pmatrix}\right\}$ をとるこ

とができる。

核の基底として $\left\{\begin{pmatrix}-2\\1\\1\\0\end{pmatrix}, \begin{pmatrix}-2\\-2\\0\\1\end{pmatrix}\right\}$ をとるこ

とができる。

70.1 $\boldsymbol{x} = {}^t\!\left(\pm\frac{1}{2} \quad \mp\frac{1}{2} \quad \mp\frac{3}{2} \quad \mp\frac{5}{2}\right)$ (複号同順)

70.2 $k = -3$

70.3 $c_1\boldsymbol{a}_1 + c_2\boldsymbol{a}_2 + c_3\boldsymbol{a}_3 = \boldsymbol{0}$ と仮定する。

このとき, $(c_1\boldsymbol{a}_1 + c_2\boldsymbol{a}_2 + c_3\boldsymbol{a}_3)\cdot\boldsymbol{a}_1$

$= c_1(\boldsymbol{a}_1\cdot\boldsymbol{a}_1) + c_2(\boldsymbol{a}_2\cdot\boldsymbol{a}_1)c_1 + (\boldsymbol{a}_3\cdot\boldsymbol{a}_1) = 0$ である。

ここで, $\boldsymbol{a}_1, \boldsymbol{a}_2, \boldsymbol{a}_3$ は互いに直交しているので

$\boldsymbol{a}_2\cdot\boldsymbol{a}_1 = \boldsymbol{a}_3\cdot\boldsymbol{a}_1 = 0$ である。

よって, $c_1(\boldsymbol{a}_1\cdot\boldsymbol{a}_1) = c_1|\boldsymbol{a}_1|^2 = 0$

$|\boldsymbol{a}_1| \neq 0$ なので $c_1 = 0$ となる。

同様にして, $c_2 = c_3 = 0$ が得られる。

よって, $\boldsymbol{a}_1, \boldsymbol{a}_2, \boldsymbol{a}_3$ は 1 次独立である。

71.1

(1) $\left\{\frac{1}{\sqrt{2}}\begin{pmatrix}1\\-1\\0\end{pmatrix}, \frac{1}{\sqrt{6}}\begin{pmatrix}-1\\-1\\2\end{pmatrix}, \frac{1}{\sqrt{3}}\begin{pmatrix}1\\1\\1\end{pmatrix}\right\}$

(2) $\left\{\frac{1}{\sqrt{2}}\begin{pmatrix}0\\1\\-1\end{pmatrix}, \frac{1}{\sqrt{3}}\begin{pmatrix}1\\-1\\-1\end{pmatrix}, \frac{1}{\sqrt{6}}\begin{pmatrix}2\\1\\1\end{pmatrix}\right\}$

72.1

(1) 固有値は ± 4 で,

固有値 4 に対する固有ベクトルは $c_1\begin{pmatrix}2\\1\end{pmatrix}$,

固有値 -4 に対する固有ベクトルは $c_2\begin{pmatrix}2\\-3\end{pmatrix}$

(c_1, c_2 は 0 でない任意の実数)

(2) 固有値は $1, 2, 3$ で,

固有値 1 に対する固有ベクトルは $c_1\begin{pmatrix}1\\-1\\-2\end{pmatrix}$,

固有値 2 に対する固有ベクトルは $c_2\begin{pmatrix}0\\1\\1\end{pmatrix}$,

固有値 3 に対する固有ベクトルは $c_3\begin{pmatrix}2\\2\\1\end{pmatrix}$

(c_1, c_2, c_3 は 0 でない任意の実数)

73.1

(1) 固有値 $\lambda = 2$ (重複度 2),

固有空間 $W_2 = \left\{c_1\begin{pmatrix}0\\1\end{pmatrix} \middle| c_1 \in \mathbb{R}\right\}$, $\dim W_2 = 1$

(2) 固有値 $\lambda = 3, -2$,

固有空間 $W_3 = \left\{c_1\begin{pmatrix}1\\-1\end{pmatrix} \middle| c_1 \in \mathbb{R}\right\}$,

$\dim W_3 = 1$,

固有空間 $W_{-2} = \left\{c_2\begin{pmatrix}1\\-2\end{pmatrix} \middle| c_2 \in \mathbb{R}\right\}$,

$\dim W_{-2} = 1$

(3) 固有値 $\lambda = 1, -2$ (重複度 2),

固有空間 $W_1 = \left\{c_1\begin{pmatrix}1\\0\\1\end{pmatrix} \middle| c_1 \in \mathbb{R}\right\}$,

$\dim W_1 = 1$,

固有空間 $W_{-2} = \left\{c_2\begin{pmatrix}0\\1\\0\end{pmatrix} \middle| c_2 \in \mathbb{R}\right\}$,

$\dim W_{-2} = 1$

74.1 対角化行列を $P = \begin{pmatrix}1&1&3\\0&3&8\\0&-3&-4\end{pmatrix}$ とすると,

$P^{-1}AP = \begin{pmatrix}-1&0&0\\0&2&0\\0&0&3\end{pmatrix}$ と対角化できる。

74.2 対角化行列を $P=\begin{pmatrix}1 & 3\\1 & 2\end{pmatrix}$ とすると,

$P^{-1}AP=\begin{pmatrix}1 & 0\\0 & 2\end{pmatrix}$ と対角化できる。

また $A^n=\begin{pmatrix}-2+3\cdot 2^n & 3-3\cdot 2^n\\-2+2\cdot 2^n & 3-2\cdot 2^n\end{pmatrix}$

75.1 固有値は 2, 8

2 に対する固有ベクトルは $c_1\begin{pmatrix}1\\1\end{pmatrix}$

8 に対する固有ベクトルは $c_2\begin{pmatrix}1\\-1\end{pmatrix}$

(c_1, c_2 は 0 でない任意の実数)
固有ベクトルの内積が互いに 0 となるので, 固有ベクトルは互いに直交している。

75.2 固有値は 0, 3, 6

0 に対する固有ベクトルは $c_1\begin{pmatrix}-2\\2\\1\end{pmatrix}$

3 に対する固有ベクトルは $c_2\begin{pmatrix}-1\\-2\\2\end{pmatrix}$

6 に対応する固有ベクトルは $c_3\begin{pmatrix}2\\1\\2\end{pmatrix}$

(c_1, c_2, c_3 は 0 でない任意の実数)
固有ベクトルの内積が互いに 0 となるので, 固有ベクトルは互いに直交している。

76.1 A の固有値は -1, 4

-1 に対する固有ベクトルは $c_1\begin{pmatrix}2\\1\end{pmatrix}$

4 に対する固有ベクトルは $c_2\begin{pmatrix}-1\\2\end{pmatrix}$

(c_1, c_2 は 0 でない任意の実数) なので

$P=\dfrac{1}{\sqrt{5}}\begin{pmatrix}2 & -1\\1 & 2\end{pmatrix}$ とすると,

${}^tPAP=\begin{pmatrix}-1 & 0\\0 & 4\end{pmatrix}$ と対角化できる。

76.2 A の固有値は 5, -1 (2 重解)

5 に対する固有ベクトルは $c_1\begin{pmatrix}1\\1\\-1\end{pmatrix}$

(c_1 は 0 でない任意の実数)

-1 に対する固有ベクトルは $\begin{pmatrix}c_2\\c_3\\c_2+c_3\end{pmatrix}$

(c_2, c_3 は同時には 0 とならない任意の実数)
なので

$P=\begin{pmatrix}\frac{1}{\sqrt{3}} & \frac{1}{\sqrt{2}} & \frac{1}{\sqrt{6}}\\ \frac{1}{\sqrt{3}} & \frac{-1}{\sqrt{2}} & \frac{1}{\sqrt{6}}\\ \frac{-1}{\sqrt{3}} & 0 & \frac{2}{\sqrt{6}}\end{pmatrix}$ とすると,

${}^tPAP=\begin{pmatrix}5 & 0 & 0\\0 & -1 & 0\\0 & 0 & -1\end{pmatrix}$ と対角化できる。

77.1

(1) $F(x,y)=3x^2-2xy+5y^2$

(2) $F(x,y,z)=2x^2+5y^2-7z^2-6xy+2yz$

77.2

(1) $F(x,y)=\begin{pmatrix}x & y\end{pmatrix}\begin{pmatrix}-1 & 5\\5 & 5\end{pmatrix}\begin{pmatrix}x\\y\end{pmatrix}$

(2) $F(x,y,z)=(x \quad y \quad z)\begin{pmatrix}2 & \frac{3}{2} & \frac{1}{2}\\ \frac{3}{2} & 5 & -2\\ \frac{1}{2} & -2 & -1\end{pmatrix}\begin{pmatrix}x\\y\\z\end{pmatrix}$

78.1

(1) 係数行列 $A=\begin{pmatrix}1 & 2\\2 & -2\end{pmatrix}$ の固有値は 2, -3

2 に対する固有ベクトルは $c_1\begin{pmatrix}2\\1\end{pmatrix}$

-3 に対する固有ベクトルは $c_2\begin{pmatrix}1\\-2\end{pmatrix}$

(c_1, c_2 は 0 でない任意の実数)

よって対角化する行列は, $P=\dfrac{1}{\sqrt{5}}\begin{pmatrix}2 & 1\\1 & -2\end{pmatrix}$

標準形は, $F(x,y)=2x'^2-3y'^2$

(2) 係数行列 $A=\begin{pmatrix}4 & -3\\-3 & 4\end{pmatrix}$ の固有値は 1, 7

1 に対する固有ベクトルは $c_1\begin{pmatrix}1\\1\end{pmatrix}$

7 に対する固有ベクトルは $c_2\begin{pmatrix}1\\-1\end{pmatrix}$

(c_1, c_2 は 0 でない任意の実数)

よって対角化する行列は, $P=\dfrac{1}{\sqrt{2}}\begin{pmatrix}1 & 1\\1 & -1\end{pmatrix}$

標準形は, $F(x,y)=x'^2+7y'^2$

79.1 $8x'^2 + 4y'^2 = 16$ より $\dfrac{x'^2}{2} + \dfrac{y'^2}{4} = 1$

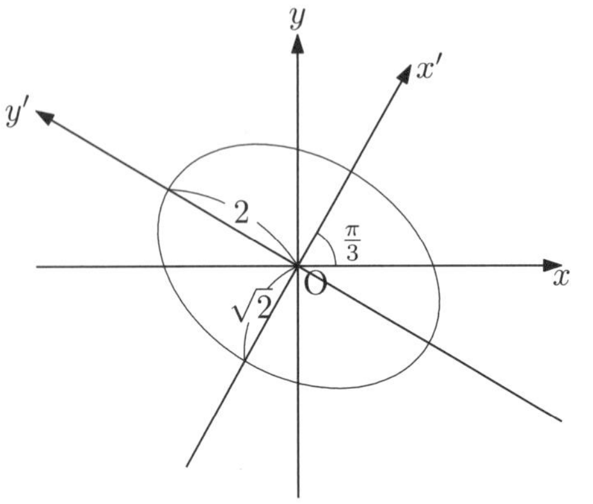

79.2 $-2x'^2 + 8y'^2 = -8$ より $\dfrac{x'^2}{4} - y'^2 = 1$

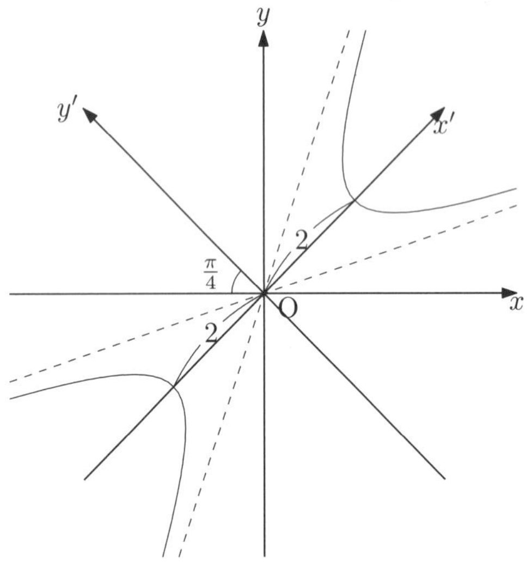

80.1

(1) 実部 -6, 虚部 -2 (2) $2\sqrt{10}$

(3) $-6+2i$

(4)

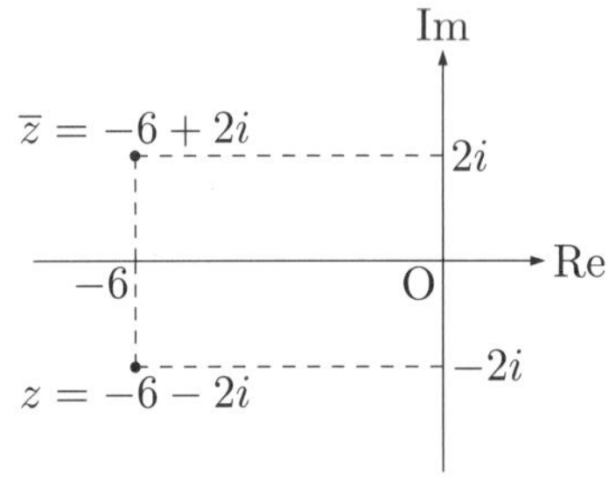

80.2

(1) $a = -\dfrac{11}{5}, b = \dfrac{13}{5}$ (2) ± 12

81.1

(1) $2\sqrt{3}i$ (2) -12

(3) 12 (4) $48\sqrt{3}i$

81.2

(1) $-23i$ (2) $-5+16i$

(3) $\dfrac{7}{36} + \dfrac{2}{3}i$ (4) $16 - 5\sqrt{2}i$

(5) $-33+56i$ (6) $20-10i$

(7) $-9-46i$ (8) $-8i$

82.1

(1) $\dfrac{1}{5}$ (2) $1-6i$

(3) $\dfrac{23-11i}{13}$ (4) -1

(5) $-i$ (6) $-27i$

82.2

(1) $3-3i$ (2) $-5i$

(3) $-8i$ (4) $-9-9i$

83.1

(1) $z = 2\left(\cos\dfrac{\pi}{6} + i\sin\dfrac{\pi}{6}\right)$

(2) $z = 3\left(\cos\dfrac{3}{2}\pi + i\sin\dfrac{3}{2}\pi\right)$

(3) $z = 4\left(\cos\dfrac{5}{6}\pi + i\sin\dfrac{5}{6}\pi\right)$

(4) $z = \dfrac{2\sqrt{3}}{3}\left(\cos\dfrac{5}{3}\pi + i\sin\dfrac{5}{3}\pi\right)$

83.2

(1) $z = -\sqrt{2} + \sqrt{2}i$ (2) $z = -5$

(3) $z = -3\sqrt{3} - 3i$

(4) $z = (\sqrt{6} - \sqrt{2}) + (\sqrt{6} + \sqrt{2})i$

84.1

(1) -12 (2) $-\dfrac{1}{2} + \dfrac{\sqrt{3}}{2}i$

84.2 $z_1 = 2\sqrt{3}\left(\cos\dfrac{5}{6}\pi + i\sin\dfrac{5}{6}\pi\right)$,

$z_2 = 2\left(\cos\dfrac{\pi}{3} + i\sin\dfrac{\pi}{3}\right)$, $z_1 z_2 = -6 - 2\sqrt{3}i$

84.3 点 z を原点の周りに $\dfrac{\pi}{6}$ 回転移動し, 原点からの距離を 2 倍に拡大した点。

84.4 $-\dfrac{3\sqrt{2}}{2} + \dfrac{\sqrt{2}}{2}i$

85.1

(1) $-\dfrac{1}{2} - \dfrac{\sqrt{3}}{2}i$ (2) i (3) $\dfrac{1}{64}$

85.2

ド・モアブルの公式より,

$(\cos\theta + i\sin\theta)^3 = \cos 3\theta + i\sin 3\theta$

ここで左辺は,

$\cos^3\theta + 3\cos^2\theta \cdot i\sin\theta + 3\cos\theta \cdot (i\sin\theta)^2 + (i\sin\theta)^3$

$= (\cos^3\theta - 3\cos\theta\sin^2\theta) + i(3\cos^2\theta\sin\theta - \sin^3\theta)$

$= (\cos^3\theta - 3\cos\theta(1-\cos^2\theta))$

$\quad + i(3(1-\sin^2\theta)\sin\theta - \sin^3\theta)$

$= (4\cos^3\theta - 3\cos\theta) + i(3\sin\theta - 4\sin^3\theta)$

実部と虚部を比べて,

$\cos 3\theta = 4\cos^3\theta - 3\cos\theta,\ \sin 3\theta = 3\sin\theta - 4\sin^3\theta$

が成り立つ。

86.1 $z = \pm\dfrac{1}{\sqrt{2}} \pm \dfrac{1}{\sqrt{2}}i$

複素数平面上では, 解は下図の点。

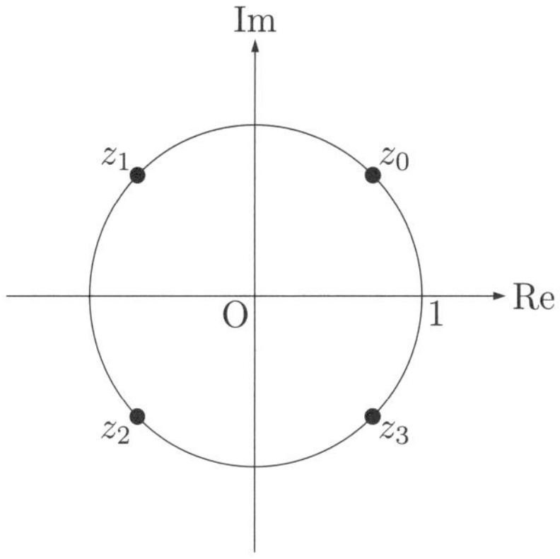

86.2 $z = 2i,\ \pm\sqrt{3} - i$

複素数平面上では, 解は下図の点。

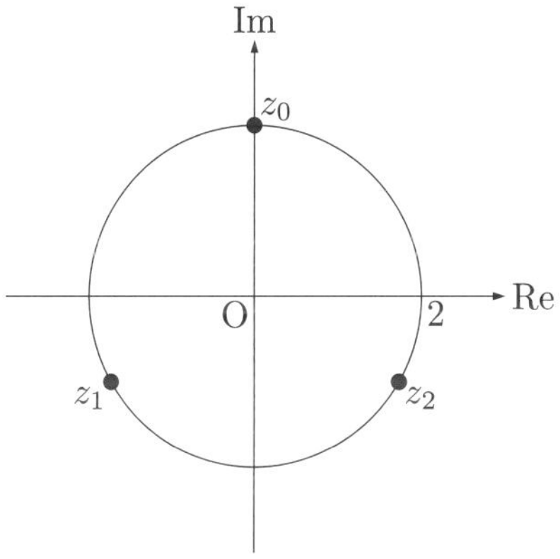

編集代表者（アイウエオ順，初版発行当時の記載内容に準じる）
梅野善雄（一関工業高等専門学校）
冨山正人（石川工業高等専門学校）
柳井　忠（新居浜工業高等専門学校）
川本正治（鈴鹿工業高等専門学校）
長水壽寛（福井工業高等専門学校）
横山卓司（神戸市立工業高等専門学校）

執筆（アイウエオ順，初版発行当時の記載内容に準じる）
阿蘇和寿（石川工業高等専門学校）
大貫洋介（鈴鹿工業高等専門学校）
勝谷浩明（豊田工業高等専門学校）
児玉宏児（神戸市立工業高等専門学校）
佐藤志保（沼津工業高等専門学校）
佐藤直紀（長岡工業高等専門学校）
篠原雅史（鈴鹿工業高等専門学校）
高橋　剛（長岡工業高等専門学校）
坪川武弘（福井工業高等専門学校）
長岡耕一（旭川工業高等専門学校）
長水壽寛（福井工業高等専門学校）
藤島勝弘（苫小牧工業高等専門学校）
馬渕雅生（八戸工業高等専門学校）
向山一男（都立産業技術高等専門学校名誉教授）
柳井　忠（新居浜工業高等専門学校）
山本孝司（サレジオ工業高等専門学校）
横山卓司（神戸市立工業高等専門学校）
梅野善雄（一関工業高等専門学校）
岡崎貴宣（岐阜工業高等専門学校）
川本正治（鈴鹿工業高等専門学校）
小林茂樹（長野工業高等専門学校）
佐藤友信（函館工業高等専門学校）
佐藤義隆（東京工業高等専門学校名誉教授）
高村　潔（仙台高等専門学校）
竹居賢治（都立産業技術高等専門学校）
冨山正人（石川工業高等専門学校）
中谷実伸（福井工業高等専門学校）
原田幸雄（徳山工業高等専門学校嘱託教授）
松田　修（津山工業高等専門学校）
宮田一郎（金沢工業高等専門学校）
森田健二（石川工業高等専門学校）
山田　章（長岡工業高等専門学校）
横谷正明（津山工業高等専門学校）

ドリルと演習シリーズ　線形代数

2010年 2月25日　第1版第1刷発行
2024年 1月15日　第1版第9刷発行

編著者　日本数学教育学会
高専・大学部会教材研究
グループ TAMS（タムス）
代表　阿蘇和寿
発行者　田中　聡

発行所
株式会社　電気書院
ホームページ　www.denkishoin.co.jp
（振替口座　00190-5-18837）
〒101-0051　東京都千代田区神田神保町1-3ミヤタビル2F
電話(03)5259-9160／FAX(03)5259-9162

印刷　創栄図書印刷株式会社
Printed in Japan／ISBN978-4-485-30203-3

書籍の正誤について

万一，内容に誤りと思われる箇所がございましたら，以下の方法でご確認いただきますようお願いいたします．

なお，正誤のお問合せ以外の書籍の内容に関する解説や受験指導などは**行っておりません**．このようなお問合せにつきましては，お答えいたしかねますので，予めご了承ください．

正誤表の確認方法

最新の正誤表は，弊社Webページに掲載しております．書籍検索で「正誤表あり」や「キーワード検索」などを用いて，書籍詳細ページをご覧ください．

正誤表があるものに関しましては，書影の下の方に正誤表をダウンロードできるリンクが表示されます．表示されないものに関しましては，正誤表がございません．

弊社Webページアドレス
https://www.denkishoin.co.jp/

正誤のお問合せ方法

正誤表がない場合，あるいは当該箇所が掲載されていない場合は，書名，版刷，発行年月日，お客様のお名前，ご連絡先を明記の上，具体的な記載場所とお問合せの内容を添えて，下記のいずれかの方法でお問合せください．

回答まで，時間がかかる場合もございますので，予めご了承ください．

郵便で問い合わせる
郵送先
〒101-0051
東京都千代田区神田神保町1-3
ミヤタビル2F
㈱電気書院　編集部　正誤問合せ係

FAXで問い合わせる
ファクス番号
03-5259-9162

ネットで問い合わせる
弊社Webページ右上の「**お問い合わせ**」から
https://www.denkishoin.co.jp/

お電話でのお問合せは，承れません

（2022年5月現在）